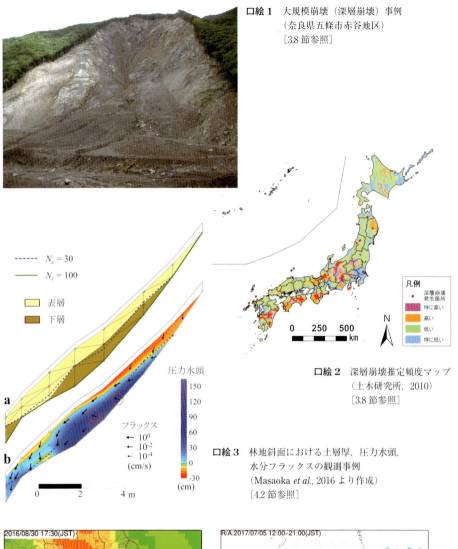

口絵1 大規模崩壊（深層崩壊）事例
（奈良県五條市赤谷地区）
[3.8節参照]

口絵2 深層崩壊推定頻度マップ
（土木研究所，2010）
[3.8節参照]

口絵3 林地斜面における土層厚，圧力水頭，
水分フラックスの観測事例
（Masaoka *et al.*, 2016 より作成）
[4.2節参照]

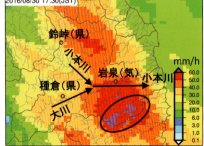

口絵4 国土交通省解析雨量を用いた岩手県小本川流域および周辺の雨量分布
（2016/8/31 16:30～17:30 の1時間雨量）
[4.4節参照]

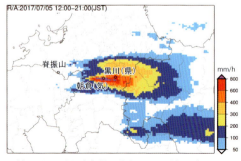

口絵5 国土交通省解析雨量を用いた平成29年九州北部豪雨の雨量分布
（2017/7/5 12:00～21:00 の9時間雨量）
[4.4節参照]

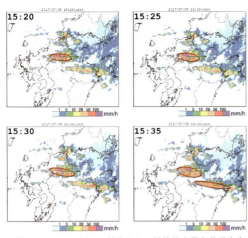

口絵 6　レーダ雨量から抽出される線状降水帯と移動方向
　　　　［4.4 節参照］

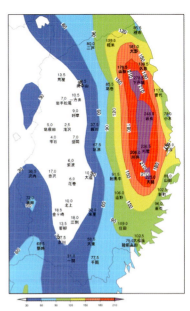

口絵 7　2016 年台風 10 号による総雨量の分布図（気象庁盛岡気象台提供）
　　　　［5.3 節参照］

口絵 8　富士山大沢川源頭部における地形変動
　　　　（2007～2014 年）（吉田他，2015）
　　　　［6.1 節参照］

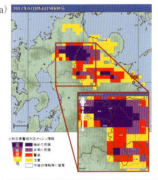

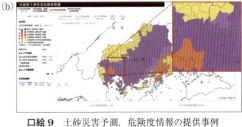

口絵 9　土砂災害予測，危険度情報の提供事例
　　　　(a) 土砂災害判定メッシュ情報（気象庁）のイメージ，(b) 避難勧告発令対象地区別に土砂災害危険度を表示した事例（広島県）
　　　　［6.3 節参照］

朝倉書店

編　者

丸谷　知己（まるたに　ともみ）　北海道大学名誉教授
　　　　　　　　　　　　　　　　北海道立総合研究機構

執筆者

秋山　一弥（あきやま　かずや）	土木研究所雪崩・地すべり研究センター	笹原　克夫（ささはら　かつお）	高知大学自然科学系理工学部門
石川　芳治（いしかわ　よしはる）	東京農工大学名誉教授	地頭薗　隆（じとうその　たかし）	鹿児島大学農学部
井良沢道也（いらさわ　みちや）	岩手大学農学部	清水　　収（しみず　おさむ）	宮崎大学農学部
小川紀一朗（おがわ　きいちろう）	アジア航測株式会社	執印　康裕（しゅういん　やすひろ）	宇都宮大学農学部
小山内信智（おさない　のぶとも）	北海道大学大学院農学研究院	辻本　浩史（つじもと　ひろふみ）	日本気象協会
海堀　正博（かいぼり　まさひろ）	広島大学大学院総合科学研究科	土屋　　智（つちや　さとし）	国土防災技術株式会社斜面環境研究所
笠井　美青（かさい　みお）	北海道大学大学院農学研究院	寺田　秀樹（てらだ　ひでき）	国土防災技術株式会社
香月　　智（かつき　さとし）	防衛大学校システム工学群	檜垣　大助（ひがき　だいすけ）	弘前大学農学生命科学部
國友　　優（くにとも　まさる）	国土交通省水管理・国土保全局砂防部	平松　晋也（ひらまつ　しんや）	信州大学農学部
久保田哲也（くぼた　てつや）	九州大学農学研究院環境農学部門	藤田　正治（ふじた　まさはる）	京都大学防災研究所附属流域災害研究センター
小杉賢一朗（こすぎ　けんいちろう）	京都大学大学院農学研究科	丸谷　知己（まるたに　ともみ）	北海道大学名誉教授　北海道立総合研究機構
桜井　　亘（さくらい　わたる）	国土交通省国土技術政策総合研究所	山田　　孝（やまだ　たかし）	北海道大学大学院農学研究院

（五十音順）

はじめに

　地球上には様々な自然の脅威があるが，これらが自然災害になるかどうかは，人間の生命と財産，インフラや環境，食糧および水資源に及ぼす被害の程度にかかっている．これらの被害を最も直接的にもたらすものが土砂と水である．砂防学ではこの土砂と水の振る舞いについて研究し，砂防事業では，その成果を災害予測や減災対策や災害修復に生かしている．特に，日本のような海に囲まれた狭い国土では，個々の災害に対する対策だけでなく，限られた国土の長期的な管理も必要となり，減災戦略を含めた国土保全が求められる．

　本書は，砂防学への入門書として書かれたものである．初めて「砂防」という専門分野に携わる学生や社会人，または今現在の砂防分野での最新の知識を概観したい方々のために書かれた．第2章以降は，わが国の砂防学研究で最先端を担う研究者が執筆を担当している．全体を通して，なるべく専門用語を使わず平易な言葉で書くことを心掛けているが，どうしても高度な専門用語を使わざるを得ない場合は，用語集で解説するようにしている．また，厳密な区別が必要な専門用語やふだん耳慣れない言葉には原語である外国語を添えてある．

　第1章は，自然の振る舞いと人間社会の在り方により自然災害が発生することを概説する．第2章では，砂防学の実学としての役割を歴史的に概観する．第3章では，砂防の基礎となる日本列島と環太平洋の地盤や気象の概要について述べた後に，砂防学が対象とする地表変動と土砂移動として，斜面崩壊，地すべり，土石流，火砕流と火山泥流，流木流，土砂流出，大規模崩壊，がけ崩れ，雪崩について解説する．第4章では，これらの現象を野外で観測し，実験室などで解析する方法として，地形解析，水文解析，水理解析，降雨解析，安定解析についてそれぞれ説明する．第5章は，砂防で取り扱う実際の現場を理解するために地震，火山活動，台風，豪雨に分けて，土砂災害との関係を述べる．最後に第6章では，現在用いられている砂防技術について，予測，対策，警戒避難，修復の面から解説する．

　砂防にかかわる研究対象や事業は，きわめて広範に及び，近年その技術的進歩も著しい．したがって，本書をもって，執筆者らが砂防学を網羅することは到底

できない．読者はこれで砂防学を理解したと思わず，疑問点や興味のある事柄はさらに詳細な文献をあたるなり，現場において自ら確かめることをお勧めする．特に，砂防は実学の最たる分野であり，現場で問題を見つけ，最後は現場に答えを返すことが必要である．本書を読んで疑問に思ったときや，実社会でどのように展開されているか知りたいときは，すべてその答えは現場にあると考えても差し支えない．そして，災害現場はあくまで人間社会へのダメージと被災した人々の悲しみや苦しみに対峙する場となるので，砂防学を学ぶものには人間への深い愛情に裏づけされた研究態度が必要となる．この地球上から災害による苦しみや悲しみを少しでも取り除き，より良い人間社会を創造する志をもつ人々が，本書を入り口として砂防に興味をもっていただけることを希望する．

2019 年 3 月

編　者

目　　次

第1章　自然災害と人間社会 …………………………………………… ［丸谷知己］ … 1
　1.1　砂防学の自然的側面 ……………………………………………………………… 3
　1.2　砂防学の社会的側面 ……………………………………………………………… 4

第2章　砂防学の役割 …………………………………………………… ［丸谷知己］ … 7
　2.1　砂防学の歴史 ……………………………………………………………………… 7
　2.2　砂防学の目的 ……………………………………………………………………… 10
　2.3　砂防学の研究対象 ………………………………………………………………… 11
　2.4　砂防学の技術的展開 ……………………………………………………………… 13

第3章　土砂移動と地表変動 …………………………………………………………… 18
　3.1　日本列島と環太平洋の概要 …………………………………………… ［丸谷知己］ … 18
　3.2　斜 面 崩 壊 ……………………………………………………………… ［平松晋也］ … 22
　　3.2.1　斜面崩壊とは ………………………………………………………………… 22
　　3.2.2　土のせん断強度 ……………………………………………………………… 23
　　3.2.3　崩壊の発生機構 ……………………………………………………………… 24
　　3.2.4　斜面崩壊と森林 ……………………………………………………………… 27
　3.3　地 す べ り ……………………………………………………………… ［檜垣大助］ … 31
　　3.3.1　地すべりと崩壊 ……………………………………………………………… 31
　　3.3.2　地すべりの発生原因 ………………………………………………………… 33
　　3.3.3　地すべりでできた斜面の把握 ……………………………………………… 35
　　3.3.4　地すべりブロック区分とは何か …………………………………………… 36
　　3.3.5　地すべり防災対策計画のための調査 ……………………………………… 38
　3.4　土 石 流 ………………………………………………………………… ［小山内信智］ … 38
　　3.4.1　土石流の定義と流動特性 …………………………………………………… 38
　　3.4.2　土石流の発生形態 …………………………………………………………… 40
　　3.4.3　渓床不安定土砂の侵食による土石流の発生概念 ………………………… 41

- 3.4.4 土石流・流木対策 …………………………………………… 43
- 3.5 火山泥流と火砕流 …………………………………… [山田　孝] … 46
  - 3.5.1 火山泥流の発生タイプと規模 ………………………………… 46
  - 3.5.2 火山泥流の発生・流下・氾濫・堆積実態の事例 …………… 48
  - 3.5.3 火山泥流の発生・流動メカニズム …………………………… 50
  - 3.5.4 火砕流 …………………………………………………………… 51
  - 3.5.5 火山泥流を含む土砂移動現象に対する砂防の計画・対策の経緯 … 54
- 3.6 流　木　流 …………………………………………… [石川芳治] … 57
  - 3.6.1 流木流と災害 …………………………………………………… 57
  - 3.6.2 山地・渓流部における流木の発生形態と発生量 …………… 58
  - 3.6.3 渓流における流木の移動，停止と谷の出口への流出率 …… 60
  - 3.6.4 扇状地における流木の堆積と橋梁の閉塞 …………………… 63
- 3.7 土　砂　流　出 ……………………………………… [清水　収] … 65
  - 3.7.1 土砂流出とは …………………………………………………… 65
  - 3.7.2 土砂礫の流送形態 ……………………………………………… 66
  - 3.7.3 土砂の流送に関する基本的事項 ……………………………… 67
  - 3.7.4 河床変動 ………………………………………………………… 69
  - 3.7.5 流域スケールの土砂移動と流域における土砂の問題 ……… 71
- 3.8 深層崩壊と天然ダム ………………………………… [桜井　亘] … 73
  - 3.8.1 深層崩壊とは …………………………………………………… 73
  - 3.8.2 深層崩壊の特徴 ………………………………………………… 73
  - 3.8.3 深層崩壊による災害の事例 …………………………………… 79
  - 3.8.4 天然ダムで生じる現象 ………………………………………… 80
  - 3.8.5 深層崩壊の対策 ………………………………………………… 81
  - 3.8.6 今後取り組むべき技術課題 …………………………………… 85
- 3.9 がけ崩れ ……………………………………………… [土屋　智] … 85
  - 3.9.1 がけ崩れ災害の実態 …………………………………………… 85
  - 3.9.2 土砂災害の警戒避難とがけ崩れ防止工 ……………………… 90
- 3.10 雪　　　崩 ………………………………… [寺田秀樹・秋山一弥] … 95
  - 3.10.1 雪崩とは ………………………………………………………… 95
  - 3.10.2 雪崩による被害の状況 ………………………………………… 95
  - 3.10.3 雪崩の分類 ……………………………………………………… 96

3.10.4	雪崩の発生	98
3.10.5	雪崩の発生しやすい地形・植生条件	99
3.10.6	雪崩の運動	100

第4章　観測方法と解析方法 104
4.1　地 形 解 析　［笠井美青］… 104
4.2　水 文 解 析　［小杉賢一朗］… 110
　4.2.1　斜面における雨水の浸透・流出プロセス 110
　4.2.2　ハイドログラフと流出解析 112
　4.2.3　水文観測 114
　4.2.4　水文モデル 120
　4.2.5　林地斜面の複雑な水文現象 121
4.3　河川水理解析　［藤田正治］… 122
　4.3.1　開水路の定常流 122
　4.3.2　河床変動解析 125
4.4　降 雨 解 析　［辻本浩史］… 133
　4.4.1　砂防における降雨解析の重要性 133
　4.4.2　雨の観測 133
　4.4.3　レーダ雨量による解析 135
　4.4.4　土砂災害と線状降水帯 137
4.5　安 定 解 析　［笹原克夫］… 140
　4.5.1　基本的な考え方 140
　4.5.2　土の内部の応力 142
　4.5.3　安定解析 144
　4.5.4　極限平衡法の問題点 148

第5章　土砂災害 149
5.1　地震と土砂災害　［執印康裕］… 149
　5.1.1　地震区分について 150
　5.1.2　土砂移動現象の発生場について 151
　5.1.3　地震発生前後の降雨の影響について 154
　5.1.4　地震と天然ダムについて 156

5.1.5　崩壊および崩壊土砂の流動化について ………………………… 156
　5.2　火山活動と土砂災害 ……………………………………［地頭薗　隆］… 160
　　5.2.1　概　　説 ……………………………………………………………… 160
　　5.2.2　火山活動に関連した土砂災害の事例 ……………………………… 162
　　5.2.3　火山噴火に伴う水文環境変化の評価 ……………………………… 168
　　5.2.4　噴火後の土砂災害対策 ……………………………………………… 168
　5.3　台風と土砂災害 …………………………………………［井良沢道也］… 169
　　5.3.1　台風と災害 …………………………………………………………… 169
　　5.3.2　誘因別の土砂災害発生件数 ………………………………………… 171
　　5.3.3　台風によってもたらされる被害 …………………………………… 172
　　5.3.4　近年の台風による災害の発生事例 ………………………………… 174
　5.4　豪雨と土砂災害 …………………………………………［海堀正博］… 178
　　5.4.1　雨の少ない地域と多い地域の土砂災害の違い …………………… 178
　　5.4.2　表層崩壊の多発につながる豪雨 …………………………………… 182
　　5.4.3　深層崩壊の発生につながる豪雨 …………………………………… 184
　　5.4.4　極端気象の典型としての豪雨 ……………………………………… 186

第6章　砂防技術 ……………………………………………………………… **188**
　6.1　予　　　測 ………………………………………………［小川紀一朗］… 188
　　6.1.1　モニタリング ………………………………………………………… 188
　　6.1.2　シミュレーション …………………………………………………… 191
　　6.1.3　ハザードゾーニング ………………………………………………… 193
　6.2　ハード対策 ………………………………………………［香月　智］… 196
　　6.2.1　ハード対策の目的 …………………………………………………… 196
　　6.2.2　ハード対策の分類 …………………………………………………… 196
　　6.2.3　各種構造物の役割区分と呼称 ……………………………………… 199
　　6.2.4　不透過型砂防堰堤の性能 …………………………………………… 201
　　6.2.5　透過型砂防堰堤の性能 ……………………………………………… 204
　　6.2.6　砂防堰堤の安定性照査 ……………………………………………… 208
　　6.2.7　期待性能の多様化と性能設計 ……………………………………… 210
　6.3　警戒避難 …………………………………………………［國友　優］… 211
　　6.3.1　警戒避難の防災上の位置付け ……………………………………… 211

6.3.2　警戒避難体制の整備のために必要な技術 …………………………… 213
　6.4　被災と修復 ……………………………………………［久保田哲也］… 221
　　6.4.1　崩壊地の修復 ………………………………………………………… 221
　　6.4.2　砂防堰堤など砂防施設の被災と修復 ……………………………… 222
　　6.4.3　工事用道路被害と修復 ……………………………………………… 225

文　　献 ……………………………………………………………………………… 226
あ と が き …………………………………………………………………………… 233
用 語 解 説 …………………………………………………………………………… 235
索　　引 ……………………………………………………………………………… 241

第1章
自然災害と人間社会

　われわれが住む地球上では，地盤や気象の激変が絶えず発生している．しかし，自然がどのように激変しようとも，人間社会が被害を受けない限り災害とは呼ばない．すなわち，人間の営みが存在しないところに自然災害は起こりえないということである．砂防学においては，このことをまず念頭に置き，自然の振る舞いと人間社会の在り方の両面から自然災害を理解することが必要である．

　自然と人間社会との関係を地球スケールで概観すると次のようになる．物性的には地球は，地圏，水圏，気圏と生物圏とから成り立っている．地圏 (geosphere) は，核・マントル・地殻から構成され，地球の半径に相当する深さ約 6350 km を占める．水圏 (hydrosphere) は深さ約 3.7 km，気圏 (atmosphere) は，地球表面から高さ約 10 km に及ぶ．これら地圏，水圏，気圏の境界に生物圏 (biosphere) が広がっている．人間社会は生物圏の一部であるため，地圏，水圏，気圏と常に相互作用している．生物圏に住む人間は，地圏，水圏，気圏から資源やエネルギーなどの恩恵を得て生活するとともに，その変動によりしばしば被害を受ける．

　自然災害には地震災害，火山災害，台風災害，豪雨災害，土砂災害，雪氷災害など様々な災害があると考えられている．しかし，いずれの災害においても共通することは，自然の振る舞いによって人間の生命と財産，農地や林地，公共施設が直接間接に破壊されるという点である．地震や豪雨や台風によって，都市では建物やインフラが破壊され，海洋では津波が発生し，山地では斜面や森林が崩壊し，また河川が決壊して洪水氾濫を起こすこともある．火山噴火によって生産された火山噴出物は，崩壊・流出することにより下流域に被害をもたらす．このように，結局人間社会に直接被害をもたらすのは，地震，台風，豪雨，火山噴火ではなく，これらによって引き起こされた建物，インフラ，斜面，森林，土砂，水などの崩壊や移動である．地震や豪雨や台風は，そのきっかけを与える役割を果たしている．

　山間地や斜面の近くでは，人間社会に被害をもたらすのは土砂や水や流木である．そのため，一般にはこれらの地域で起こる災害を土砂災害と呼ぶ．たとえ地

震や台風や豪雨が発生しても，土砂が崩壊し移動しなければ，土砂災害にはならない．また，火山が噴火してもその噴出物が下流の人間社会にまで到達しなければ土砂災害にはならない（本書では，登山者の受ける被害は災害ではなく「事故」と考え，取り扱わない）．さらに，地震や台風や火山噴火は，現在の科学ではまだ正確に予測し制御することはできない．人間の力で予測でき，移動する土砂や水のエネルギーを制御できるのは，土砂災害においてだけである．

科学のもつ最大の効用は未来の予測力である．この予測を，どれだけ正確に迅速に行うかが，現代科学の目標でもある．土砂災害の予測においても，土砂が移動を始めてからでは避難警戒や対策に間に合わない．しかし，土砂が移動する際には，その前に必ず地形や地表面の生態系に変化が現れる．いわば，土砂移動と地表面の変化とは表裏の関係にあり，地表面の変化を観測することにより土砂移動を知ることができる．そこで，これら地表面での変化を前兆現象としてとらえ，ふだんからの前兆現象を把握しておけば，その先に起きる土砂や水の移動を予測することが可能となる．

突発的に発生する自然災害も，前兆現象に現れるような，時間的に連続した地表面の変化のひとこまである．ここでは，このような地表面の変化を「地表変動」と呼び，災害をもたらすような土砂移動と連続したふだんからの地表面やその環境の動きについても論じる．災害は一度発生すれば二度と発生しないわけではない．中谷宇吉郎が寺田寅彦の言葉として紹介したように「忘れたころに」また発生する現象でもある．前の災害から次の災害の間も，地表変動は連綿と続いているからである．

また，最初に述べたように災害とは地圏，水圏，気圏という自然環境と人間社会の相互作用によって発生するものである．これは，災害の規模や頻度や種類が人間社会の在り方によって異なることを意味している．人類は，かつて狩猟採集によって食料を得ていた時期には生き延びることに精一杯であったが，農耕に基礎をおく現代の社会生活では利便性とよりよい生活を目指して不可逆的に発展を続けている．しかし，いかに人間社会が進歩発展しても自然の力に打ち勝つことは不可能であり，結局は，自然と調和しながら生きていくしかないのである．

一方で，人間には洪水や土砂移動を災害として受けとめるだけでなく，積極的に利用してきた歴史もある．かつて，ナイル川の氾濫では，洪水による被害を受けると同時に，その洪水が下流域の沖積平野に有機物の豊富な土壌を供給してきた．バングラデシュでは，今も沖積平野での洪水を利用して水稲（浮き稲）栽培

を行っている．洪水氾濫が起きなくなると，逆に稲の生産量が低下し，国内の食料の自給に大きく影響する．わが国でも，土砂が流出し，氾濫堆積した広大な沖積扇状地には，農地や市街地が形成されているし，山間地の洪水段丘の上には田畑や集落が営まれている．さらに，火山周辺では火山灰地を利用した農業や畜産業が発達している．火山噴出物起源の豊富な土壌に成立した農業や林業は，人間社会にとって欠くべからざる資源も提供しているのである．

このような，自然災害と人間社会のかかわりを，土砂災害を中心とする砂防学の枠組みの中で考えてみよう．すなわち，砂防学の自然的側面と社会的側面とについて概説する．ただし，自然災害の社会科学的な分析方法や研究成果は，それだけで膨大な量になる．これらは本書の短いスペースでは到底網羅できないし，これについて詳述することは筆者らの能力を超える．そこで，本書では自然災害に社会的な側面があることのみ触れ，災害社会学などの社会科学的な知見については触れない．

1.1 砂防学の自然的側面

砂防学は，広い意味での地球科学の1つであり，地球物理学，地質学，地形学，地理学，水文学，火山学，土壌学，生態学などの知見を活用し，さらに土木工学の一分野である水理学や土質力学や河川工学などの解析手法も活用する．しかし，これらをすべて極めることは不可能に近いので，自分の相手にする現象の解明に際して，必要な箇所だけ利用するしかない．砂防学の目的は，自然災害の仕組みを解明し，被害を軽減することであり，個々の学問の深奥を極めることだけではない．この点で，砂防学は学問としての伝統は浅いが，逆に伝統に縛られない自由な発想が可能な分野でもある．

砂防学で対象とする自然の変化は，極めて簡単にいえば2つの現象に分類できる．1つは，重力加速度によって「自ら動く」現象と，水などの流れによって「動かされる」現象である．自ら動く現象は，主に山地斜面で重力支配のもとで発生し，斜面プロセス（hill-slope process）と呼ばれる．また，動かされる現象は主に河川の流水の力で発生し，河川プロセス（fluvial process）と呼ばれる．これら2つが，単独に発生するか，連続して発生するかによって様々な土砂移動が起きる．例えば，落石・斜面崩壊や地すべりは斜面プロセスであり，洪水流による土砂や流木の運搬は河川プロセスである．これらの両方が連続して発生する

のが土石流である．

　斜面プロセスと河川プロセスとが連続して発生する場合には，斜面プロセスで河川に供給された土砂や流木が，その後河川プロセスで運搬されるかどうかが大きな問題になる．河川流水の力が供給された土砂や流木を流すのに十分であれば，そのまま下流に運搬されるし，不十分であればその地点に留まることになる．つまり供給量と運搬力の関係でその後の土砂災害の規模や形態が変わってくる．供給量に対して十分な運搬力があれば供給制限（supply limited）と呼び，逆に運搬力が不足していれば運搬制限（transport limited）と呼ぶ．これら供給量や運搬力を人工的に制御することにより，土砂災害を軽減することもできる．

　すべての山地や高地は，エントロピーの法則に従い最も安定した状態に近づくため，最終的にすべてが崩れ去り，より低い場所へと運ばれていく．河川は土砂を運ぶ装置であり，山から海に向かって常に土砂を運び続ける．大雨で流量が増加すればそれに見合った量の土砂が移動する．土砂が崩れる場合も流される場合も，いつも一定量が少しずつ移動すれば災害は起こらず，むしろ環境面のサステイナビリティを考えればそのほうが理想である．問題は，土砂が移動の途中で一時的に滞留し，それが大雨の時に大量に移動するからである．結局は，災害を軽減するには，水や土砂をすべて溜めておくのではなく，なるべく一定量を常に移動するように配慮することが必要で，そのほうが自然にはかなっているといえよう．しかし，現実にはすでに保全すべき人間社会（保全対象）が広がっていることから，必ずしも自然の動きに合わせられないことも多い．このような社会的側面については次節で述べる．

1.2　砂防学の社会的側面

　土砂災害の範囲やダメージは，人間社会の在り方によっても変化する．例えば，同じ規模の土砂が扇状地で氾濫しても，その地域の人口や社会経済的な状態によって，被害を受ける人の数や損害は全く違う．避難する際にも，道路やインフラの敷設状況や避難場所の有無により，被害の程度も被害者のその後の生活も全く違う．地域の産業や土地利用の違いによって，被害の種類も規模も異なる．そして，これら土砂災害を予測する方法や軽減する治山事業や砂防事業の方法も，人間社会の在り方によって変わってくる．砂防学においても，自然的側面だけでなく，被災対象となるそれぞれの地域の社会的側面も理解しておくことが必要であ

る．

　五大文明の発祥地をみてもわかるように，人間社会は平らな土地と水とを必要とする．特に，狩猟採集社会から定着農耕社会へと人間の生活様式が変化するにつれて，食料生産のために水利の便の良い平地に集落が形成されることとなった．これらの集落が今日の都市の原型になったことはいうまでもないが，人口増加につれて都市域はますます広がっている．都市の構造は，一般には中心部には官庁や商業地区，工業地区が占め，その周辺に居住地や農地・農村が広がり，さらにそれを取り囲み林野や山村が残っている．

　全国土の面積に対して人の居住できる広さを「可住面積」という．可住面積は，都市の密集するヨーロッパ諸国でさえ，イギリスで国土の85％，フランスで73％，ドイツで67％に達するのに対して，日本ではわずか27％である．これはわが国の土地の狭さと人口の多さとに起因する．江戸時代の終わり頃に3000万人であった日本の人口が，現在は1億3000万人と，200年足らずで約4倍になり，しかもその大部分が都市に集中している．そのため，ほとんどの都市域は山裾まで広がり，特に新たに都市域に移動した人ほど，より危険な場所に住まざるをえない（小出，1973）．

　水利の便の良い平地は，日本ではほとんどが沖積扇状地か河岸段丘に限られる．急傾斜の山間地にも，人々はわずかな平地をみつけて道路をつけ生活しているが，そこはかつての土石流扇状地や土石流段丘であることが多い．つまり，もともと山地が崩壊して流出した土砂でできた地形であるから，再び土砂災害に遭遇する機会も多い．山間地では，平地に比べて土砂災害の頻度が高いから，住民は危険な場所がどこかを知り，これを避けて生活することが多いが，都市域では土地の成り立ちや危険な場所を知らない人々が生活しているため，山間地よりむしろ危険だといえる．

　人々が食料生産に利用する農業用地は，もともと自然の特性を生かして平らで水はけの良い土地を造成し，利用してきたので，人間活動が自然の変化と調和しながら営まれてきた土地である．ところが，最近の日本では急激な人口の増加と不均衡に伴い，工業用地と農業用地を同じ価値評価のもとに住宅用地に転用することが多い．工業用地を含む都市域は，利便性に重きを置く人工的な施設配置で，自然条件とは関係なく，ただ面積のみを必要とする．近年の住宅地や公共用地も，これまでの自然の変化を考えずに，面積と周辺環境とによって選ばれることが多い．すなわち，農林業などの第一次産業からの土地の転用は，人間社会が自然と

の付き合い方を忘れることにつながり，自然災害に遭遇する最大の社会的要因であるといえる．

　特に近年は，都市への一極集中と地方の過疎化は一層激しくなり，加えてこれまで増加してきた人口が減少に転じ始め，かつ高齢社会となってきた．このことは，災害にとって2つの大きな社会的原因を提供する．1つは，都市周辺地域で本来居住に適さない災害危険地を人工的に改変して，いわゆる土地の歴史を消し去ってしまったことである．もう1つは，過疎化によって，これまで人と自然が共存することによって手入れされ維持されてきた森林や農地が荒廃し，土砂や洪水の発生源となることである．過疎化の裏返しが一極集中であり，労働環境が整備されない限り過疎化は止まらない．そのことが結局，自然災害を助長し続けることになる．

　自然災害の社会とのかかわりについて，大きな河川流域で特に問題となるのが流域住民の利害得失である．大河川流域の多くは，上流域が山林・山村，中流域が農地・農村，下流域が都市・流通および工業地帯である．また，海浜に近くなると港湾・漁村が分布する．1つの河川流域でも，流域に住む住民の土地や水の利用の仕方が異なる．上流域の産業や住民生活が土砂の流出氾濫の被害を恐れてダムを建設すると，下流域では河川の流水量や河床土砂が減少し，利水や内水漁業に影響することがある．このように上流から下流まで，多くの人が住み着き，産業や居住地ごとにまとまると，相互に利害や得失が生じる．1つの河川流域の中で，上流山地から海までの社会的経済的なバランスも災害を考える上での大きな問題となる（大野, 2010）．例えば，日本各地での水争いや，メコン川流域開発など，国際河川での河川水の利用を巡る争いは現在も各地で起こっている．

〔丸谷知己〕

第2章
砂防学の役割

2.1 砂防学の歴史

　洪水氾濫を治め，農業や生活に必要な水を得るための治水の歴史は大変古い．最古の治水は，紀元前4300～紀元前3500年頃に，メソポタミアのティグリス川・ユーフラテス川流域で，農耕（氾濫農耕）のためにため池を作って灌漑を行ったものといわれている．しかし，地表面の侵食や主に土砂などによる災害を防ぐための治山や砂防という考え方が生まれるのは，それよりずっと後の18世紀のヨーロッパであった．

　ヨーロッパで最も治水技術に優れていたのは，大河川の河口にデルタが発達し，海水準以下に多くの都市や農耕地の広がるオランダであった．一方，体系的な技術教育としては，フランスで軍隊の技術将校養成のため，橋梁土木工学を中心にして1794年にエコール・ポリテクニークが設立され，土木技術を教え始めている．ヨーロッパ諸国は，スイス，オーストリアのアルプス地域を除けば，土砂災害に見舞われることの少ない平野が広がる．河川や水と人の生活のかかわりは，農業用水，舟運，橋梁などで，もっぱら河川工学として発達してきた．しかし，フランスなどでは東方に山間地を抱え，探検や観光の対象となっていた．やがて，この地で生まれた階段式流路工は，1885年長野県松本市の牛伏川にも建設されることとなった．

　一方，国土の80％をヨーロッパアルプスが占めるオーストリアでは，洪水だけでなく山地から流出する土砂による災害を抑制する必要があった．この経験から，下流域での水や土砂の氾濫対策を効果的に進めていくには，河川の上流域における土砂の動きを適切に管理する必要があることがわかった．そこで，ヨーロッパアルプス周辺では，ほかに先駆けて砂防・治山工学が発展した．しかし，書籍として世界で初めて出版された砂防および治山工事の解説書は，1878年にフランスのデモンゼー（Prosper Demontzey）によって著されたものである．この著作は，アルプス諸国の砂防技術に極めて大きい影響を与えた．

ヨーロッパの治水や砂防に対して，日本は国土の周囲を海に囲まれるため，異なる歴史を歩んだ．日本で土砂の被害としてまず問題となったのが，海岸の飛砂であった．そのため，16世紀頃から飛砂防止のために，植林や囲いなど様々な事業が行われていた．これらは総称して，後に海岸砂防と呼ばれるようになった．1666年には，当時の政府である徳川幕府が「諸国山川掟」を発布し，藩による海岸植栽や樹木の掘取禁止などを実施させた．

　また，列島の70％におよぶ地域が山地で占められることから，山地から農地や集落への出水を緩和することも課題となった．そのため，1683年には，河村瑞賢の指導に基づき山林への植樹の奨励と森林の伐採禁止を実施した．さらに幕府は，今日の砂防の原点ともいえる，土砂留めや砂除けなどの渓流工事を各藩に命じた．山地では，急斜面での階段造成や張り芝などが実施されていた．一方で，濃尾平野にしばしば洪水をもたらした木曽川，揖斐川，長良川の治水（宝暦治水）を薩摩藩の労役により実施したが，この時の遺恨が後の明治維新の引き金になったともいわれている．

　明治期に入ってから日本各地で洪水が頻発した．そのため，明治政府は1873年に内務省を設立し，ここで治水事業を実施した．近代の治水事業は，外国人の指導を必要としたため，水防工事に経験の深いオランダから技師デ・レーケ（Johannis de Rijke）を招聘した．彼は，淀川での河川改修と遊水機能を生かした治水事業，養老山地揖斐川の盤若谷扇状地での河川改修と砂防工事，さらに宝暦治水の後の三川分流による洪水対策など日本各地に著名な工事を残していった．また，明治政府はこれらの事業を行うための法律の整備を行い，1896年に河川法，1897年には砂防法と森林法ができ，3つを合わせて「治水三法」と呼ばれるようになった．

　このような法律の整備を背景にして，第一高等学校校長の新渡戸稲造から国土保全の重要性を示唆された赤木正雄は，1914年東京帝国大学卒業後に内務省技官となり，オーストリアに留学し，当時最新の治水・砂防技術を学んだ．帰国後に，砂防技術の普及に努め，1935年には砂防協会（現在の全国治水砂防協会）を設立した．赤木正雄は，「日本砂防の父」とも呼ばれ，1926年から泥谷砂防堰堤群，湯川砂防堰堤群，白岩砂防堰堤などからなる常願寺川砂防工事を指導した．常願寺川流域は，立山カルデラに水源をもち，無尽蔵ともいえる土砂を排出し富山平野に甚大な被害を与えてきたが，彼はこの荒廃した常願寺川流域において，初めて土砂災害の軽減防止という明確な目的をもって水系一貫の砂防計画を実施

2.1 砂防学の歴史

した．

一方で，砂防学の研究の黎明期は，1900年に，東京帝国大学森林理水および砂防工学が創設された時に始まる．初代教授はオーストリアから招聘したホフマン（Amerigo Hohuman）で，彼は「荒廃した山地でも植樹をせず山地の崩壊を自然にまかせ，流砂の止まるのを待つ」ことを奨励した．そののち，林学博士諸戸北郎が教授となり，主にドイツ，オーストリアを手本とした治山・砂防技術が教えられた．また，諸戸は，1928年には，学術雑誌『砂防』を発刊し，さらにわが国最古の砂防学の教科書として，『諸戸砂防工学』（成美堂，1938）を刊行した．

1925年には，ヨーロッパ留学より帰国した村上惠二が京都帝国大学の砂防工学教授となり，1948年に今日でいう砂防学会を創設した．そこで発行された学会誌は，『砂防学会誌』（旧『新砂防』）として現在にいたる．また，これに先立ち北海道では，1876年に札幌農学校が設立された際に，クラーク博士とともに来日した土木学者ホイーラー（William Wheeler）が，「応用・実践できる能力を養う」ために，自然に学ぶことを重んじた実学教育を行った．1911年には，東北帝国大学農科大学（現在の北海道大学）に理水および砂防工学講座が新設され，土木工事は自然の動きに見習うべきだというホイーラーの思想を引き継いでいる．

このように，明治以降に来日した欧米の研究者や技術者の砂防に対する考え方は，自然の力を尊重し，自然の成り行きをねじ曲げないことを原則にしている．そのため，荒廃地の自然回復や洪水緩和のための山地緑化，または低水工事を中心に行ってきた．一方で，河川，砂防，森林という3つの法律を「治水三法」と呼んだことでもわかるように，わが国で対象とする災害対策は当時は治水事業の一環として実施された．その後1940年代より，利水を含めた水系一貫開発が行われ，アメリカのTVA（テネシー川流域開発公社）事業にも影響を受け，工業用水やライフラインの整備，農業水利事業を進めるために，河川改修やダム建設が進み，砂防においても工学的な手法を用いた土砂災害防止対策が増加し始めた．

砂防事業としては，先に述べた常願寺川の水系一貫砂防事業がその代表的な事例である．また，地盤の脆弱な鬼怒川流域では足尾銅山の精錬事業が大きな原因となって流域全体がはげ山となり，大谷川や稲荷川などで土砂災害を繰り返してきた．そのため，1920年頃より次々とコンクリートと自然石を併用した砂防堰堤を建設し，あわせて山腹緑化を実施することにより土砂流出を緩和した．これらの堰堤群は，現在では国の有形文化財に登録されている．

このほかにも，江戸時代後期からの森林乱伐と森林火災とではげ山となった牛伏川流域においてフランス式階段工で土砂流出を抑制した砂防事業，瀬戸内海国立公園の名勝である安芸の宮島において巨石を組み合わせて自然の渓流を復元した庭園砂防事業など，いわゆるハード対策（堰堤などの構造物を用いて崩壊や土砂流出の被害を軽減する対策）による砂防技術が徐々に主流となってきた．このような砂防技術の変化を反映して，砂防学においても，単なる自然の理解から一歩踏み込んで積極的な災害対策，防災工事にかかわる教育・研究が発展した．

一方で，基礎的な研究としては，斜面安定性，土質，土砂流出，流砂，地すべりなどにも多くの成果を上げてきた．これらは，最終的には土砂災害発生予測につながる研究で，いわゆるソフト対策（あらかじめ災害危険地を予測し，警戒避難や土地利用によって土砂災害を避ける対策）といわれる砂防技術につながっている．近年では，土砂災害予測のためのIT技術を用いたツールが，電子技術や航空測量技術の進歩に伴って開発され，警戒避難や現地観測に新たな対策が生まれている．このように，砂防学も医科学と同様に，自然観察，修復技術，原因究明，災害対策，危険の予知予測へと進んできているものと思われる．

2.2 砂防学の目的

本書では，これまで砂防工学と呼ばれていた科学技術分野をあえて「砂防学」として取り扱った．その理由は2つある．1つは，本書では山地の保全を目的とする「治山」と，地表面の変動や水や土砂の移動を扱う「砂防」と，さらに下流域の「河川」という区間を区別しないからである．行政としては，これら3区間をそれぞれ異なる部局が所掌しているが，水や土砂の移動という点からみれば，治山も砂防も河川も流域という1つのシステムの中での現象とみるべきであり，3区間に区切って取り扱うほうが不自然だからである．もう1つは，工学という分野はモノやシステムを創造する科学技術であるが，土砂災害を予知軽減するには，それにとどまらず，むしろ自然現象の理解や社会との接点への理解も必要である．これらの理由から，工学という枠組みでは，説明しきれない事柄が多くあるので，あえて「砂防学」という枠組みで取り扱った．

このような考え方は，日本が土木学や砂防技術を海外から輸入した時期のホフマンやデ・レーケやホイーラーにもみられ，治山・治水・砂防・土木という分野がもともともっている自然認識の1つでもある．また，古くは中国の伝説にある

大禹による黄河の治水や，日本でも薩摩藩による三川分流工事や武田信玄の信玄堤，熊沢蕃山，河村瑞賢による水源の保全による治水など，いずれも自然の力を緩和するために運動エネルギーを分散し減勢するという，深い自然の認識に基づいている．時代は下って，人口過剰の現在の日本では人間活動が自然に近づきすぎたため，ダムなどのハードウェアによらねば災害が防げない場合が多い．しかし，工学的に解決する以前に，まず自然の認識方法を理解しておかねばならない．

さて，砂防学の目的を一言でいえば，長い将来にわたり人間社会の安全を保障するために，自然の力を予測し，緩和し，修復することである．ただし，地盤変動や気候変動により自然の力も変化し，一方で人間社会も刻々と変化している中で，常に人間と自然の調和を図り，安全安心な社会を維持することは簡単ではない．また，砂防学は認識論に終わっていては，本来の実学としての役割は果たせない．その成果は必ず，砂防技術として展開されなければ意味をなさない．砂防学の中で，すべての技術を網羅することはできないが，少なくとも技術に結び付けるという意思をもって，砂防学を究める必要はある．

2.3 砂防学の研究対象

砂防学の研究対象は，物質でいえば土砂や水や流木であり，場所でいえば地表面のすべてである．その中には，山地も沖積平野から海岸汀線までの平地も含まれ，火山や河川などアクティブな変動をする地形要素が含まれる．また，引き金としての地震や台風や豪雨も重要な研究対象である．一方で，土地利用や社会構造や経済，地域の歴史など土砂災害を受ける側の変化も災害の重要なファクターである．このように非常に広範な研究対象をもつが，これらの中で地表変動または土砂などの移動現象としては，次のような研究対象がある．

まず，地震や豪雨による斜面崩壊（表層崩壊と深層崩壊），地すべり，がけ崩れ，土石流があげられる．これらは，重力加速度によって土砂や水が「自ら動く」現象である．また，火山地域で起きる土砂移動現象として火砕流と火山泥流が課題となる．火山噴火予測では，火山活動の一環として噴火するまで様々な変化を取り扱うが，砂防学では噴火によって生産された土砂や水の振る舞いとその対策を取り扱う．火山噴火に伴う山体全体の不安定化による山体崩壊（たとえば磐梯山，セント・ヘレンズ山など）も砂防学での研究対象となる．

また，河床の変動や洪水をもたらす土砂流出や，近年では特に森林を含めた崩

壊によって流木流が問題となっており，これらは水などの流れによって「動かされる」現象である．これら土砂や流木を含んだ流れ（混相流）は不連続であり，水の動きを解析する水理学では理解しづらい振る舞いも多いが，現在ほかに方法がないので水理学（もしくは土砂水理学）で解析するしかない．いずれは砂防学独自の解析方法が確立されると思われるが，当面は水理学的に解析して近似的な現象として土砂移動を理解しておくしかない．

さらに，このほか地表変動として斜面のクリープや表面侵食（シートエロージョン，リルエロージョン）や，海岸域では飛砂が問題となるがここでは取り上げなかった．ただし，わが国には積雪寒冷地も国土の62%を占めることから，積雪移動によって発生する雪崩は取り上げた．積雪寒冷地とは，2月の最大積雪深の毎年の平均が50 cm以上，または1月の平均気温の毎年の平均が0°C以下の地域で，わが国では約40%の市町村，22%の人口がこの地域に属する．

一方，砂防学ではこれらの現象の解析方法の進歩によるところが多く，これも研究対象となる．基本的な解析方法としては，地形解析，降雨から浸透まで含めた水文解析，河川流路での水理解析，気象学的な降雨解析，斜面の安定解析があげられる．また，これらの素過程や解析方法だけでなく，総合的に土砂災害を理解して地域防災計画に資するような研究も特に砂防では重要である．地震と土砂災害，火山活動と土砂災害，台風と土砂災害および豪雨と土砂災害のそれぞれの関係についても解明する必要がある．

砂防学の特徴は，自然科学的アプローチだけで課題を解決できないことである．刻々と変化する人間社会の在り方，土地利用やそれを方向付ける経済状態や社会の考え方，また住まい方や災害時の避難の仕方にも，地域の社会構造や人々の考え方，産業の在り方などがかかわってくる．このことから，時には社会科学的アプローチも必要となる．本書では，社会科学的なアプローチや研究課題については章を設けて解説することはしていないが，それぞれの災害現象の解説においては社会現象にも触れる．

砂防学は，いうまでもなく応用科学の1つである．しかも，医学と同様，人間が存続する限り必要とされ，災害の被害が最小限で済むようなより安全な社会作りに貢献しなければならない．理論的に突き詰めて答えを得ても，最終的に実社会に応用できなければ用をなさない．むしろ，現場に研究対象があって初めて成り立つ学問分野で，現場から離れて独立できるわけではない．「現場に始まり現場に終わる」学問である．その意味では，研究対象は書物の中ではなく現場に赴

いては見つけ出すことが原則であろう．

2.4 砂防学の技術的展開

　砂防技術には，大きく分けて予知予測技術，ハードウェアおよびソフトウェアによる対策技術，災害時の警戒避難に関する技術，災害後の自然環境や工作物の修復技術と，一般市民への災害の防災教育の技術があげられる．歴史的にみれば，災害発生後に次の災害に備える修復技術が最も古く，これについでハード・ソフトによる対策技術が重視され，最近ではコンピュータや情報機器の発達に伴い予知予測技術が発展してきた．さらに，社会への働きかけ（アウトリーチ）として防災教育も必要性が増している．

　ほかの科学分野と同様に，これまで「砂防学」で積み上げられてきた研究成果がすべて「砂防技術」として結実しているわけではない．科学と技術とは，ヨーロッパなどではもともと別個の体系をもって発展してきたが，19世紀頃に工業化社会が発展する際に，科学技術として統合された．砂防においても，日本では，もともと独自の和製技術の系譜があったが，明治初期にヨーロッパで科学技術として統合された体系がそのまま輸入された．そのため，砂防学と砂防技術を分けることは難しく，もとより実学としての目的をもっている以上，あえて分ける必要性もなかった．

　砂防学においては，ほかの学問分野のように科学と技術とが錬磨しあって発展してきたわけではない．毎年のように国土を襲う自然災害に対峙しながら，実現象の解明と防災減災の技術開発とが境目なく協力して，自然災害を1つ1つ克服しながら発展してきたのである．したがって，砂防学においては，「現場を見る」ことが何よりも重視される．たとえ理論的に確立された成果でも現場で実証されない限りは，役に立たない．そこで，砂防学の技術的展開を過去の土砂災害記録に従って，時間を追ってみていくことにする．

　火山活動に関係する災害としては，1888年に磐梯山の噴火により大規模な山体崩壊を起こした災害があげられる．1914年の桜島の大正大噴火では溶岩流により大隅半島と桜島が陸続きになり，1926年には十勝岳噴火に伴う融雪型火山泥流が発生し，多数の犠牲者を出した．その後しばらくして，1977年と2000年には北海道有珠山噴火，1983年と2000年には三宅島噴火（死傷者なし），1991年には雲仙普賢岳火砕流，2011年には新燃岳噴火（死傷者なし）があげられる．

この間，桜島は継続的に噴火を繰り返し，大量の土砂を山麓に供給している．

わが国には，現在活動中の火山が110余りある．火山活動の監視・観測は，気象庁，大学，国土地理院，産業技術総合研究所（産総研），その他の研究機関で行われている．監視・観測技術には，地震計による火山性地震や火山性微動の観測，空振計による爆発・噴火の観測，高感度カメラや暗視カメラなどによる遠望監視，衛星を使った測位システムや傾斜計などによる地殻変動の観測，熱や火山ガスの観測がある．

火山災害は，火山噴火だけではなく，噴火によって生産された多量の火山噴出物が様々な形で地表面を流下する際に大きな被害をもたらす．火山噴火時の噴煙柱が崩れて発生する火砕流や火砕サージ，火砕流が積雪を溶かして発生する融雪型泥流や噴火後の長い期間にわたり降雨によって発生する降雨型泥流（土石流），火口湖が決壊する決壊型泥流など，いずれも規模が大きいため砂防施設で相当量の土砂を捕捉したり，流れを導いたりしなければならない．このような砂防事業を「火山砂防」と呼ぶが，近年の砂防技術は火山砂防と取り組むことによって発展してきた面がある．

火山災害では，そのほか火山ガスや火山灰の堆積による被害も発生する．火山灰は一般に粒径が細かいために，降下堆積した後の地表面では，降水の地下への浸透能力が著しく落ちる．それによって，表面流が発生しやすくなり，急速なガリー（gully，地隙）の発達やその生産土砂による土石流や泥流の発生に影響する．細粒の火山灰が堆積する桜島南斜面などでは，10分間に3 mmのわずかな降雨で土石流が発生することがわかっている．火山灰はほかにも，農作物に被害を与えたり，交通機関を一時的に麻痺させることもあるが，大規模な噴火の際には，火山灰が地球全体を覆い地球に寒冷期（小氷期）を引き起こし，冷害や伝染病をもたらすこともある．

地震災害には，内陸型とプレート境界型がある．内陸で起きた地震は，1872年の浜田地震，1891年の濃尾地震，1894年の庄内地震がある．さらに1923年の関東大地震は，内陸直下型では国内で最も被害の大きな地震（死者・行方不明者10万人超）となったが，主に火災による犠牲者が大部分であった．その後も，1983年日本海中部地震，1995年の兵庫県南部地震，2016年の熊本地震，2018年の北海道胆振東部地震があげられる．兵庫県南部地震では，500人を超える死者のうち，約6割は家屋倒壊による圧死であった．プレート境界で発生し大津波をもたらした地震は，1896年の明治三陸地震と2011年東北地方太平洋沖地震が代

表的である．この 2011 年の地震では，北海道から高知県にまで影響が及び，死者・行方不明者が 2 万 4500 人を超えた．そのほとんどは津波による犠牲者で，岩手県，宮城県，福島県に集中している．また，この地震では東京電力福島第一原子力発電所が炉心溶融を起こし，放射性物質が飛散するなど近年の災害の 1 つの特徴を露呈した．

地震は，このように建物の崩壊や木造家屋の時代には大火災の原因となり，津波を引き起こして破滅的な災害をもたらす．しかし，山間地に道路や公共施設，市街地が広がるにつれて，地震で引き起こされた崩壊や土石流によって起きる災害も増加しつつある．近年では，特にその傾向が顕著で，日本海中部地震では斜面崩壊により河川が堰き止められてできた天然ダムの決壊が新たな課題となった．また，熊本地震では地震直後の豪雨が緩んだ地盤に作用して，二次的に多くの表層崩壊が発生した．さらに，北海道胆振東部地震では，北海道の基幹火力発電所が停止し，ブラックアウトと呼ばれる全戸停電が約 2 日にわたって続き，交通機関がマヒして食料生産や物流に大きな被害をもたらした．

豪雨災害では，1910 年と 1917 年の関東大水害，1953 年の西日本水害と南紀豪雨，1957 年の諫早豪雨，1982 年の長崎大水害，2014 年の広島豪雨，2017 年の九州北部豪雨，そして 2018 年の西日本豪雨があげられる．広島市豪雨の後，これを契機として土砂災害防止法が改訂され，都道府県が警戒区域（イエローゾーン）と特別警戒区域（レッドゾーン）を指定しハザードマップを作成することが義務付けられた．

豪雨災害は，流域全体に降った雨で，河道の流下能力を上回った高水量により溢水氾濫する災害のほか，湾曲部などで堤防の脆弱部を洗掘する災害，溢水が旧河道に流れ込む災害などがこれまでの主な災害であった．しかし，近年は線状降水帯などにより，狭い降雨域に短時間に多量の降雨が集中する傾向にある．これにより，大きな河川の洪水氾濫よりも中小河川での洪水氾濫，斜面崩壊，土石流などが頻発するようになった．

そのため，水だけを対象とした対策では防ぎきれず，土砂，さらに巨礫や流木も対象とした対策が必要となっている．巨礫や流木の対策は，主に火山山麓において行われてきたが，近年ではそれ以外の河川流域や都市周辺部においても必要となっている．2017 年に九州北部で発生した線状降水帯による集中豪雨では，表層崩壊とともに流出した大量の流木が被害をもたらした．技術的には，これまでの不透過型堰堤だけでなく，様々な形状の透過型堰堤が巨礫や流木の流出抑制

図 2.1 2016 年北海道の連続台風による土砂流出（撮影：北海道大学 林真一郎特任助教）

図 2.2 2017 年九州北部豪雨災害による赤谷川の被害（撮影：北海道大学 丸谷知己特任教授）

に効果的といわれている．

　台風災害では，昭和に入ってから 1934 年の室戸台風，1945 年の枕崎台風，1947 年のカスリーン台風，1948 年のアイオン台風，1954 年の洞爺丸台風，1958 年の狩野川台風，1959 年の伊勢湾台風が大きな災害を引き起こした．そのほかにも中小の台風は毎年のように日本列島を縦横断し，災害をもたらしてきた．最近では，2011 年の紀伊半島豪雨，2013 年の伊豆大島豪雨と続き，2016 年には北海道に 4 回連続して台風が襲来し 1850 億円の損害を出した．この被害は，人的被害だけでなく，日本の食糧庫である北海道の農作物とその輸送経路の寸断により，わが国の経済に大きな影響をもたらした．

　台風災害においては，強風と豪雨による両方の被災があるが，強風は主に森林への被害をもたらす．1954 年の洞爺丸台風では北海道中部に大風倒木被害を発生させ，最近の 1991 年の台風 19 号では九州北部で大量の風倒木を，2004 年の台風 16 号では北海道中部で大量の風倒木をそれぞれ発生させた．また，台風の際の豪雨による災害は，崩壊や土石流を発生させるが，これらは集中豪雨による土砂災害と同様の被害をもたらす．

　図 2.1 は，2016 年の北海道を襲った連続 4 回の台風で日高山脈から流出した大量の土砂である．また，図 2.2 は，2017 年九州北部での線状降水帯による豪雨災害において朝倉地方を襲った大量の土砂と流木である．台風に伴う豪雨と集中豪雨とによって発生する土砂災害にほとんど違いはないが，一過性の台風でも連続して襲来した場合や，線状降水帯が長時間停滞した場合に土砂災害が発生しやすい．

特殊な災害として豪雪害があるが，1963年の三八豪雪が事例としてあげられる．雪害の代表は雪崩であるが，雪崩には表層雪崩と全層雪崩（底雪崩）とがある．表層雪崩は，シモザラメ雪の弱層がせん断破壊されることにより発生するほか，雪庇崩れに誘発されることもある．全層雪崩は，春先に積雪層の底面からすべり落ちる現象で，そのほか積雪内部の変形・沈降や積雪底面でのすべりにより，斜面構造物や樹木が破壊されることもある．地吹雪は，かつては鉄道防雪林により防いできたが，最近では，冬季の強風と道路網の発達により再び被害が出始めた．

また，近年の気候変動により春先の融雪時に，地すべりの活動が活発化する傾向にある．2012年には新潟県上越市で大規模な融雪地すべりが発生し，北海道では各地で地すべりが活発化している．いずれも積雪地域での新たな災害として着目されなければならない． 〔丸谷知己〕

第3章
土砂移動と地表変動

3.1 日本列島と環太平洋の概要

　土砂や水の移動は，地球表面の陸域であればどこでも発生する現象であり，世界中の様々な場所で，その移動を緩和するための対策技術と研究成果が求められる．土砂と水の移動による地表変動現象は湿潤な熱帯雨林や砂漠化した乾燥地，高寒冷地や広大なデルタ地帯など，至るところで発生するので，世界各地の地理学的特徴を知ることが本来は必要となる．しかし，これらを網羅することはここではできないので，まずは自らの足元である日本列島とその周辺地域の特徴を理解することに留めたい．本章では，砂防学を学ぶにあたって最低限必要と思われる，日本列島に影響する環太平洋地域の地盤と気象について述べる．また，近年地球規模で加速する気候変動（climate change）の影響についても触れる．

　太平洋を取り巻く地球表面の動きは，ユーラシアプレート（Eurasian plate），北アメリカプレート（North American plate），およびフィリピン海プレート（Philippine Sea plate）という3枚のプレートと，その下に沈み込む太平洋プレート（Pacific plate）とによって特徴づけられる（図3.1）．このようなプレートの動きは，1912年にウェゲナー（Alfred Lothar Wegener）によって発表された大陸移動説に始まり，その後，海洋底拡大説などが現れ，現在ではウィルソン（John Tuzo Wilson）によるプレートテクトニクス理論として受け入れられている．わが国で起きる自然災害は，ほとんどがこれら4枚のプレートの動きに関係しているといって過言ではない．

　日本列島は，ユーラシア，北アメリカ，フィリピン海，太平洋プレートの境界に細長く横たわる島嶼列島である．列島は，太平洋プレートがユーラシアおよび北アメリカプレートの下に沈み込む（subduction）ことにより隆起し，これらプレート境界に平行して急峻な脊梁山脈が形成されている．この隆起は現在も進行しており，大きい所で毎年数 mm ずつ上昇し，標高が高くなっている．上昇することにより山腹斜面は絶えず不安定となり，豪雨や地震によって崩壊する可能

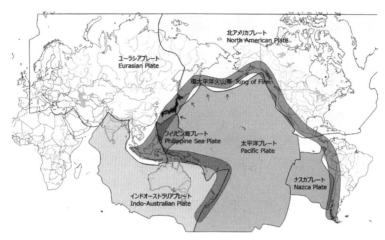

図 3.1 日本周辺のプレートと火山帯

性も高くなる．このような地盤の動きがあるため，日本列島は変動帯と呼ばれ，現在は国土の 70%が山地となっている．脆弱な山地斜面から崩壊した土砂は，河川流域の中を運ばれ，最終的には海岸線まで流出して，列島縁辺部の海側に張り出した沖積平野（沖積扇状地を含む）を形成している．また，この 4 枚のプレートの出会う地点の近傍には，わが国最高峰の火山である富士山が形成されている．

海溝型（またはプレート境界型）地震と活断層による（直下型または内陸型）地震はいずれも，プレートの運動に伴う変位の蓄積がもともとの原因である．海溝型地震は，これらのプレート境界での沈み込みが原因となって起こりやすい．また，プレートの沈み込みによって地層が褶曲したり，せん断が生じる．せん断によりできた多くのひび割れは，断層を形成して直下型地震の原因となっている（図 3.2）．

さらに，プレートの沈み込みによってできた多くの割れ目を伝って地下のマグマが湧出し，火山噴火に至る．マグマが上昇するときは，地下の空気や水が熱せられて圧力がかかり，爆発的な噴火を起こすことが多い．このような噴出物とその過程によって，ハワイ式，ストロンボリ式，ブルカノ式，プレー式，プリニー式などに分類されるが，大規模なプリニー式噴火では噴煙柱が 40 km に達することもある．吹き上がった噴煙柱が崩壊する際に，山腹が崩れ落ちて火砕流を発生させる．また，火砕流が積雪を溶かしたり，その後の豪雨によって火山噴出物

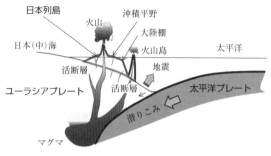

図 3.2　日本列島の縦断面

が侵食されて火山泥流が発生する．特に規模の大きな噴火では，火山体自身を吹き飛ばす山体崩壊が起きる場合もある．

現在の日本列島には活動中の火山は約111あり，これらのうち52が火山災害警戒地域として，特に危険な火山として内閣府の指定を受けている（2018年現在）．

日本と同じような地盤の脆弱性を有する地域は，環太平洋ではニュージーランド，インドネシア，フィリピン，台湾，アリューシャン列島，アラスカ，アメリカ西海岸，中米，南米西海岸である．この地域は，環太平洋造山帯とも，環太平洋火山帯（Ring of Fire）とも一致する．すなわち，プレートテクトニクスが原因となって，地震，火山噴火，急峻な山脈の形成，崩壊が環太平洋地域に広く帯状に発生することになる．

また，アジア太平洋地域を取り巻く気候の特徴として，北緯30〜60°付近の約1万 m 上空を，100 km/h の速度で西から東に吹く偏西風があげられる．特に北緯50°付近の中心部では，ジェット気流と呼ばれる400 km/h の強い偏西風が吹く強風域となっている．なお，南半球でも赤道をはさんで，北半球と対称的に偏西風が吹いている．偏西風は数年ごとに蛇行し，流れが乱れることが知られており，これがエルニーニョ現象などを引き起こし，降雨量に影響を及ぼす．また，赤道近くの北（南）緯30°から赤道にかけては，偏西風と反対方向に東から西への恒常風が吹いており，これは貿易風と呼ばれる．偏西風は，気圧配置に大きく影響し，降雨前線の停滞や台風の進行方向を支配している（図3.3）．

日本列島は，北緯20〜45°の間に位置し，ちょうど偏西風の直下に横たわっている．南から北上してきた台風の多くは，この偏西風に乗ることで急激に東に向きを変える（東進転向）．そのため，日本列島は台風の経路になりやすい．日本

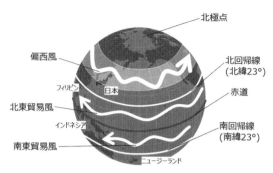

図 3.3　アジア太平洋地域を取り巻く気候の特徴

列島に上陸する台風の数は 2.6 個/年（1971〜2000 年平均）で，多い年（2004年）には 10 個もの台風が上陸する．さらに近年は，気候変動の影響を受け，強く大きな台風が頻発し，北海道まで勢力を保ったままで到達するようになった．

また，日本列島はシベリア大陸と太平洋の間，すなわち大陸と海洋の間に位置するために，冬はシベリア大陸から夏は太平洋からの強風が季節によって逆転し，これによってモンスーン気候が発生する．そのため，夏は太平洋側から高湿度の南西アジアモンスーン気流が流れ込み大陸との間で梅雨前線を生み出し，冬はシベリアから吹き出す寒気団により大量の降雪がもたらされる．さらに，近年多発する局所的な豪雨の多くは，線状降水帯によるものといわれている．線状降水帯に厳密な定義はないが，おおよそ幅 20〜50 km，長さ 50〜200 km で数時間同じ場所に留まる，とされている．大気の成層状態が不安定で，大量の暖かく湿った空気が流れ込み，山地などにより上昇気流が発生しやすい地域で発生するといわれている（津口，2016）．最近では，台風以外の豪雨の 6 割が線状降水帯に起因するといわれている．

このように，わが国の地理的な位置と起伏の多い地形は，偏西風による台風の転向，季節風による梅雨前線と豪雪の発生，急峻な地形による線状降水帯の発生など，降水量の局所的集中によって豪雨災害を引き起こす大きな原因となっている．今後気候変動によって降雨量の増加が予想されているが，これに加えて降雨が地域的，季節的に集中すれば，土砂災害予測のための危険雨量についても見直すことが必要であろう．また，台風や豪雨の頻度が増加し，地震，火山現象と豪雨とが立て続けに発生する機会も増えており，複数の原因が連鎖することによる土砂災害の発生にも今後着目しなければならない．

このように環太平洋の北辺に位置する日本列島は，プレートの運動による地震や火山活動と急峻な地形，さらに偏西風による多雨な気候条件のため世界でも有数の自然災害の多発地帯となっている．　　　　　　　　　　　〔丸谷知己〕

3.2 斜面崩壊

3.2.1 斜面崩壊とは―斜面崩壊の分類―

斜面崩壊とは，急勾配をなす斜面表層の土砂や岩石が地中内に形成されたすべり面を境にしてすべり落ちる現象である．一般に，「山崩れ」や「土砂崩れ」といわれているものがこれに相当する．崩壊土砂は高速で移動するため，崩壊と同時に乱されて移動するか，原形をとどめながら流下する途中で攪乱される．

斜面崩壊は，崩壊の規模やすべり面の位置により，表層崩壊と深層崩壊に大別される（図3.4）．表層崩壊は，崩壊や土石流，地すべりなどの土砂移動現象の中でも特に典型的な現象であり，毎年梅雨時や台風期になると全国各地で多発し，土層内部の基盤岩とその上部に位置する表土層との境界面をすべり面とし，表土層が崩れる現象である．これに対し，深層崩壊は，すべり面が表層崩壊よりも深部の基盤岩内に形成され，表土層だけではなく深層の地盤までもが崩壊する規模の大きな崩壊現象である．表層崩壊は，地質や地質構造との関連性が少ないのに対し，深層崩壊は，層理や断層，褶曲といった地質構造との関連性が大きい．

斜面崩壊の誘因としては，降雨，地震，融雪があげられる．一方，素因としては，土質強度（土のせん断強度），斜面勾配，土層厚，植生状況をはじめとして様々な要因があげられるが，これらの要因のうち崩壊危険度に最も大きな影響を

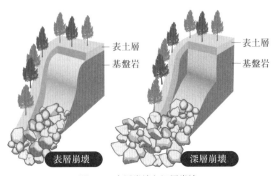

図3.4　表層崩壊と深層崩壊

及ぼすのは土のせん断強度である（平松他，1991）．

3.2.2 土のせん断強度

図3.5に示すような板の上に載った物体を水平方向に移動させるために必要となる力（せん断力 S）は，物体の上から板に垂直にかかる力すなわち土塊の重量（σ）に比例し，その比（f）は摩擦係数と呼ばれる．

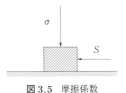

図3.5 摩擦係数

土層のせん断も，これと同様の表現で表され，土質力学では摩擦係数 f を式（3.1）のように角度 ϕ で表す．

$$f = \frac{S}{\sigma} = \tan\phi \tag{3.1}$$

ϕ は土の内部での摩擦に関する角度であり，内部摩擦角と呼ばれる．また，S のように面に平行に働く力をせん断力（すべり力），σ のように面に垂直に働く力を垂直力と呼ぶ．

不飽和の砂や粘性土は垂直力が0でも一定のせん断強度を有するため，この強度成分は粘着力（C）として表される．したがって，土のせん断強度は式（3.2）で求められる．

$$\tau = C + \sigma \cdot \tan\phi \tag{3.2}$$

ここで，τ：せん断強度（破壊時のせん断応力），σ：垂直応力，C：土の粘着力，ϕ：土の内部摩擦角である．

地表面にまで地下水深が到達している場合，すべり面（深さ Z）にかかる垂直応力（σ）は，土と水をあわせた単位体積重量を γ_t とすると，式（3.3）で求められる．

$$\sigma = \gamma_t \cdot Z \tag{3.3}$$

一方，すべり面に作用する水圧（u）は，水の単位体積重量を γ_w で表すと，

$$u = \gamma_w \cdot Z \tag{3.4}$$

になる．すべり面に作用する応力の状態を微視的にみると，応力は水圧（u）と土粒子に作用する力に分けられる．このうち，土のせん断強度に関係しているのは，土粒子に作用する力のみであり，水圧（u）は土の強度に無関係となる．この土粒子に作用する力を有効応力と呼び，σ'（式（3.5））で表し，間隙水圧が作用するときの土のせん断強度 τ は，式（3.6）で与えられる．

$$\sigma' = \sigma - u \tag{3.5}$$

$$\tau = C' + \sigma' \cdot \tan \phi' \tag{3.6}$$

3.2.3 崩壊の発生機構

　山腹斜面を構成する地層は，重力の影響により絶えず斜面の傾斜方向に引っ張られている（すべり力もしくはせん断力）のに対し，地層はそれに抵抗する力（せん断抵抗力）を働かせて，斜面の変形や移動を抑えている．斜面に降雨や融雪水，さらには地震などの外的要因が作用し，せん断力とせん断抵抗力のバランスが崩れ，せん断力がせん断抵抗力を上回ると崩壊が発生することになる．

　表層崩壊は，図3.6に示すように，透水性の大きい表土層とその下部に位置する難透水層（基盤岩）との透水係数の不連続性によって，表土層内に横向きの水の流れ（飽和側方流）が発生し，地下水帯が形成されるとともに土壌水分量が増加することによって土塊が不安定となって発生することになる．

　図3.7は，降雨や融雪水が地表面から土層内へと浸透し，やがてすべり面となる難透水層（基盤岩）上に地下水帯が形成されることにより，崩壊に至るまでの過程を概念的に示したものである．このほか，土のせん断強度（C, ϕを式(3.2)に代入することで得られる τ）は，飽和度（土壌水分量）の上昇とともに減少することになり，地表面に与えられる降雨や融雪水量の増加とともに土塊重量（すべり土塊の重量）も増加することになるため，これらも崩壊発生原因の1つとなっている．

　斜面の抵抗力（せん断抵抗力）に対するすべり土塊のすべり力の比を斜面安全

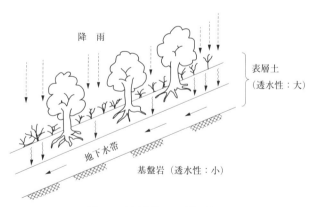

図3.6 土層内部での雨水の流れ

3.2 斜面崩壊

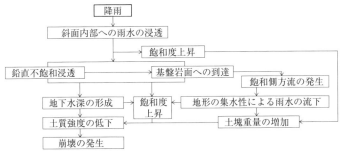

図 3.7 斜面崩壊発生の概念

率(F_S)と呼び，F_S が 1.0 を下回ると崩壊が発生することになる．

表層崩壊の場合，その崩壊形態は崩壊深に比べて崩壊面積が大きく，すべり面形状も平面的なものがその大部分を占めている．このため，斜面の安定性，すなわち，崩壊発生の可能性は，無限長斜面における斜面安定解析式を用いて判断することができる．

今，図 3.8 に示す斜面を考え，不安定土層と基盤岩（難透水層）との境界面をすべり面と仮定する．単位斜面における鉛直土柱の幅を a，表土層厚を Z とすると，鉛直土柱の重量 σ は式（3.7）で与えられ，この時の鉛直応力 σ_o（単位面積当たりの鉛直土柱の重量）は式（3.8）で与えられる．

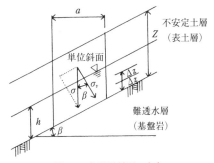

図 3.8 無限長斜面の安定

$$\sigma = a \cdot \int_0^z (G_S \cdot \gamma_w \cdot (1-n) + \theta(z) \cdot \gamma_w) \cdot \Delta z \tag{3.7}$$

$$\sigma_o = \frac{\sigma}{a} = \int_0^z (G_S \cdot \gamma_w \cdot (1-n) + \theta(z) \cdot \gamma_w) \cdot \Delta z \tag{3.8}$$

ここで，G_S：土粒子の比重，γ_w：水の単位体積重量，n：間隙率，$\theta(z)$：鉛直方向の微小区間 Δz における体積含水率である．したがって，すべり面に沿って斜面下方に作用するすべり力（せん断応力：単位面積当たりのせん断力）S は式（3.9）で求められ，すべり面に対して垂直に作用する応力 σ_v は式（3.10）で求められる．式（3.9）より，土塊を斜面傾斜の方向へ動かそうとする力すなわち

すべり力は，その土塊の重量が大きいほど，また，斜面傾斜が急なほど，大きくなり，雨水や融雪水が地中に浸透するとその水の重さ分だけ土塊の重量が増して，崩壊を起こそうとする力が大きくなることがわかる．

$$S = \sigma_o \cdot \sin\beta = \int_0^z (G_S \cdot \gamma_w \cdot (1-n) + \theta(z) \cdot \gamma_w) \cdot \Delta z \cdot \sin\beta \quad (3.9)$$

$$\sigma_v = \sigma_o \cdot \cos\beta = \int_0^z (G_S \cdot \gamma_w \cdot (1-n) + \theta(z) \cdot \gamma_w) \cdot \Delta z \cdot \cos\beta \quad (3.10)$$

また，すべり面に作用するせん断抵抗力 τ は，土の粘着力と摩擦力によって求めることができる．粒の細かい粘土には粘着力があるのに対して，粗い砂には粘着力は期待できない．土塊を斜面に垂直に押し付ける力（垂直応力 σ_v）が大きいと，すべりに抵抗する摩擦力が大きくなる．地中に降雨や融雪水が浸透して土の粒子の間のすき間が水で満たされ飽和状態になると，浮力が発生して垂直応力がその分差し引かれ，摩擦抵抗が減少することになる．

すべり面に作用するせん断強度 τ は，地下水深を h，土の粘着力を C，土の内部摩擦角を ϕ とすると，式（3.11）で求められる．

$$\tau = \frac{C}{\cos\beta} + (\sigma_v - h \cdot \cos\beta \cdot \gamma_w) \cdot \tan\phi \quad (3.11)$$

したがって，斜面の安全率 F_S は，式（3.12）によって表される．

$$F_S = \frac{\tau}{S} = \frac{C + (\sigma_o - h \cdot \gamma_w) \cdot \cos^2\beta \cdot \tan\phi}{\sigma_o \cdot \sin\beta \cdot \cos\beta} \quad (3.12)$$

式（3.12）により求められる安全率 F_S が1.0以上の場合には崩壊は発生せず，1.0未満となった時点で崩壊が発生するものとみなされる．安全率を求めるにあたって，斜面の安定解析の理論については4.5節を参照されたい．

式（3.12）中の地下水深 h は浸透流解析を実施することにより求めることができる（例えば，沖村他，1985；平松他，1990）．その概要については，4.2節を参照されたい．

次に，地震時の斜面安定について考える．地震時には，水平動と上下動が同時に作用することになるが，斜面安定解析では，地震時の水平加速度 α のみが考慮される場合が多い．図3.8に示す斜面に，水平加速度 α が作用すると，重力加速度を g とすると，水平方向に $(\alpha/g) \cdot \sigma_o$（式（3.8））の力が加わることになる．この力を斜面長方向と斜面に直角方向の分力に分けると，それぞれ $(\alpha/g) \cdot \sigma_o \cdot \cos\beta$，$-(\alpha/g) \cdot \sigma_o \cdot \sin\beta$ となる．

したがって，水平加速度 α が作用した場合のすべり力 S は式（3.13）で，せん断抵抗力は式（3.14）でそれぞれ求めることができる．

$$S = \sigma_o \cdot \sin\beta + \frac{\alpha}{g} \cdot \sigma_o \cdot \cos\beta \tag{3.13}$$

$$\tau = \frac{C}{\cos\beta} + \left(\sigma_v - h \cdot \cos\beta \cdot \gamma_w - \frac{\alpha}{g} \cdot \sigma_o \cdot \sin\beta\right) \cdot \tan\phi \tag{3.14}$$

式（3.13）と式（3.14）により求められるすべり力 S とせん断抵抗力 τ を式（3.12）の S と τ に代入することにより，地震時の安全率 F_S を求めることができる．

3.2.4 斜面崩壊と森林

斜面崩壊は，斜面を構成する土層内のせん断強度が，風化などにより徐々に低下したり豪雨や融雪時に含水率や地下水深が上昇することにより一時的に低下し，斜面土層に作用するせん断力（すべり力）を下回った場合に発生する．崩壊の発生場である山腹斜面には森林が存在する．従来より，森林と斜面崩壊との関係については数多くの研究が実施され，森林が大きな崩壊抑制効果を有することが指摘されている（例えば，塚本，1998）．斜面崩壊のうち，深層崩壊のすべり面は，図 3.4 に示すように，森林の樹木根系が到達可能な深さよりはるかに深い基盤岩内に位置しているため，このような場合には森林に崩壊防止効果を期待することはできない．また，表層崩壊の場合であっても，樹木根系がすべり面まで到達していない場合には，深層崩壊と同様，森林に崩壊防止効果を期待することができないことに注意を要する．

森林の樹木根系がすべり面にまで達していると，森林が有する表層崩壊防止機能は，

① 樹木根系の緊縛力により直接的に斜面の不安定化を抑制しようとする機能
② 高い透水性や保水性を有する森林土壌が形成されることにより地下水深の発生が抑制され，その結果として間接的に表層崩壊の発生を抑制する機能

の 2 過程に大別される．

図 3.9 は，森林の成長と表層崩壊との関係を示したものである．森林の樹冠部の成長とともに森林土壌は発達する反面，風化の進行により土の力学的強度の低下も進行する．これに対し，樹木の根系は土層の強度低下を防止し，斜面の不安定化すなわち表層崩壊の発生を抑制するという機能を果たしている．豪雨や融雪

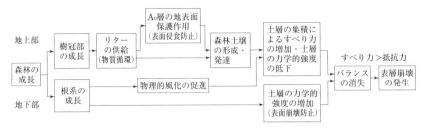

図3.9 森林の成長と表層崩壊との関係（太田，1993 に一部加筆）

による「雨水の浸透→飽和帯の形成→間隙水圧の増加」などの短期的影響によって上記のバランスが崩れると，表層崩壊が発生することになる．一方，「森林の伐採→根系の腐朽・風化⇒土質強度の低下」や「根系の成長に伴う風化の促進→土層厚の増加・土の力学的強度の低下」といった長期的影響もまた，このバランスを消失させる大きな原因となっている．

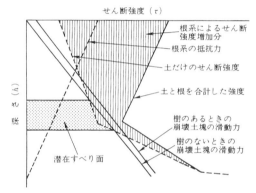

図3.10 樹木の鉛直根分布域内にすべり面が存在する場合の崩壊土塊のすべり力と土のせん断強度との関係（塚本，1998）

塚本（1998）は，薄い表層土の下に根がある程度伸張できる難透水性の下層土が存在する斜面断面を取り上げ，この斜面断面に無限長斜面安定式を適用することにより，根の伸長や根による強度補強が斜面崩壊の発生に及ぼす影響を検討し，少数の樹根が存在するだけで斜面の安全率が大きく上昇することになり，樹根のない場合と比較すると，1 m² 当たり直径 2 cm の根が 2 本存在すると斜面安全率 F_S は約 2 倍に，5 本存在すると約 3 倍に増加することを示した．このように，樹木の鉛直根は斜面の安定化に大きな効果（強度補強）を発揮するものの，樹木の鉛直根分布域内にすべり面が存在する場合のせん断強度の深度方向変化（図3.10）に示されるように，表層部において顕著に認められた根系による補強効果は深度の増加とともに小さくなり，やがては消失してしまうことを忘れてはならない．

ここで，図3.8 に示す斜面勾配が β で，斜面に平行な深さ Z の土層を有する

斜面に森林が生育している場合の安定性を考える．不安定土層と基盤岩（難透水層）との境界面をすべり面と仮定し，G_S：土粒子の比重，γ_w：水の単位体積重量，n：間隙率，$\theta(z)$：鉛直方向の微小区間 Δz における体積含水率とすると，樹木が存在しない場合の鉛直応力 σ_o（単位面積当たりの鉛直土柱の重量）は式（3.8）で与えられるのに対し，斜面上に樹木が存在する場合には単位面積当たりの樹木の重量を P とすると，樹木の存在を考慮した鉛直応力 σ_{oP} は式（3.15）で求められる．

$$\sigma_{oP} = P + \int_0^z (G_S \cdot \gamma_w \cdot (1-n) + \theta(z) \cdot \gamma_w) \cdot \Delta z \qquad (3.15)$$

したがって，すべり面に沿って斜面下方に作用するすべり力（せん断力）S_P は，樹木が存在しない場合には式（3.9）で，斜面上に樹木が存在する場合には式（3.16）で与えられる．

$$S_P = \sigma_{oP} \cdot \sin\beta = \left\{ P + \int_0^z (G_S \cdot \gamma_w \cdot (1-n) + \theta(z) \cdot \gamma_w) \cdot \Delta z \right\} \cdot \sin\beta \qquad (3.16)$$

また，土層内に地下水深 h が形成されていない場合，樹木が存在しない場合のすべり面に対して垂直に作用する応力 σ_v は式（3.10）で与えられるのに対して，樹木が存在する場合のすべり面に対して垂直に作用する応力 σ_{vP} は，式（3.17）で求められる．

$$\sigma_{vP} = \sigma_{oP} \cdot \cos\beta = \left\{ P + \int_0^z (G_S \cdot \gamma_w \cdot (1-n) + \theta(z) \cdot \gamma_w) \cdot \Delta z \right\} \cdot \cos\beta \qquad (3.17)$$

土層内に地下水深 h が形成された場合，樹木が存在しない場合のすべり面に対するせん断抵抗力 τ は，土の粘着力を C，土の内部摩擦角を ϕ とすると，式（3.11）で求められるのに対し，樹木が存在する場合のすべり面に対するせん断抵抗力 τ_P は，鉛直根の効果が粘着力の増加とみなせると仮定すると，根系による単位面積当たりのせん断抵抗力を Q とすると式（3.18）で与えられる．

$$\tau_P = \frac{(C+Q)}{\cos\beta} + (\sigma_{vP} - h \cdot \cos\beta \cdot \gamma_w) \cdot \tan\phi \qquad (3.18)$$

したがって，斜面の安全率は，樹木が存在しない場合には式（3.12）で，樹木が存在する場合には式（3.16）と式（3.18）を用いて式（3.19）でそれぞれ求めることができる．

$$F_{SP} = \frac{\tau_P}{S_P} \qquad (3.19)$$

式 (3.12) と式 (3.19) とを比較すると，樹木が斜面上に存在する場合には，すべり力に対する抵抗力の増加分は $Q/\cos\beta + P\cdot\cos\beta\cdot\tan\phi$ であるのに対し，すべり力も樹木の重さ分すなわち $P\cdot\sin\theta$ 分だけ増加することになる．このように，樹木の根系の働きによって土の力学的強さは増加するということは明らかであるが，樹木が存在することによって土塊重量が増し，すべり力も増加するため，結果的に樹木が斜面の安定性にどのように関与しているかを結論付けるのは困難である．

塚本（1987）は，樹木の根系による土の力学的強度補強効果は粘着力の増加として評価できるとし，水平根と鉛直根による根系の崩壊防止機能をネットと杭でモデル化し，力学的解析を行うことにより図3.11を示し，

① 土塊の安全率は樹木の生長とともに増加し，その増加傾向は林齢10～20年までは特に顕著に認められるが，30年を経過すると漸減するようになる．

② 伐採根の場合，経過年数とともに安全率は低下し，約15年後には根系による強度補強効果はほとんどみられなくなる．

③ 森林の伐採と植栽が同時に行われた場合，伐採による根系の腐朽と植栽された樹木の根系の強度補強効果とのバランスで，伐採後約10年で安全率は最低となり，20～30年後には最大となる．

という事実を明らかにした．ただし，森林の植栽や伐採による根系の効果や消失の出現年数は，森林の生育場の立地条件や環境条件，樹種などにより異なることを忘れてはならない．

森林は，「木材生産の場」といった本来の機能のほか，国土保全や水源涵養などの多種多様な機能を発揮し，われわれ国民にその恵みを与えてくれる．しかしながら，豊かな森林があるからといって土砂の生産や流出に伴う土砂災害が完全

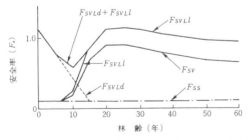

図3.11 伐採と植栽があった場合の安全率の経年変化（塚本，1987）

に抑止されることはないといった事実を十分認識しておく必要がある．森林は，コンクリート構造物ではなく，あくまでも生き物であり，その限界を超える外力に対しては，森林といえども効果が及ばず無力になってしまうことを忘れてはならない．

　森林の根系がしっかりと土壌を緊縛し，斜面が不安定化し崩壊するのを防ぐ効果があることは周知の事実である．しかし，これはあくまでも，根系の伸長深が崩壊のすべり面よりも深い場合のことであり，すべり面よりも浅い場合には，崩壊抑制効果が働かないことに注意する必要がある．当然のことながら，森林が生長すれば根系はより地中深部へと伸長し，土壌の緊縛効果は増加することになる．その反面，森林自体の重量も増加することになり，斜面は不安定化傾向へと向かうことになる．近年，これまで経験したことがなかった未曾有の豪雨や大規模地震が各地で多発するようになり，手入れの行き届いた森林地といえども崩壊や土石流が発生するようになった事実に注意する必要がある（例えば，平松他，2014；丸谷他，2017；石川他，2016；土志田他，2016）． 〔平松晋也〕

3.3 地 す べ り

3.3.1 地すべりと崩壊―運動特性と発生場―

　わが国では，地すべりと崩壊（がけ崩れ，山崩れ）の語が表す現象の違いについて古くから議論がなされてきた（例えば，脇水，1912；古谷，1996）．一方，国際的に使われるランドスライド（landslide）の語には，日本で一般的に使われてきた崩壊，地すべり，土石流の各現象のほか落石や山体の重力変形など，重力に起因する様々なマスムーブメントが含まれ，運動様式と構成物質に着目した分類がなされている（例えば，Cruden and Varnes, 1996）．このような分類を考慮すれば，地すべりを，「斜面を構成する物質が斜面下方へ塊の状態で移動する現象」とし，移動地塊中の運動速さの鉛直分布に注目して，トップル，スプレッド，スライド，クリープ，イジェクト（射出），フォール，フローの7つに分けることができる（図3.12）．一方，わが国では，従来，崩壊に比べ規模が大きく動きの遅いものを「地すべり」と呼んできた．このため，「地すべり」の語をどちらの意で用いるか明確にする必要がある場合，例えば，前者を「地すべり（広義）」，後者を「地すべり（狭義）」と断って使うとよい（日本地すべり学会，2004）．以下では，地すべり（狭義）として記述する．

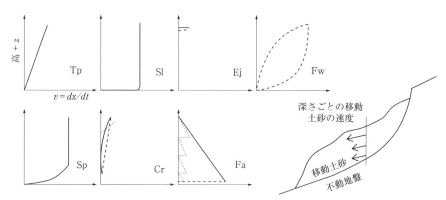

図 3.12 地すべり現象の各運動様式における縦方向の速度分布（日本地すべり学会，2004に加筆）縦軸は基底面からの高さ，横軸は速度を表す．Tp：トップル，Sp：スプレッド，Sl：スライド，Cr：クリープ，Ej：イジェクト（射出），Fa：フォール，Fw：フロー．

表 3.1 地すべりと崩壊の違い（駒村，1992）

	地すべり	崩壊
地質	特定の地質または地質構造の所に多く発生する．	地質との関係は少ない．
土質	主として粘性土をすべり面として滑動する．	砂質土（マサ，ヨナ，シラスなど）のなかでも多く起こる．
地形	5～20°の緩傾斜面に発生し，特に上部に台地状の地形をもつ場合が多い．地すべり地形顕著．	20°以上の急傾斜地の0次谷，谷頭部に多く発生する．
活動状況	継続性，再発性，時間依存性大．	突発性があり，時間依存性小．
移動速度	0.01～10 mm/日のものが多く，一般に速度は小さい．	10 mm/日以上で速度は極めて大きい．
土塊	土塊の乱れは少なく，原形を保ちつつ動く場合が多い．	土塊は攪乱される．
誘因	地下水による影響が大きい．	降雨，特に降雨強度に影響される．
規模	1～100 haで規模が大きい．	面積的規模が小さい．
兆候	発生前に亀裂の発生，陥没，隆起，地下水の変動などが生ずる．	発生前の兆候が少なく，突発的に滑落してしまう．

地すべりと崩壊の運動特性や発生場など性質の違いは，表 3.1 のようにまとめられている．地すべりには反復性と継続性があるのに対し，崩壊は短時間で運動が終わる（古谷，1996）．この運動特性の差は，発生域に移動物質がどの程度残されているかが関係する（古谷，1980）．一方，防災対策の面からは，地すべりでは移動地塊の安定に主眼が置かれるのに対し，崩壊では堆積土砂よりも崩壊発

生域やその背後の斜面の安定化が主体となる（檜垣他, 1993）．そこで，地すべりと崩壊の違いを発生場特性の面から考えてみる（図 3.13）．地すべりの運動は主としてすべり面（分離面でなくある程度の厚さをもった塑性流動層をなすこともある）に沿って起こる場合が多いが，移動地塊が発生域に残存していると，その部分ではすべり面に沿って再び地すべりの活動が起こりやすい．一方，移動地塊の中で堆積域にある部分は，水面下も含めもとは地表であった場所を地塊が覆うことになるので，地塊がすべりながらすべり面粘土を押し運ぶ場合を除き，すべり面粘土が薄くなることや旧地表面の凹凸のため，移動地塊の再活動性は小さくな

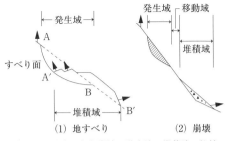

図 3.13 地すべりと崩壊の発生域・堆積域の比較

図 3.14 2004 年新潟県中部地震（中越地震）で発生した崩壊（左）と地すべり（右）

りやすい．そのため，一般に崩壊は発生域と移動域・堆積域で構成されること（古谷, 1980）から，移動物質の堆積域がほぼ発生域内にはないため堆積土砂の再活動性は小さいことになる．このような観点で移動地塊の再活動性の有無で地すべりと崩壊を分けると，防災対策の主な対象となる斜面が両者で異なることとも対応する．図 3.14 には 2004 年新潟県中部地震で生じた左右 2 箇所の土砂移動がみえているが，発生域から地塊が抜け落ちている左は崩壊，樹木を載せた移動地塊が発生域の下部にかなり残っている右は地すべりといえる．

3.3.2 地すべりの発生原因

　地すべりのすべり面では，過去の地すべり運動による岩石の破砕や風化によって粘土化した層の存在することが多い．地すべりが動くかどうかは，単位長さのすべり面で考えると，その上の地塊にかかる重力に起因するせん断応力とすべり面での摩擦力と粘着力によるせん断抵抗力の大小で決まる（3.2 節参照）．後者の大きさはすべり面構成物質の物性によるが，すべり面に働く有効応力は存在す

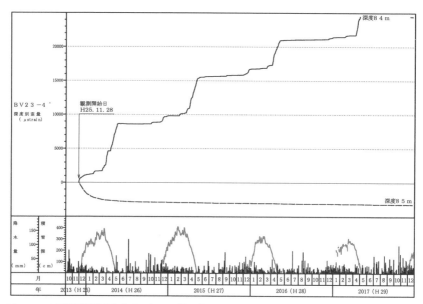

図3.15 山形県西川町志津地すべりのひずみ計によるすべり面付近での地すべり移動の経過と積雪深，降水量の推移（2013〜2017年）（国土交通省新庄河川事務所データをもとに作成）

る地下水の間隙水圧が大きいほど小さくなって摩擦力も小さくなる．また，すべり面に沿ったせん断応力は傾斜が急なほど大きい．これらのことから，地すべりが起こるかどうかは，斜面を構成する地盤の物性や地形，すべり面での間隙水圧などが関係していることがわかる．

また，地中で上下に比べせん断抵抗力の小さいいわゆる弱層では，その広がり（つながりやすさ）や凹凸の程度が地すべりの発生しやすさに影響する．このため，地質だけでなく地質構造も地すべり発生に関係する．これらは，短期的には変化が小さいので地すべりの素因と呼ばれる．一方，融雪や豪雨で間隙水圧が増大すると地すべりが発生するし，人為的な切土や盛土によってせん断抵抗力に比べせん断応力が大きくなると地すべりが起こる．これらは，短期的な自然条件の変化によるもので地すべりの誘因と呼ばれる．

図3.15は，山形県西村山郡西川町志津地すべり地での地中ひずみ計によるすべり面付近での地すべりの動きと積雪深，日降水量の推移を表している．ここでは最大積雪深が4mに及ぶが，それが急激に溶ける3月下旬から5月上旬にかけ，深さ84mのすべり面付近で地中ひずみが累積（移動の活発化）しており，

降雨よりも融雪による多量の地下水供給が地すべりの原因になっていることがわかる．

3.3.3 地すべりでできた斜面の把握—地すべり地形の見方—

滑落崖と移動体（移動地塊）からなる地すべりでできた地形のセットは，単位地すべり地形（古谷，1980）と呼ばれる．1つの大きな地すべり地形が複数の単位地すべり地形に分化していくことも多い．渡・小橋（1987）は，最初に地すべりが発生してから長期にわたって移動が進むにつれ，尾根状→凹状台地形→凹状単丘→凹状多丘状→凹状谷地形と地すべり地の地形が時系列的に変化し，移動体構成物質も，地すべりによる構成地盤の破壊と地下水浸透による風化進行で岩盤から風化岩，土砂，粘質土と変化していくとした．この過程で移動体の強度も低下するため，その中で小規模な地すべりが発生するようになって複数の移動体に分かれていくことも多い．宮城他（1996）は，大規模な地すべり地を構成する各ブロックには異なる形状の微地形が現れ，各ブロックの運動の仕方も脆性的な運動から粘性土化による流体的な運動に変化するとした．一方，引張応力が生じやすい地すべり頭部には段差や陥没凹地などができやすく，地すべり末端部などの圧縮応力場では地盤の盛り上がりで小丘ができるなど，地すべり地内の応力場の

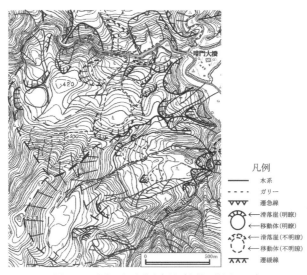

図 3.16 地すべり地形分布図（中村・檜垣，2009）

違いに応じた微地形が現れやすい．以上のように，地すべり地の微地形把握は，地すべり発生危険場所の予測や移動体構成物質の性状や地すべり運動様式の推定，地すべり範囲の把握などの面で，防災対策検討に有効である．

　上述の地すべり地形の特徴から，航空写真やLiDARデータなどに基づく高解像度地形図の判読によって地すべり地形の分布図が作られる．図3.16は，日本海側の新第三紀の地層や岩石の分布域にある青森県白神山地の地すべり地形分布図の一部である．過去の地すべりでできた斜面が山地の過半を占めており，大規模な移動体の中に複数のより規模の小さい移動体が形成されているのがわかる．防災科学技術研究所では，主に航空写真判読で全国をカバーする5万分の1地形図上に表示した地すべり地形分布図を作成しインターネットで公開している．地すべりは再活動性があることから，この分布図は，地すべり発生危険性のある斜面や過去の地すべりで地盤が脆弱化している斜面などを把握する一手段になる．

3.3.4　地すべりブロック区分とは何か

　地すべり移動体は，現在までにもとの位置から移動したことのある土地の塊の範囲（3次元的に）をいうが，同様の意味でわが国では地すべりブロックという語がよく使われ，地すべり防災対策を検討する上での単位となっている．

　一般的には移動体が再活動性の面からブロックにされることが多い．地すべり地形が明瞭でなくても，変位を示す微地形や変状があるなど今後不安定化が懸念される範囲も対策対象検討の単位としてブロックが設定される．ブロック区分は，空中写真や地形図の判読，現地踏査による地表や地物の変状の分布や周辺の地質踏査などを参考にして行う．その際，地表の移動量や傾斜変動などデータがあれば，これらの空間分布などを把握して行う．そして，精査段階で，地質ボーリング結果や地中変位計測結果が得られれば，それと当初設定したブロックの形との整合性を検討し，必要に応じてブロック範囲は変更する．地すべりの移動範囲，移動方向，すべり面深さとその深度分布（すべり面の3次元形状）は地すべり対策工の検討で非常に重要となるので，ブロックの判定は慎重に行う必要がある．

　図3.17は，青森県津軽半島の海岸線に面した過去10年以上にわたり活動している地すべり地の平面図で，移動杭観測による地すべり移動速さやその向きによるブロック区分を示す．X地点から西側が10年以上にわたり移動を続けるA-1ブロックと動きのわずかなCブロックとの境界部で道路（廃道）上に海岸方向に横ずれ亀裂が生じており，2004年5月～2013年6月の道路の水平移動量は南

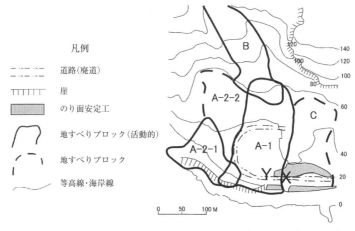

図 3.17 青森県津軽半島地すべり地でのブロック区分と道路の変状（図中 X, Y）

図 3.18 図 3.17 の地すべり地での C, A-1 ブロック境界（X 地点）における道路の横ずれの進行（左：2004 年 5 月，右：2013 年 6 月）

方向へ 283 cm，鉛直移動量が 129 cm であった（図 3.18）．このことから道路通過点付近のすべり面の傾斜は 25° 程度と推定される．一方，西に 30 m 離れた Y 地点では，2004 年には南北方向にはほぼ水平であった道路面が 2013 年には北側へ 7° 傾斜していた．これは，同じブロックにありながら Y 地点付近ではすべり面が北傾斜になっていることを示し，地すべり末端部ですべり面が山側へ逆傾斜した構造をなしているためである．このようにすべり面形状が地表の変形に現れることもあり，地表踏査で変状を把握するのは重要である．

3.3.5 地すべり防災対策計画のための調査

地すべり発生危険性の高い場所では，その動きを監視することで早期に警戒・避難を図ることができる．地すべりの場合，移動地塊の厚さや透水性などによって豪雨時すぐに移動が活発化しないケースもある．しかも再活動性があることから，警戒避難基準としては降雨だけでなく地すべり変位速度を用いることが多い．地すべりで特に被害が大きくなりやすいのは，移動速度が増して地塊が発生域から滑落していく場合である．移動地塊だけでなく，その下方斜面にも土砂が襲ってくるため地表が埋没したり，河川では河道閉塞が起こることもある．そこで，伸縮計などで地表変位の継続観測を行い，その移動速さの経時的変化から滑落時刻を予測する方法が提案されている（例えば，駒村, 1992）．

地すべり対策の検討には，対象とする地すべりの範囲や深さなどの規模，移動方向や地質構造，発生原因，運動機構などを把握する必要がある．融雪や降雨による地下水供給が原因の場合，地下水の供給経路の調査やボーリング孔内での間隙水圧（あるいは孔内水位）の観測を行う．国立公園地区で，掘孔中の孔内水位変動や水質分析から浅層とすべり面の間隙水圧に影響する深層の地下水の流動層に区分し，後者の地下水のみを排除することで池沼の水を涸らさずに地すべり対策ができた事例（檜垣他, 2011）もある． 〔檜垣大助〕

3.4 土　石　流

3.4.1 土石流の定義と流動特性

土石流とは，山腹や渓床を構成する土砂や石礫の一部が，水またはスラリー（slurry：泥漿）で粒子間隙を満たされた状態で渾然一体となって重力の作用を受けて流れ下る流動現象をいう．土砂の個々の粒子が水の力を受けて流れる掃流とは異なり，土砂と水が連続体としての流れを示す固・液混相流の状態のものを指す．

その構成材料として，石礫（巨礫）を多量に含むものを石礫型土石流（図3.19），石礫をわずかしか含まず粒径の小さな土砂が主体のものを泥流（乱流）型土石流（図3.20）と呼び，さらに高濃度の粘土スラリーと土砂粒子の混合体の流れを粘性土石流として区別する場合もある．また，掃流と土石流の中間の状態で，下層が土石流，上層が掃流状態の2層での流れを掃流状集合流動（土砂流）と呼ぶこともある．図3.21はせん断応力とひずみ速度の関係の模式図であ

3.4 土石流

図3.19 上高地上々堀沢の石礫型土石流先頭部（提供：国土交通省松本砂防事務所）

図3.20 雲仙普賢岳噴火後の泥流型土石流（1993年）（提供：国土交通省雲仙復興事務所）

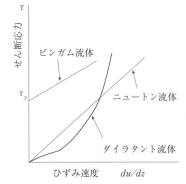

図3.21 流体のせん断応力とひずみ速度の関係

るが，石礫型土石流は粒子（石礫）の反発などの分散によって抵抗が小さくなるダイラタント流体に，泥流型土石流は粘性の影響を強く受けるビンガム流体に近い挙動をしていると考えられ，ニュートン流体に近い洪水流との違いが説明されている．

特に防災を考える上で認知しておくべき土石流の特徴としては以下のようなものがある．

① 速度は渓床勾配や土石流規模にも強く影響を受けるが，石礫型で3〜10 m/s 程度，泥流型では 20 m/s に達する場合もある．

② 先端部は流体の水深が突然壁のように高まる段波を形成し，中央部が盛り上がり，停止した際には先頭部がかまぼこ状のローブを呈することがある．堆積した土砂の状況は，層状を呈さず大小の粒径が入り乱れたものとなってい

る．

③土石流は先端部に巨礫や流木が集中する傾向をもち，先頭部の衝撃力は極めて大きくなる．それに続く後続流は土砂濃度が低下する．これについては，巨礫や流木などの比較的大きな土石流の材料は粒子の分散力などによって流れの自由表面方向（上層部）に持ち上げられ，下層部には沈降しにくくなり，流速の大きな上層部に保持されたまま先端部に押し出されることになる．

④慣性力が大きいため，微地形に従わず直進したり，流路屈曲部の外湾側に盛り上がったりして流動する．

⑤土石流の発生誘因は豪雨であることが多いが，土石流の発生タイミングは集水条件や堆積土砂厚などの個別地点の条件に強く依存するため，累積雨量や降雨強度などとの相関が必ずしも明瞭ではなく，発生時刻を正確に予測することは実態としては難しい．また，斜面の崩壊規模や土石流の規模も降雨量と線形的な関係を示すわけではない．さらに，土石流のピーク流量は降雨のみによる出水のピーク推定値よりもはるかに大きくなる．

3.4.2 土石流の発生形態

土石流の発生誘因としては，①豪雨によるもの，②融雪によるもの，③豪雨と融雪が同時に影響しているもの，④地震によるもの，⑤火山爆発によるもの，などに分類できるが，大半は豪雨によるものと考えてよい．ただし，火山爆発によるものは大規模な被害を，地震によるものは広域に被害を発生させる可能性があり，危機管理的な対応を想定しておく必要がある．なお火山噴火後は，降灰などに覆われて山腹斜面の浸透能が低下することによって谷地形に流水が集まりやすくなり，小さな降雨規模でも土石流が発生することが知られている（降灰後土石流）．

土石流の主要な発生形態としては図 3.22 の概念図に示す 3 つに分類できる．

発生形態 1「渓床不安定土砂再移動型土石流」は，長期間のうちに渓床に蓄積された土砂礫の堆積層内部の水位が上昇し，やがて発生する表流水などによるせん断力が堆積層内部の抵抗力を上回ることで土石流が発生するものである．一般的な条件下では，渓床勾配 15° 程度以上の場所で発生する．動き出した土砂が，下流側の不安定土砂を巻き込みながら土石流の規模を拡大していく．

発生形態 2「斜面崩壊型土石流」は，急勾配の山腹斜面が崩壊し，その崩壊土砂および水分が拡散せずに土石流の流動条件を満たした状態で斜面下部の渓流に

3.4 土石流

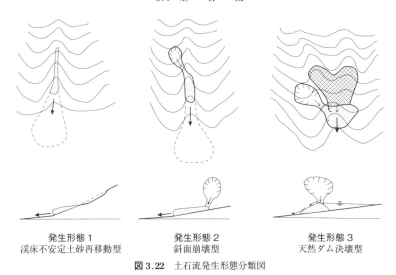

発生形態 1　　　　　　発生形態 2　　　　　　発生形態 3
渓床不安定土砂再移動型　斜面崩壊型　　　　天然ダム決壊型

図 3.22　土石流発生形態分類図

流入することで、そのまま土石流となるものである。なお、緩勾配斜面での地すべり的な崩壊であっても、接続する谷地形が急勾配であれば、土石流化する場合もある。一方、渓流に接している場所での小規模な表層崩壊が発生形態 1 の引き金となって連動している場合もある。

発生形態 3「天然ダム決壊型土石流」は、大規模な斜面崩壊・地すべりによる移動土塊や支渓から流入してきた土石流がいったん渓流を閉塞して天然ダムを形成し、上流側の湛水位の上昇により越流やパイピング、すべり崩壊などを起こして閉塞土塊が決壊することで土石流を発生させるものである。

3.4.3　渓床不安定土砂の侵食による土石流の発生概念

ガリー（地隙）と呼ばれるような急峻な谷の底には、側岸や上流部から土砂礫が徐々に供給され、ある程度の厚さの堆積層が形成されている部分がある。この層が豪雨時などに破壊されて動き出したとき、一定の条件を満たす場合に渓床不安定土砂再移動型土石流となる。このタイプは 3 つの発生形態の中で最も多くを占めるとされ、また、土石流発生が比較的水分条件との関連が強いため、

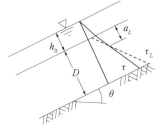

図 3.23　堆積層中の応力分布模式図

以下に発生概念を説明する．

図 3.23 は，一様な厚さ D，勾配 θ の比較的空隙率の大きな堆積層に，斜面に平行な飽和浸透流および水深 h_0 の表流水が発生した状態を模式的に表したものである．堆積層表面からの深さ a の位置での応力を考え，τ は重力の作用によって堆積層を斜面下方に移動させようとするせん断力（式 (3.18)），τ_L は堆積層をそのままの状態に保持しようとするせん断抵抗力（式 (3.19)）であり，深さ方向に直線的に変化するとしたものを示している．なお，C_* は堆積層の容積土砂濃度，σ は堆積土砂の比重，ρ は水の比重，C_c は見かけの粘着力である．τ と τ_L との大きさの関係はいくつかのパターンがあるが，ここでは堆積層表面からの深さ a_L 地点よりも上部で τ が上回る状態を示している．このとき，a_L の位置よりも上層が移動を開始する．ただし，a_L が堆積層の代表粒径よりも小さいと，粒子層が集合的に移動を始めることはできない．また，a_L が表面流水深 h_0 に比べて小さすぎる場合には，移動を始めた粒子群が土石流形態で全流動深にわたって分散することが難しく，掃流状集合流動（土砂流）が生じると考えられる．

$$\tau = g\sin\theta\{C_*(\sigma-\rho)a+\rho(a+h_0)\} \tag{3.18}$$

$$\tau_L = g\cos\theta\{C_*(\sigma-\rho)a\}\tan\phi+C_c \tag{3.19}$$

これらの土砂移動形態の領域を，一般的条件の下で，渓床勾配 θ および表面流水深 h_0 と代表粒径 d_p との比を用いて区分したものが図 3.24 である．なお粘着力が十分に小さい場合，土砂流と土石流の境界条件は式 (3.20) で，土石流と崩壊との境界条件は式 (3.21) で与えられる（高橋，2004）．

$$\tan\theta_1 = \frac{(\sigma-\rho)C_*\tan\phi}{(\sigma-\rho)C_*+\rho(1+k^{-1})} \tag{3.20}$$

$$\tan\theta_2 = \frac{(\sigma-\rho)C_*\tan\phi}{(\sigma-\rho)C_*+\rho} \tag{3.21}$$

ここで，堆積層の容積土砂濃度 $C_* = 0.7$，堆積土砂の比重 $\sigma = 2.65$，水の比重 $\rho = 1.0$，堆積土砂の内部摩擦角 ϕ の $\tan\phi = 0.8$，a_L の h_0 に対する比 $k(=a_L/h_0) = 0.7$ とすれば，$\theta_1 = 14.5°$，$\theta_2 = 23.3°$ 程度となる．土石流の発生領域よりも渓床勾配が急になると，土砂移動の発生時点では崩壊に近いものとなるが，移動を開始した後に土石流としての流動条件を満たす状態となった場合には，土石流に移行する．さらに渓床勾配が急になり堆積土砂の内部摩擦角を上回ると，堆積層自体を形成できなくなる．

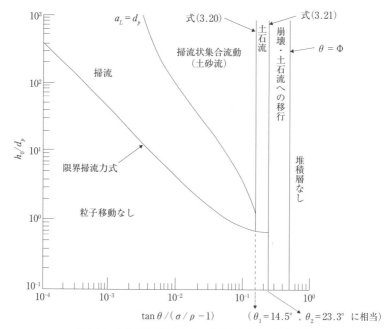

図 3.24 非粘着性材料における土砂移動形態の領域区分図

3.4.4 土石流・流木対策

　土砂災害は，累積雨量などに対して土砂移動現象の発生タイミングや規模が線形的に決まるわけではないため，水害などと比較して突発性の高い災害といってよい．また，ソフト対策としての警戒避難活動においても，「線形的でない」ことが情報伝達のステップにおいて複数介在する人の判断に強い影響を与える可能性がある．そのため，警戒情報がスムーズに伝達され，十分に機能を果たすことができるかどうかについては不安定要素が含まれることになる．したがって，土砂災害リスクの高い地区に対してはハード対策（構造物による対策）の実施が重要である．

　ところで，山地災害対策について考える際には，森林（植生）の土砂流出抑制効果が議論となることがしばしばある．裸地に対して緑化を図ることで表面侵食を劇的に抑制することはよく知られているし，木本の根系の効果（3.2.4 項参照）などによって裸地・草地斜面に比較して降雨の早い段階での崩壊を抑制し，崩壊面積率を低下させる効果はあると考えられる．すなわち，荒廃地などの緑化

には表層崩壊発生頻度を低下させ，斜面から渓流への土砂供給量を抑制する効果があるといえる．しかしながら豪雨が継続し，結果的に崩壊が発生するならば，1箇所当たりの崩壊規模は大きくなる傾向があり（塚本他，1998），崩土や土石流の中には必ず流木を含むことにもなり，近年の災害では立木の存在は下流域での被害を増大させる事例が多くみられる．また，

図 3.25 土石流の流下状況（2009 年山口県防府市）
(提供：国土交通省中国地方整備局)

土石流の流下区間や，場合によっては堆積区間においてでさえ，樹林の成立基盤はダイナミックに攪乱され，渓畔林や扇頂部の樹林帯が破壊される状況はごく普通にみられる（図 3.25）．したがって土砂災害対策においては，森林の土砂流出抑制効果の扱いは，その成立基盤を安定化できる土木的対応および流木対策とセットで考えられるべきといえるわけである．

土石流による被害の軽減・防止対策を行うためには，土石流の停止条件を整理する必要がある．これまでの実態調査によって，地形的な土石流の停止促進条件としては，①$\theta<10°$（θは渓床勾配），②$B_d/B_u>3$ または $B_d/B_u<0.2$（B_d は流路の下流側の幅，B_u は上流側の幅），③$\theta_d/\theta_u<0.5$（θ_d は勾配変化点から下流側の渓床勾配，θ_u は上流側の渓床勾配），④流路法線の屈曲角が 30°～40° 以上，となる場合が多いことなどが報告されている．

図 3.26 は，渓床勾配区分による土石流移動形態の目安を示しているが，渓床堆積物の土質などの条件によっては 10° よりも緩い範囲まで侵食が継続している場合もある．また，堆積した土砂による砂礫堆の出現が流水の蛇行や流路変化を引き起こし，渓岸侵食が発生する場合もあるので，堆積を促進させようとする場の状況は慎重に確認する必要がある．谷出口から扇状地上に流出した土砂は，先に停止して相対的に河床が上がった状態の砂礫堆部分を避けるように右または左に流路を移して（「首振り」と呼ばれる）さらに下流まで流下する．活火山地域などでの細粒分を多く含む土砂の流れは 2° 程度の緩勾配の地点まで到達する場合がある．

②の条件の前者は谷出口の扇頂部のように流路幅が急に拡大する状態を示して

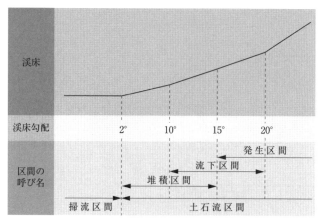
図 3.26 渓床勾配区分による土石流移動形態の目安

おり，水深を低下させ，土砂を拡散・停止させる．土石流堆積工（サンドポケット，遊砂地）や土石流・流木捕捉工（砂防堰堤）の堆砂敷によって緩勾配の広場を造ることがこれに相当する．なお，最も基本的な土石流対策施設は土石流・流木捕捉工（砂防堰堤）であるが，構造物に直接土石流が衝突する可能性がある場合には，土石流などの流体力および衝撃力を考慮して施設の安定条件を満足させる必要がある．

②の条件の後者は，流路幅の急縮を意味しており，流水の堰上げによって流速が 0 に近い湛水状態を上流側に造り出し，土砂の停止を促進させる．スリット式または大暗渠式の透過型砂防堰堤がこれに相当し，土砂などの捕捉のほかに，出水のピークカットの効果も期待できる．近年は，流木の捕捉効果を高くし，出水後半の減水期の捕捉土砂などの再流出を抑制するために鋼材でスリット部に横桟を設置したり，堰上げ背水を生じさせない鋼製透過型砂防堰堤を採用することが多い．

③，④の条件は，流速が低下する，または流れが渓岸にぶつかり流下するエネルギーが減殺されることで堆積が生ずることを意味している．土石流堆積工のような堆積を促進させる場では施設設計に反映させればよいが，逆に土石流導流工や土石流流向制御工を設置するような堆積させたくない場においては，流路形状を急変させてはいけないことを示している．

ハード対策の標準的実施方法については『砂防基本計画策定指針（土石流・流木対策編）解説』（国土交通省国土技術政策総合研究所，2016）に詳しいが，一

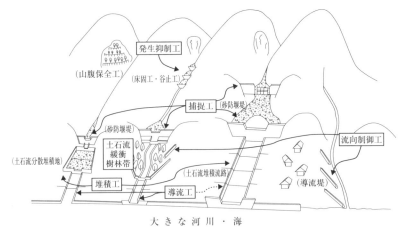

図 3.27 土石流・流木対策施設配置概念図

般的な土石流・流木対策施設の配置の概念は図 3.27 のようなものである．なお，この指針は大規模山腹崩壊，天然ダムの決壊，融雪火山泥流などの低頻度の大規模現象は対象としていない．

〔小山内信智〕

3.5 火山泥流と火砕流

3.5.1 火山泥流の発生タイプと規模

泥流は，噴火に伴って発生するタイプと火山灰などの噴出物が堆積した後の降雨によってそれが侵食されて発生するタイプがある．本節では前者を対象とし，そのタイプの泥流を「火山泥流」と呼ぶ．

火山泥流の発生タイプは，これまでの発生事例から，①融雪型，②火口湖決壊型または噴火による火口湖溢水型，③山体崩壊型に大別できる．

①のタイプは，噴火によって火砕流や熱水などが発生し，それらが山腹の積雪層，山頂付近の万年雪や氷河を急激に溶かすことによって発生すると考えられている．このタイプの火山泥流の事例としては，北海道十勝岳で発生した火山泥流（大正泥流と呼ばれている），コロンビアのネバド・デル・ルイス火山などがあげられる．

1926 年 5 月 24 日の北海道十勝岳の噴火では，岩屑流や熱水が積雪を溶かして泥流が発生し，富良野川，美瑛川沿いに流木を伴いながら流下し，144 名の犠牲

者を出す災害となった．ネバド・デル・ルイス火山は，コロンビアの首都ボゴタの西方約 100 km に位置する海抜 5389 m の成層火山であり，1985 年 11 月 13 日の噴火時に発生した火砕流により，山頂の万年雪や氷河が融解し，大規模な火山泥流が発生して，東山麓のアルメロ市を中心として，死者 2 万 4740 人にも及ぶ大災害をもたらした．

②のタイプの近年の事例としては，ニュージーランドのルアペフ火山がある．ニュージーランド・北島のルアペフ火山では，2007 年 3 月 18 日に火口湖が決壊し，火山泥流が発生した．火山泥流は火口湖からルアペフ火山の東斜面を流下し，ワンガエフ川に流れ込み，約 155 km 下流のタスマニア海まで流出した．この時は十分な警戒避難体制がとられていたため，1953 年の火山泥流の 1.25 倍の流量であったにもかかわらず死傷者はなかった．

また，インドネシアのクルー火山では，1919 年，1966 年の噴火によって火口湖の水が一気に溢れ出して火山泥流が発生し，各々，死者 5110 人，死者 210 人の大災害となった．

③については，アメリカ，ワシントン州のセント・ヘレンズ火山の事例（1980 年 5 月 18 日）がある．

そのほか，日本国内において歴史的な災害をもたらした火山泥流の事例として，浅間山の 1783 年天明噴火により発生した火山泥流（天明泥流と呼ばれる）がある．その時に発生した火山泥流は，13 km 下流の鎌原村を埋没させただけではなく，吾妻川に流入し，利根川を流れ，それらの川沿いで 1151 名もの犠牲者を出す甚大な被害をもたらした．噴火前に北山腹に存在していたとされる大規模な沼（柳井沼）の水が側噴火や火砕流などの流入によって一気に溢れたことによって大規模な火山泥流が発生したことなどの学術調査成果は得られているが，いまだに十分には明らかにされていない．

こうした火山泥流の規模は，火山灰や火砕流堆積物の降雨による侵食によって発生する泥流のそれと比較して，かなり大きいのが特徴である．表 3.2 は，両者の代表的な泥流について，洪水時の総流出量とピーク流量を比較したものである．火山泥流の事例であるセント・ヘレンズ火山，ネバド・デル・ルイス火山，十勝岳の総流出量，ピーク流量とも，降雨によって発生した泥流である桜島，有珠山のそれらの 1～3 オーダー大きな値をとることがわかる．

表 3.2　火山泥流の例とその規模（水山他，1988）

火山	総流出量（× 10^3 m^3）	ピーク流量（m^3/s）
セント・ヘレンズ [1]	約　76000	約　3300
ネバド・デル・ルイス [2]	約　43300	約　29000
十勝岳 [3]	約　13300	約　1300
桜島 [4]	約 100 〜 300	約 100 〜 500
有珠山* （大有珠川）	約　4.00	約　100
有珠山* （壮瞥温泉川）	約　4.10	約　57

＊有珠山の泥流の流量に関する資料はほとんどない．ここであげた資料は 1981 年 8 月 23 日に大有珠川で観察された泥流のビデオ解析の結果である．

3.5.2　火山泥流の発生・流下・氾濫・堆積実態の事例

これまでに発生した主要な火山泥流の事例については，松林（1991）などに具体的に記載されている．ここでは，近年の研究成果をもとに明らかになった北海道十勝岳の大正泥流の事例（南里他，2016）と，世界で初めて発生・流下のプロセスが観測されたニュージーランドのルアペフ火山の火山泥流の事例（丸谷他，2007）を紹介する．

a. 1926 年の北海道十勝岳で発生した融雪型の火山泥流の事例

図 3.28 に，詳細な現地調査や大正泥流体験者からの聞き取り，水理計算によって明らかにされた，大正泥流の富良野川流域での到達時間と被災度，流下ルートの情報を加えた災害実績図を示す．ほとんどの家屋が全壊して人的被害も極めて大きい高被災度域は，谷出口の下流 0.5 km 付近まで分布し，ここには泥流は発生後 20 分以内に到達した．この谷出口付近は，現在の居住域上流端にあたる．3 割程度以上の家屋が全壊して人的被害がある中被災度域は，鉄道線路付近まで分布する．ここには泥流は発生後 20〜30 分で到達した．東ルートの下流端は現在の住宅密集地付近である．その下流の，全壊家屋はないものの半壊程度の被害が生じる低被災度域は，氾濫範囲が狭まる上富良野橋付近の盆地下流端まで分布し，ここに泥流は 30〜50 分で到達した．そして，この低被災度域下流端には，東ルートで発生後 40 分程度，西ルートでは 50 分程度で泥流は到達した．

b. 2007 年のニュージーランド・ルアペフ火山で発生した火口湖決壊型の火山泥流の事例

1995 年の噴火活動により，ルアペフ火山の火口湖の周囲には多量の火山灰が堆積し，火口壁が高まった．火口湖は，毎年の融雪と降雨により水位が上昇し，

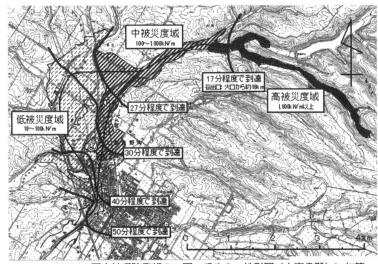

図 3.28 大正泥流の氾濫範囲,到達時間,被災度を示した火山泥流災害実績図(南里他,2016)

特に 1995 年の噴火以後は水位の上昇速度が速くなった.火口壁には硬い溶岩の上に火山灰が堆積しており,水位が溶岩部分を越えて火山灰の部分に達すると決壊の危険性が高くなるため,ニュージーランド地質核研究所は,火口壁の地形と火口湖の水位観測により決壊危険水位を予測した.

決壊危険水位と実際の観測水位を図 3.29 に示した.2003 年に小噴火があり,これ以後火口湖水位が急速に増加し始めた.しかし,水位は 2004 年 4 月~10 月にはいったん安定し,その後 2005 年 2 月まで急増した.さらに,2005 年 10 月まで再び安定した後に急増した.この周期的な水位の増減は,南半球の 4~10 月が秋季・冬季にあたり,10~3 月が融雪期と雨期を含む春季・夏季にあたるためである.また水位が推定平均値より緩やかに増加したのは,水位上昇途中に標高 2530 m 付近で溶岩と火山灰の間から漏水があったためである.

2007 年 3 月 18 日午前 10 時頃から,ニュージーランド環境省が設置した振動センサーが平常と異なる振動波を感知し,10 時 40 分頃から警報が発令された.ニュージーランド地質・核科学研究所の火口湖モニターカメラの画像と考え合わせれば,午前 11 時頃から火口壁の決壊が始まったようである.ルアペフ山の火

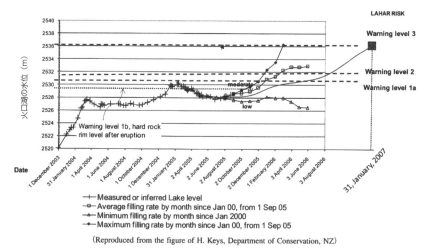

図 3.29　2003 年 12 月 1 日～2007 年 3 月 18 日までのルアペフ火口湖の水位変化（丸谷, 2007）
◇：予想された最大水位，△：予想された最低水位，□：予想された平均水位，＋：実観測水位

口湖から流出した流水量は 130 万 m^3 であった．火山泥流は，火口湖からルアペフ火山の東斜面を流下し，ワンガエフ川（Whangaehu River）に流れ込み，約 155 km 下流のタスマニア海（Tasman Sea）まで流出した．火山泥流のピーク流量については，流下距離に従って指数関数的に減少した実態などが詳細な現地観測によって明らかにされた（山田他, 2009）．

3.5.3　火山泥流の発生・流動メカニズム

火山泥流の発生タイプのうち，前述の①融雪型についてはこれまでの調査研究で以下の事項がある程度明らかにされている．まず，融雪型泥流を対象として，高温の供給土砂による融雪水量と堆積層の飽和度をパラメータにした場合の泥流の総流量の算定方法が提案され，火山からの噴出あるいは崩壊土砂量の 10〜20 倍の総流量をもつ泥流が発生することが示されている（水山他, 1988）．この手法は，融雪型泥流のハイドログラフの予測手法として全国的に用いられている．近年では，融雪型火山泥流発生機構における最も重要な過程である火山噴出物層から積雪層への熱伝導，積雪層の融解，融雪水の浸透の過程を明らかにするための基礎実験，数値解析が進められ，火砕物による融雪水の流出量予測手法が検討されている．

火山泥流の流動メカニズムとしては，ビンガム流体の場合にシルトなどの微細土砂間の電気化学的な作用と微細土砂と水との間の電気化学的な相互作用が重要な役割を果たしていることや，乱流状態の場合はほぼ清水乱流と類似していることが明らかになっている（宮本，1993）．

3.5.4 火砕流
a. 火砕流とは

狭義には火口から噴出した数百〜1000℃に達する高温の溶岩片，火山灰，ガスの混合物が高速で斜面を流下する現象をいう．本質岩塊から発生するガスや流れに巻き込まれた空気による内部上昇流が存在し，固体粒子は流動化した状態にある．このため見かけの粘性は低下し，重力加速度により高速で流走する．熱雲，軽石流，スコリア流，火山灰流れなどが含まれ，噴出物の総量が 10^{-5} km^3 程度の極めて小型のものから 10^2 km^3 を超す大規模なものまで様々な種類がある（水山，1988）．

小型の火砕流である熱雲は1902年のマルティニク島プレー火山の噴火による災害（死者約2万人）を契機に，フランスの火山学者のラクロワ（Alfred Lacroix）が与えた nuée ardente（仏語で灼熱の雲という意味）という名前でよく知られるようになった．また，世界的な火山国であるインドネシアでは awan panas（高温の泡状の雲）と呼ばれている．小型のものほど発生頻度が大きく，10^{-3} km^3 程度のものは歴史時代の噴火でしばしば目撃されている．小規模な火砕流は火山学の分野で，その発生形態からプレー型（成長しつつある溶岩円頂丘の一部が破壊されて側方に射出されるもの），スフリエール型（火口から火山灰などが上方に放出され，その一部が落下して斜面を流下するもの），メラピ型（溶岩円頂丘や厚い溶岩の先端部などが崩壊して発生するもの）の3タイプに分類されている．

一方，大規模な火砕流は厚さ100 m以上にも達する流動層を形成し，火口から100 km以上も流走して広い地域を埋める．例えば，南九州一帯1500 km^2 もの区域に分布するシラスは，約2万2000年前，姶良カルデラ（現在の桜島火山以北の鹿児島湾全体に相当する）を中心に噴出した大規模火砕流（井戸火砕流と呼ばれる）の堆積物であり，総量は150 km^3 にのぼる．到達距離は約100 kmに及び，標高700 mの山地をも越えて分布する（消防科学総合センター，1985）．同様の大規模火砕流は，有史前には九州，北海道のほか，十和田などでも発生し

図 3.30 火砕流の流下状況
（左）1989 年にインドネシア，スメル火山で発生した火砕流の全景（提供：下田義文氏）
（右）1993 年に雲仙普賢岳中尾川扇状地を流下する火砕流フロント部（(株) ナガサキ・フォット）

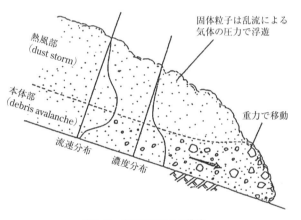

図 3.31 火砕流の流れの構造

た証拠があり，中心には巨大なカルデラが形成されている．以下，このような地学的なタイムスケールで発生する大規模な火砕流ではなく，より高頻度で発生する小規模なものについて説明する．

b. 火砕流の流れの構造

　火砕流の映像資料から，火砕流の流れの表面は雲のようになっており，流れのフロント部の厚さは薄く，そのわずか後部において煙の上昇が著しく，上層の雲のような無数の渦ができている部分は刻々とその断面を増やしていくことが読み取れる（図 3.30）．さらに，フロント部の流速は斜面勾配の影響を受け，勾配が緩くなるにしたがって減速していく．このようなことから，火砕流の流れは流動の底面付近に流速の速い重力流動の部分（図 3.31 内で debris avalanche に相当

する部分で以下，本体部）があり，上部（図3.31内でdust stormに相当する部分で以下，熱風部）はそれに引きずられていることが理解できる．本体部は位置エネルギーを流動に必要な仕事で消費する部分であり，比較的層流に近い流況を示す粗い成分からなる流状体の重力流れである．その上部の熱風部は，重力流動している下部から得る運動エネルギーを自らの体積を増加させるのに消費する固・気混相流の熱風部であり，微細な粒子が周りの気体を界面の摩擦によって連行しながら膨張していく（図3.31）．流速分布は流れの底部において0となり重力流動の表面付近で最大，それから上部に向かって減衰していくような形をとる．濃度分布は流れの底部では堆積土砂濃度にほぼ等しく，上方に向かって減衰し，流速がなくなるところで0となる．

c. 砂防学的視点からの火砕流研究の流れ

1991年の長崎県島原半島の雲仙普賢岳噴火前から，インドネシアのメラピ火山（5.2節参照），スメル火山での映像資料解析による火砕流の運動特性についての研究が行われ（水山他，1990），その後の火砕流運動モデル構築のための基礎となった．その後，雲仙普賢岳では，1991年から山頂に溶岩ドームが形成され，その度重なる崩落によって火砕流が多数発生し，1991年6月3日には，水無川を流下した火砕流熱風部によって43名の犠牲者が出た．それを契機に溶岩ドームの崩落による火砕流現象そのものに対して調査研究が本格的に行われるようになり，火砕流（本体部，熱風部）の運動特性（山田他，1991），火砕流堆積物の温度分布（石川他，1992），火砕流堆積物の堆積構造（石川他，1993），火砕流堆積物の物性（小橋他，1992；谷口，1993），火砕流熱風部のシミュレーション手法（Ishikawa et al., 1994），溶岩ドームの崩壊機構（石川他，1994），火砕流熱風部が本体部から分離した後の運動特性（山田，2007）などについて調べられた．また，このような小規模な火砕流を対象として，粒子間の衝突によって流れが維持され，粒子間摩擦係数を主要なパラメータとする本体部の運動モデルと数値シミュレーション手法が提案された（Yamashita and Miyamoto, 1991）．

火砕流対策工に関するものとしては，雲仙普賢岳噴火中の1993年6月に中尾川流域を流下してきた火砕流（図3.30右）の本体部の一部が治山ダムによって捕捉された事例が調査され（石川・山田，1996；安養寺他，1996），氾濫・堆積場であれば，構造物によるある程度の制御は可能と考えられた．

前述b項の火砕流の流れの構造をもとに火砕流対策工の可能性を考えると以下のようになる．比較的規模の小さい本体部が高温の粒状体の重力流動としての

力学的特性をもっているとした場合，この部分の流動は，層流としての特性を示し，土砂濃度も高く，勾配が小さくなると粒子間の準静的な塑性状態での応力が働き，停止する．したがって，本体部に対しては，ダム工や導流堤，あるいは流路工などの施設がある程度有効に働くと考えられる．本体部の運動を減勢させることが熱風部の制御につながると考えられるが，熱風部の流速が速い場合はそれらを比較的容易に乗り越えたり，流路の曲流部では本体部から分離して直進する（火砕流熱風部による災害としてはこれによるものが多い）(山田，2007)．熱風部は，浮遊している粒子が沈降することによって堆積するので，熱風部内の乱れのスケールを小さくし，乱れエネルギーを散逸させることが重要となる．そのような考え方に基づいて，雲仙普賢岳の赤松谷中の間川に熱風部対策用の柵工が1993年に設置されたが，火砕流がそこまで到達せず，どの程度の制御が可能であるかはいまだにわかっていない．

3.5.5　火山泥流を含む土砂移動現象に対する砂防の計画・対策の経緯

火山での砂防計画やハード対策（構造物による対策），ソフト対策（警戒避難など）を検討する際には，火山泥流や降灰斜面の侵食による土石流などの他の土砂移動現象もあわせて総合的に扱う必要がある（図 3.32）．そのため，ここでは，火山泥流に限定することなく，その他の土砂移動現象も含めた上での計画や対策

図 3.32 岩手山火山におけるハード対策とソフト対策の事例（国土交通省砂防部）

について概説する．なお，構造物による対策，警戒・避難システムの概要については水山（1997），対策の事例（海外の事例も含む）については松林（1991）も参照されたい．

　火山地域での砂防は，長らくは火山性荒廃地からの土砂流出や降灰後の降雨による土石流への対策（桜島や有珠山など）が主体であった．対策のための基礎として，土石流や泥流の動態観測，発生降雨の特性，土砂水理特性，土砂流出量などに関する調査・研究が鋭意実施されてきた．1983年の三宅島噴火と1986年の伊豆大島噴火による溶岩流災害，1989年の十勝岳噴火による小規模火砕流と泥流の発生などを契機に，溶岩流や火砕流，融雪泥流などの噴火に直接的に起因する土砂移動現象に対しても，砂防構造物による制御がある程度は可能なのではと考えられるようになった．当時は，これらの現象の実態やメカニズムはよくわかっていなかったので，メカニズム解明に向けての基礎的研究，過去の土砂移動現象の実態調査や諸外国での事例分析，土砂移動現象の発生頻度が高い海外での活火山地域での現地観測などが進められた．

　1991年から本格的に火山活動が活発化した雲仙普賢岳での火砕流・土石流災害を契機に，噴火中の火山活動，土砂移動現象による地形変化や人が危険のために立ち入れない状況下での監視技術の開発，災害予想区域図（ハザードマップ）の作成と更新技術，警戒避難システムの開発，緊急対策技術の開発が求められるようになり，それらを意識した調査研究が本格的に行われるようになった．火砕流やその堆積物の侵食による土石流の発生・流動メカニズムについての研究が進むとともに，従来の航空写真解析に加え，合成開口レーダ（Synthetic Aperture Rader：SAR）を活用した土砂生産・流出・氾濫・堆積場の地形計測技術，火砕流や土石流の運動モデルに基づく数値シミュレーションによる災害予想区域図の作成技術，無人化施工技術などの新しい技術が生み出された．2000年の有珠山，三宅島噴火では，レーザプロファイラ（Laser Profiler：LP）を用いた高精度の地形計測技術やGPS搭載無人ヘリコプタによる土砂生産場の監視技術などが国内で初めて試行された．

　近年では，火山地域のみならず一般の荒廃山地などでの地震や豪雨による土砂災害での対応実績をベースに，レーザプロファイラや合成開口レーダを用いた地形計測技術のさらなる精度向上とデータ処理の短時間化が図られるとともに，土砂ダム（天然ダム）の水位変動の監視（例えば土研式投下型水位観測ブイの開発）とその決壊による土砂流出予測技術，応急対策として活用できる鋼製砂防構

造物（例えば鋼製牛枠（ブルーメタル））の開発，XバンドMPレーダを用いたより精度の高い降雨観測手法などの新しい技術が生み出され，様々な現場に試行されている．

活火山の砂防計画については，火山泥流対策砂防計画における対策工選定のためのフローチャートが提案され，特に遊砂地（図3.33）と除石が重要な対策として位置付けられた（水山・下田，1992）．活動中の活火山における土石流計画（池谷，1994）として，従来からの恒久対策に加え土砂の移動現象を時系列にとらえた対応の必要性と考え方，緊急対策計画（火山活動開始の1～2年目に発生する土石流に対応）と暫定対策計画（火山活動開始の1～2年目以降の数年間に発生する土石流に対応）が提起された．また，個別の火山での事例としては，雲仙普賢岳を対象とした全体的な火山砂防計画（古賀・村上，2002），十勝岳での火山泥流対策基本計画（巌倉，2000）がある．

図3.33 有珠山2000年の噴火後に施工された遊砂地
（提供：北海道）

一方，建設省砂防部（現国土交通省砂防部）により1989年度に火山砂防事業が創設されたことを受けて，1992年4月に「火山砂防計画策定指針（案）」（建設省砂防部）が作成され，降雨対応火山砂防計画，噴火対応砂防計画におけるハード，ソフト両面の対策方針が提示された．また，2007年には，緊急対策を迅速かつ効果的に実施し，被害をできる限り軽減（減災）するための火山噴火緊急減災対策砂防計画を策定するためのガイドラインが国土交通省砂防部によって作成され，火山活動が活発で社会的な影響の大きい29火山において鋭意，砂防計画が作成されつつある．さらに2013年には，「火山噴火に起因した土砂災害予想区域図作成の手引き（案）」が国土交通省砂防部によって作成された．砂防工事の計画策定やその計画の評価および工事期間中の安全確保や火山防災協議会を通じた情報共有，噴火時などの避難計画の検討や火山防災マップの検討，災害対策基本法第60条に基づく避難勧告・指示や同法第63条に基づく警戒区域の設定などを行う市町村長の判断などに資することが期待される． 〔山田　孝〕

3.6 流木流

3.6.1 流木流と災害

　山地において山腹斜面崩壊, 土石流などが発生すると, 崩壊部や侵食部に生育していた樹木は土砂とともに渓流を流下する. また, 山地や河川域では, 土石流や洪水による渓畔域・河畔域の侵食や崩壊等に伴い樹木が流木になって流下する. このような流木が流下する現象を流木流と呼ぶ.

　流木流により引き起こされる災害形態を大きく分類すると,
①流木が橋梁・カルバート, 水路などに詰まることにより土石流や洪水が河道から溢れて, 周辺や下流の人家, 施設などに被害を与える.
②流木が橋梁に詰まって上流で土石流や洪水がダムアップし, これらによる流体力や水圧により橋梁が押し流される.
③取水堰, 貯水ダムおよび放水路の取水口や放水口に流木が詰まって, 取水機能や放水機能を低下させる.
④土砂調節（山地から多量の土砂が流出する時に, 一時的に土砂を貯留し, その後徐々に土砂を下流に流す機能）を目的とした透過型の砂防堰堤などのスリット部を閉塞し, 土砂の調節機能を低下させる.
⑤流木の衝突による衝撃力により, 家屋あるいは河川に設置してある構造物などを破壊する.
⑥貯水池などに貯って一部は沈積する. これらは腐敗し水質や景観を損ねる.
⑦海に流出して船舶の航行の障害になったり, 海岸に漂着してゴミとなる.
などがある. これらのうちでも特に山地・渓流部において多く発生し, 人命などへの危険性が高く被害も大きいのは①の被災形態である.

　わが国における流木災害は, 特に大河川において1940年代およびそれよりも以前から発生していたが（荻原, 1962）, 最近では広島災害 (1988, 1999, 2015), 熊本県一宮町災害 (1990), 伊豆大島大金沢災害 (2013), 九州北部豪雨災害 (2017) などのように, 特に山地渓流において多く発生している. この原因としては, 次のような社会および自然条件の変化が考えられる.
①近年, 都市の近くでは山地渓流の出口付近における宅地開発が進み, 被害を受けやすい家屋や施設が増加している.
②山地渓流に架かる丈夫な鉄筋コンクリート製の小橋梁やカルバートが増加し

表 3.3 流木の発生原因（石川他，1989a）

流木の起源	流木の発生原因
立木の流出	①斜面崩壊の発生に伴う立木の滑落 ②土石流の発生に伴う斜面からの立木の滑落・流下 ③土石流の流下に伴う渓岸・渓床侵食による立木の流出 ④洪水による河岸・河床の侵食による立木の流出
過去に発生した倒木などの流出	⑤病虫害や台風などにより発生した倒木（林床上）などの土石流，洪水による流出 ⑥過去に流出して河床上に堆積したり河床堆積物中に埋没していた流木の土石流，洪水による再移動 ⑦雪崩の発生・流下に伴う倒木の発生とその後の土石流，洪水による下流への流出 ⑧火山の噴火に伴う倒木の発生とその後の土石流，洪水による下流への流出

ている．
③ 1950〜1960 年代に植林された人工林および伐採されなくなった里山の広葉樹が成長してきており，材積，樹高，直径が増大している．
④最近，局地的で降雨強度が大きい豪雨が頻発する傾向が強まってきている．
⑤山地渓流に砂防・治山施設が整備されつつあり，このような渓流では対策の遅れている流木災害が目立つようになっている．

流木災害を軽減するためには，従来からの土砂災害対策と併せて流木対策を積極的に進める必要がある．

3.6.2 山地・渓流部における流木の発生形態と発生量

山地・渓流部における流木の発生原因は表 3.3 のように分類される．山地・渓流部の，一般に渓床勾配が急な区間では流木は土石流とともに発生・流下する場合（図 3.34）が多く，土砂と流木が混じって一体となって流下するものと考えられる．一方，土砂の濃度が低い掃流（洪水）状態で流れる場合には，流木は水面付近を浮いた形で流下すると考えられる．このような流木の流下形態の違いは，流木捕捉施設の計画や設計に反映される．すなわち，土石流とともに流下する流木は土砂・巨礫と一体として捕捉することになり，掃流区間では流木は土砂

図 3.34 長野県南木曽町梨子沢における土石流先頭部における流木の流下状況（国土交通省，2014）

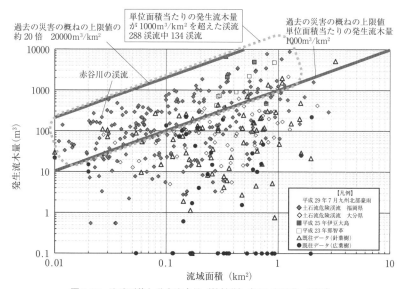

図 3.35 流域面積と発生流木量（幹材積）（国土交通省，2017）

とは分離して捕捉することが基本となる．

過去の主な流木災害における渓流ごとの流域面積（km^2）と流域内での発生流木量（幹材積：樹幹の体積）（m^3）の関係を図 3.35 に示す．これをみると，流域面積が増大すると発生流木量も比例して増大し，また流域面積が同一の場合，針葉樹

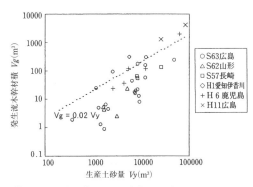

図 3.36 流域面積と発生流木幹材積（石川他，1989b）

林の方が広葉樹林よりも発生流木幹材積が多いことがわかる．これは一般に，針葉樹（人工林）のほうが広葉樹（天然林，二次林）に比べて，単位面積当たりの幹材積が多いためである．加えて最近では，流域面積当たりの発生流木量が増加している傾向が認められる．一方で，図 3.36 から，発生流木幹材積（m^3）の上限値は斜面崩壊や土石流による生産土砂量（m^3）の約 2 ％であることがわかる．これは，斜面崩壊や土石流に伴う渓岸・渓床の侵食により移動する表層土の厚さ

は1m程度であるため，単位面積当たりの流出土砂量もある範囲内で分布するためである．

3.6.3 渓流における流木の移動，停止と谷の出口への流出率

水理模型実験により流路上の流木の移動・停止条件，水路狭窄部における流木の捕捉条件については，次のような方法で解析することができる（石川他，1989b）．比重が水よりも小さな（すなわち水に浮く）流木が，固定床上に流向に平行に設置された場合に受ける流体力 F (N) と，河床との摩擦力による抵抗力 R (N) はそれぞれ次式で示される．

$$F = CA\frac{\rho v^2}{2} \fallingdotseq \frac{CA\rho}{2n^2}h^{4/3}I \tag{3.22}$$

$$R = \left(\frac{\pi d^2}{4}\sigma - \rho A\right)g \cdot l(\mu\cos\theta - \sin\theta) \tag{3.23}$$

ここで，C：抵抗係数，A：流水の当たる部分の流木の断面積（水中部分の断面積 m^2），ρ：水の密度（kg/m^3），v：流水の平均流速（m/s），n：マニングの粗度係数（s/m$^{1/3}$），h：水深（m），I：水路の勾配，d：流木の直径（m），σ：流木の密度（kg/m^3），g：重力加速度（m/s^2），l：流木の長さ（m），μ：流木の水中での摩擦係数，θ：水路の勾配（角度）である．

流木の移動条件は $F \geqq R$ であるから，次式により流木の移動と停止の境界を求めることができる．

$$\frac{CA\rho}{2n^2}h^{4/3}I = \left(\frac{\pi d^2}{4}\sigma - \rho A\right)g \cdot l(\mu\cos\theta - \sin\theta) \tag{3.24}$$

これを用いて水深 h と水路勾配 θ の変化に伴う流木の移動，停止境界を求めた結果を図3.37に▲印で示す．なおこの実験に用いた水路の粗度係数 (n) は約 0.019，$\mu = 0.466$，$\sigma = 0.98$，$\rho = 1.00$ であり，フルード数は勾配 2°，流量 0.3〜1.3 L/s で 0.89〜1.4，勾配 20°，流量 0.3〜1.3 L/s で 3.83〜5.54 であった．

図3.37より水路勾配が5°付近において，流木の移動に対して最も大きな流量が必要になることがわかる．これよりも水路勾配が急な場合は，流木の自重によりすべり落ちようとする力が大きくなる．一方，水路勾配が5°よりも緩くなると流速が小さくなり，水位が上昇して流木に働く浮力が大きくなり，ついには完全に浮遊する水位（約 1.4 cm）に達する．

水理模型実験での流量 0.3 L/s における水路勾配と，流木が移動を開始する時の流向方向に対する最小の流木の傾き（ϕ）との関係を図 3.38 に示す．傾き ϕ が大きくなると流木の受ける流体力が増すとともに，転がりにより全体的に移動しやすくなる．図 3.38 によれば，水路勾配が 5°付近において流木移動のための流木設置角度 ϕ は最も大きくなる．すなわち流量一定の時は水路勾配が 5°付近で最も流木が移動しにくく，堆積しやすいことがわかる．

以上まとめると，渓床上の流木の移動開始条件のうち主要なものは，流木の軸方向と流向のなす角（ϕ），渓床勾配（θ）および水深（h）であり，それぞれのパラメータとも大きくなるほど流木は移動しやすくなる．流量および川幅が一定の時は，渓床勾配が 5°付近で流木は最も移動しにくい．

流路中の狭窄部における流木

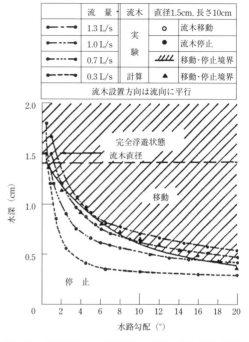

図 3.37 水路勾配，水深と流木の移動，停止条件（石川他，1989b）

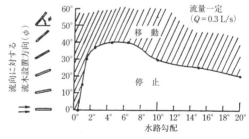

図 3.38 流木設置方向による移動限界（石川他，1989b）

の通過・停止に関しても水理実験によって確かめることができる．水理模型実験により，狭窄部における流木捕捉率（狭窄部において捕捉された流木の本数／狭窄部の地点までに流下してきた流木の総本数）T と，狭窄部の幅 w に対する流木の長さ l の比との関係を求めた結果を図 3.39 に示す．このグラフより，狭窄部における流木捕捉率 T は狭窄部の幅 w と流木長 l により大きく左右され，$w/l \leq 0.3$ では $T \fallingdotseq 1.0$ となり，$w/l \geq 1.5$ では $T \fallingdotseq 0$ となることがわかる．

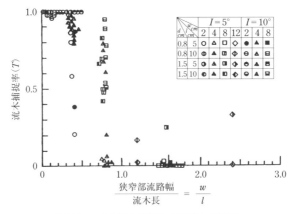

図 3.39 w/l と流木捕捉率（石川他，1989b）

1988年の広島災害の8渓流の流木発生源での立木の平均長さ，下流に堆積した流木の平均長さおよび各渓流の土石流流下幅を調査した結果では，流木の長さは発生源の立木の長さの約1/2〜1/3であり，流木の平均長は土石流の流下幅の最小値（狭窄部の幅）とほぼ同じであった（石川他，1989a，1989b）．また図3.40に示すように，27渓流における山地流域で発生した流木のうち，谷の出口まで流出した流木の割合（流出率）は各渓流によりバラツキは大きいものの，約50〜70%であった（石川他，1989a，1989b）．

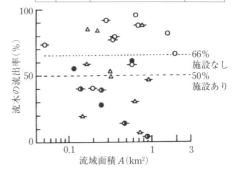

図 3.40 流域面積と流木の流出率（石川他，1989b）

流木が渓流の狭窄部に達すると，狭窄部で流木が捕捉・停止されていわゆる流木ダムが形成される．1982年の長崎災害では，芒塚川の支流の2の沢中流部において，流木の停止，堆積にともない形成されたと考えられる流木ダムが認められた．2003年8月の台風10号による出水により北海道沙流川の小支流，パラダイ川でも多数の流木ダムが形成された（清水，2009）．

3.6 流木流

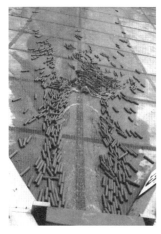

図 3.41（左） 洪水（清水）により運ばれた流木の扇状地における堆積実験（手前が扇頂部，奥が下流）

図 3.42（右） 土石流とともに流下した流木の扇状地における堆積実験（手前が扇頂部，奥が下流）

3.6.4 扇状地における流木の堆積と橋梁の閉塞
a. 水理模型実験による扇状地における流木の堆積特性

水理模型実験により扇状地内において流木が洪水（清水）とともに流下する場合と土石流とともに流下する場合では，扇状地上での土砂と流木の堆積形態の相違は次のように説明できる（石川他，1991）．

洪水（清水）および土石流とともに流下する場合の両方に共通する現象として，（単位幅）流量が増加すると流木はより下流まで流出し，堆積することがわかっている．扇状地上での流木の堆積過程については，洪水（清水のみ）とともに流下した流木はまず扇頂部の左右岸に，長軸をほぼ流向と平行にして堆積を開始し，下流方向へ堆積範囲を広げ，ある河床勾配からは一転して堆積遡上が始まって流木堆積は上流へ広がる現象が認められる（図3.41）．一方，土石流とともに流下した流木は土石流の先頭部に流木が集中して扇状地を流下し，土石流の先頭部の停

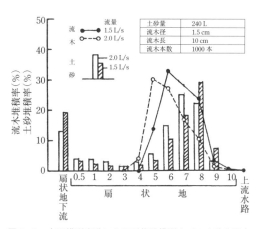

図3.43 水理模型実験による扇状地模型上での土砂と流木の縦断方向堆積分布（給水量1.5 L/sと2.0 L/sの場合）（石川他，1991）

図 3.44 江河内谷における土石流および流木の氾濫,堆積

止により流木も急速に速度を落として土石流先頭部よりも若干下流に停止堆積する（図 3.42）．その後，土砂の堆積遡上とともに流木も堆積遡上を起こすことが認められた．すなわち洪水では扇頂部から下流へ，土石流では扇状地中部から上流へ堆積が進行した．土石流とともに流木を流下させた場合の，扇状地模型上での土砂と流木の縦断方向の堆積分布を図 3.43 に示す．扇状地内の水路に流木止めを設置した実験

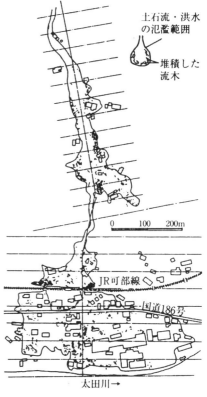

図 3.45 江河内谷における流木の堆積分布（石川他, 1991）

では，流木が清水とともに流下する場合には，扇状地内水路に設置された流木止めの効果は十分に発揮される．しかしながら，土石流とともに流木が流下する場合，特に流木止めで貯留できない程多量の土砂が流下する場合には，土砂が流木止め上流に堆積して流木止めを閉塞し大部分の流木および土砂は流木止めを越流してしまい，流木止めの効果は少ないことがわかった．

b. 扇状地における流木の堆積実態

1988 年 7 月の広島災害では，約 20 の渓流で土石流が発生した．本項では一例として，土石流・流木の氾濫堆積面積が大きかった江河地谷についての調査結果を示す．図 3.44 には江河地谷の扇状地部の斜め空中写真を，また図 3.45 には空中写真判読により作成した流木の堆積分布および土石流，洪水の氾濫範囲（横断測線の間隔は 50 m）を示す．

江河内谷の扇状地は，狭窄部により上流（地盤勾配約 5.7°）と下流（地盤勾配約 3.2°）に分かれている．下流側の扇状地の扇頂部近くには JR 可部線の盛土があり，この盛土の上流における流木と土砂の堆積割合が高くなっている．上流，下流の扇状地における流木および土砂の縦断方向の堆積分布は水理模型実験結果に近似しており，流木堆積のピークは土砂堆積のピークよりも若干下流にきている．

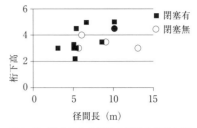

図 3.46 流木による橋梁の閉塞の有無と径間長と桁下高の関係

c. 流木による橋梁の閉塞と災害

渓流を流下してきた流木はしばしば渓流に架かる橋梁を閉塞して，土石流や洪水の渓流外への氾濫を助長し，土石流や洪水の被害を増大させる．このような現象により引き起こされる災害は，流木による災害の主要なものである．既往の災害（京都府南部災害（1986 年），広島災害（1988 年），伊豆大島災害（2013 年），梨子沢災害（2014 年））における，流木による橋梁の有無と桁下高さおよび径間長の関係を図 3.46 に示す．径間長が 10 m 以下，桁下高が 5 m 以下であると流木による橋梁の閉塞が発生しやすいことがわかる．なお，同じ径間長，桁下高さであっても，下流の橋梁に比べて上流の橋梁ほど流木による閉塞が発生しやすい．

〔石川芳治〕

3.7 土砂流出

3.7.1 土砂流出とは

崩壊や裸地斜面の侵食などにより上流域で生産された土砂は，渓流や河川内を流水によって運ばれ下流へ流出する．土砂の流出は，平水時の川の水が透明で澄んでいるようにほとんど起こっていない状態から，洪水時に茶色い濁流が川幅一杯に流れているように大量に起こっている状態まで，起こる規模の範囲が非常に広い．土砂流出の規模は，概略的には運び出される場に存在していた土砂の量と運ぶ力である流水の運搬力とによって決まると考えられるので，それら各々の大きさとさらに両者の組み合わせによって，中間程度を含めた多様な規模の土砂流出が起こることになる．

図 3.47 豪雨で流出した大量の土砂が堆積し，土砂埋没被害が発生する（福岡県朝倉市の赤谷川流域にて，2017 年撮影）

図 3.48 河床上昇によって網状流路が発達した河川（ニュージーランド北島のワイアプ川流域，2007 年撮影）

　人間社会に損害を与える土砂の流出の仕方として2つのタイプがある．1つは，豪雨時に起こる一度に大量の土砂流出である．大量の土砂を含んで流れる洪水が川の外にも氾濫し，水が引いた後には多量の堆積土砂が残され，一帯が広く土砂に埋められるような災害が発生する（図3.47）．もう1つは，上流域で土砂生産が頻繁に起こるために中小の規模の洪水であっても土砂流出が繰り返される河川において，1回の洪水による流出土砂量は多くなくても，土砂流出が数十年と長期にわたり継続するタイプである．この場合には，河川下流の緩勾配区間やダム貯水池など，土砂が堆積しやすい場所に土砂が貯まり続けることで大きな障害が発生する．例えば，河床が上昇して洪水時の溢水の危険性が増大すること（図3.48）や，貯水池の堆砂が過度に進行して貯水容量が減少しダム機能が低下することなどである．

3.7.2　土砂礫の流送形態

　土砂流出を理解するには，河道に沿って生じる様々な土砂の移動現象を理解する必要がある．河道で生じる土砂移動現象には，土石流，土砂流，掃流，浮遊（浮流）がある．土石流は水と土砂礫の混合物が一団となって急勾配の渓流を速い速度で流動する現象であり（3.4節参照）水と土砂礫が混合して一体となって運動している様式は集合運搬と呼ばれる．一方，掃流と浮遊は砂礫の粒子1つ1つが流水によって運ばれている現象で，こうした運動様式は各個運搬と呼ばれる．そして，土砂流は土石流と掃流との中間的な現象で，流れのうち上層は掃流状態の水流層，下層はある厚みをもった砂礫の集合流動層になっている．こうした運

動様式を掃流状集合流動と呼ぶことがある．

　ここでは各個運搬による土砂礫の流送について説明する．流水によって運ばれている土砂礫は，その運動の仕方によって掃流砂（bed load）と浮遊砂（suspended load）に分けられる．掃流砂は，流れの力を受けて河床上を滑動，転動，または跳躍しながら移動する粒子であり，流れの断面全体のうち，河床から粒径の数倍程度の厚さの範囲で移動している．もう一方の浮遊砂は，流れの乱れによって流水中を浮遊して運搬される粒子であり，鉛直方向の濃度分布をもって全水深にわたって存在している．

　掃流砂と浮遊砂は，河床の構成材料である砂礫が流水の力の大きさに応じて河床から離れて移動を開始したり，再び河床に沈降・堆積したりするもので，いわば河床材料と交換を繰り返している．このような観点から，掃流砂と浮遊砂はまとめて bed material load と呼ばれる．さらに，これと対比されるウォッシュロード（wash load）という成分は，浮遊形式で移動しているが河床の構成材料よりも細かい粒子（おおよそ粒径 0.1 mm 以下）を指す．河床材料の中に存在しない細かい粒径であることから，その起源は普段水が流れていない場所（斜面など）の土砂に由来すると考えられる．ウォッシュロードは流れがある限り沈殿しないため，通常は河口まで流れるが，湖や貯水ダムなど水が停滞する環境では沈降し堆積する．

　掃流による土砂礫の移動は，河道内の洗掘や堆積などの河床変動に直接関係し，また浮遊による細粒土砂の移動は非常に長距離に及ぶため，貯水ダムの堆砂や河口までの土砂流送に関係する．

3.7.3 土砂の流送に関する基本的事項
a. 掃流力，移動限界掃流力

　水が流れている河道においては，その底面に流水によるせん断応力が作用する．この力は，河床が砂礫で構成されている場合には，その表面に存在する砂礫粒子を押し流そうとする力となる．

　そこで，流砂現象を力学的に取り扱う場合に，河床に作用する単位面積当たりのせん断応力を掃流力と呼んでいる．

　図 3.49 のように，水が等流状

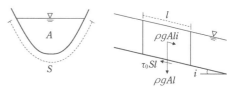

図 3.49 掃流力の説明図

態で流れている河床勾配 i の河道において，流水断面積 A，河床に沿う長さ l の水体を考える．水の密度を ρ，重力加速度を g とすると，この水体に作用する重力の流れ方向の分力は $\rho g A l i$ となる．一方，水体に対して流れ方向と逆向きに働く摩擦力は，潤辺 S における平均せん断応力を τ_0 とすると，$\tau_0 S l$ で表される．等流状態では流速は一定であり，この2つの力は釣り合うことから，掃流力は次式で表される．

$$\tau_0 = \rho g R i \tag{3.25}$$

ここで，$R(= A/S)$ は径深である．掃流力を流速の次元で次式のように定義したものを摩擦速度といい，u_* で表す．

$$u_* = \sqrt{\frac{\tau_0}{\rho}} = \sqrt{gRi} \tag{3.26}$$

したがって，掃流力は次式のように書くこともできる．

$$\tau_0 = \rho u_*^2 \tag{3.27}$$

さらに，摩擦速度を無次元表示したものを無次元掃流力 τ_* といい，次式で表される．

$$\tau_* = \frac{u_*^2}{sgd} = \frac{Ri}{sd} \tag{3.28}$$

ここで，s は砂礫粒子の水中比重 $(s = (\sigma-\rho)/\rho)$，σ は砂礫粒子の密度，d は砂礫粒子の粒径である．

ある粒子が河床上にあるとき，掃流力 τ_0 あるいは摩擦速度 u_* がある限界値を超えると粒子が移動を開始する．この限界値をそれぞれ限界掃流力 τ_c，限界摩擦速度 u_{*c} という．

限界摩擦速度を無次元表示したものを無次元限界掃流力 τ_{*c} といい，次式で表される．

$$\tau_{*c} = \frac{u_{*c}^2}{sgd} \tag{3.29}$$

この無次元限界掃流力については，古くから多くの実験的，理論的研究が行われてきた．それによると一様粒径の砂礫で構成される河床の無次元限界掃流力は，山地河川の粒径範囲では $\tau_{*c} = 0.05$ の一定値になることがわかっている（土木学会，1999，p.158）．

b. 水理条件と土砂礫の移動・堆積

式 (3.25) において ρ と g は定数であるから，掃流力は勾配と水深（深さに

比べ幅が十分に広い水路では,径深と水深はほぼ等しくなる)に比例することがわかる.すなわち,掃流力は勾配の大きい上流区間で大きく,また水深の大きい増水時に大きい.一方,砂礫粒子はそれ自身の質量によってその場に留まろうと振る舞うので,砂礫の移動限界掃流力は粒径の大きいものほど大きい.式(3.29)でいえば s と g は定数で,左辺 τ_{*c} は 0.05 の一定値であるので,d が大きいと限界摩擦速度 u_{*c} も大きいことがわかる.

流水の掃流力が河床砂礫の限界掃流力よりも大きいと,流水は砂礫を押し流してその場から運び出す(河床にとっては洗掘).そして,勾配や水深が小さくなり流れの掃流力が低下すると,限界掃流力の大きい砂礫(粒径が大)から順に河床に堆積する.

河川地形と土砂礫の堆積との関係を考えると,掃流力の急激な低下が生ずるような地形変化点が土砂堆積の場となる.河床勾配に関しては,上流から下流に向かって勾配が急激に緩くなる地点が土砂堆積場となり,扇頂部がその代表例である.また水深に関しては,上流から下流に向かって川幅が急に広くなる地点で水深が低下するので,そこに土砂が堆積する.具体的には,渓間の河道拡幅部や谷出口の扇頂部がそれに該当する.

こうした観点から,砂防・治山の施設の中にも,勾配緩和や河床の拡幅化・平坦化といった地形改造を人工的に行うことによって,掃流力の低下を図り,土砂をコントロールする機能を発揮しているものが多くある.渓床の侵食防止を目的とした谷止工や階段状床固工群は,水通し天端が侵食基準面になることに加え,勾配を緩くすることで渓流の侵食力を弱めている.また,不透過型砂防堰堤は上流の堆砂によって,勾配がもとよりも緩くなり,さらに堆砂面の平面形状ももとよりも幅広くなることで掃流力が低下して,上流から土砂が流入した場合にその堆砂面上に堆積しやすくなる.

3.7.4 河床変動

河床で土砂の洗掘や堆積が生じて,河床の高さが変化することを河床変動という.河床変動は,河道のある区間を考えた場合,単位時間当たりに上流から区間へ流入する土砂量と区間から下流へ流出する土砂量との差によって決まり,前者の流入する土砂量のほうが多いと区間内の河床面は上昇し(堆積),一方で後者の流出する土砂量のほうが多いと河床面は低下(洗掘)する.

さらに,流入する土砂量と流出する土砂量が釣り合う(同じ量になる)場合は,

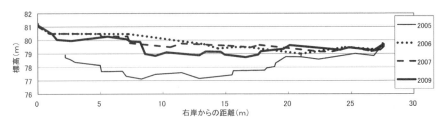

図 3.50 河床の上昇（2005 年→ 2006 年）とその後の低下（2006 年→ 2007 年→ 2009 年）を示した河床横断形の変化の実例（清水・前田，2016）

流砂は生じていても河床変動は起こらない．この状態のことを動的平衡という．なお，掃流力が河床砂礫の移動限界掃流力を下回って土砂の移動がない場合にも，河床変動は起こらないが，この状態のことを静的平衡という．

　豪雨時に上流域で土砂生産が発生して大量の土砂が下流へ流出すると，下流の河床にはその土砂が堆積して河床が上昇する．この時，土砂は河道内の低い部分から先に埋めていき，さらに河道の幅全体にわたって土砂が堆積して一面が同じ高さとなり，最終的にほぼ平らな河床になることが多い．その後土砂が洗掘され河床が低下する際には，幅全体のうち一部に流れが集中し，そこに溝状の流路が掘り込まれるようにして河床の一部が低下していくことが多い．図 3.50 に，実際の河川での横断測量調査によって得られた実例を示す．2006 年に豪雨が発生して大規模な土砂流出が起こり，この横断測線では河床が大きく上昇して平らに近い河床横断形となった（2005 → 2006 年の変化）．その後，1 年経った 2007 年には河床の中央付近が少し低下し，3 年経った 2009 年の時点では河床中央部に溝状の流路が形成されて，河床の低下が進行したことがわかる．溝状流路の側岸には，河床上昇を起こした時の堆積土砂が段丘地形を形成して残存することになる．実際の河川でこうした段丘地形を観察した場合，その段丘面の高さまでかつて河床全体が上昇したと認定できる．

　さらに，図 3.51 はこのような段丘の段丘崖で観察される堆積土砂の断面の写真である．粒径の揃った砂礫粒子が層状に配列した構造が認められ，それらが何層も積み重なっている．粒径が揃うのは，流水中で様々な粒径の粒子が運搬されている時，流れの力に応じて粒径ごとに粒子が分別されて集積するためであり，このような現象を分級作用という．分級作用による層状構造が認められるのは，掃流で運搬された堆積物に現れる特徴である．

　河床が洗掘される場合には，河床低下して横断形状が変化するだけでなく，河

3.7 土砂流出

図3.51 河床堆積土砂の断面
全体が1回の洪水で堆積したものだが、掃流堆積物に特有の層状構造が認められる．

図3.52 細粒分が選択的に抜けて、粗粒化した河床表面を真上から見た写真
標尺の所は表面にあった粗い礫を1粒径分取り除いた状態を示し，下層には細粒分が残存していることがわかる．

床表面を構成する砂礫の粒径組成が変化することがある．大小様々な粒径の砂礫からなる河床では，上流から土砂の流入がない（土砂が補充されない）場合，小さい流量でも運ばれやすい小さい粒子は選択的に河床表層から抜け出してしまい，大きい粒子が残る．そのため粒径組成は粗くなり，河床表面は大きい砂礫粒子に覆われた状態になる．この河床表層のことを，よろいを意味するアーマーコート（armour coat）と呼び，アーマーコートを形成する現象をアーマリング（armouring）という．アーマーコートが形成されると，よろいに覆われたような状態となり，それ以上の河床低下は進みにくくなる．図3.52は，典型的なアーマーコートの状態には達していないが，細粒分が選択的に抜けて，粗粒化が進んだ河床表面の写真である．表面を覆う粗い礫を1粒径程度の厚さで取り除くと，下層には細粒分が豊富に残っており，粗粒化は河床表面のみで生じていることがわかる．

3.7.5 流域スケールの土砂移動と流域における土砂の問題

斜面で生産された土砂はその下を流れる河川へ入り，水を媒体にして河川下流へ運ばれ，最終的に河口から海へ流れ出る．水の移動と土砂の移動を比較すると，水の場合には途中で滞ることなく連続的に移動するため，降雨から海への流出までが1回のイベントとして捉えられる．しかし，土砂の場合は「堆積する」という特性のために，移動が不連続的である．すなわち，流域を通した移動過程の中で土砂は流域内の各所で堆積し，その後の洪水で再び移動することを繰り返す．

こうして土砂は1回の洪水だけでなく，その後の中小洪水も含めた時間の積み重ねの中で，山から海まで流域を通して運ばれていく．

　流域スケールでの土砂移動の場面においては，次のような土砂にかかわる問題がある．1つ目は，土砂生産が活発な荒廃山地からの継続的な土砂流出による中流・下流での河床上昇である．日本ではかつて禿山や森林の荒廃が全国的に広がっていた時代に，多くの河川が河床上昇を起こしていた．そして，当時は河川工事が進んでいなかったこともあって，大洪水が頻発した．2つ目は，貯水ダムの堆砂による貯水容量の減少である．ダムはあらかじめ堆砂量が見積もられて建設されているが，当初の計画以上に堆砂が進んでいるダムが現在数多くあり，ダム機能の低下が懸念されている．一部のダムでは，堆積土砂の浚渫やダムの改造などの対策が実施されている．

　そして3つ目は，上流から供給される土砂の減少による中流・下流河道での河床低下である．河床低下が進むと，橋脚や護岸などの基礎部分が剝き出しになって施設が不安定化したり，取水用施設が水位低下のために取水できなくなったりする．また，河床材料の粗粒化や，ダムによる洪水調節の影響もあって澪筋の固定化，高水敷の冠水頻度減少に伴う樹林化など，河川環境面での変化も現れている．上流からの土砂の供給が減少した要因として，荒廃山地の植生回復が緑化事業などによって成し遂げられたことのほか，河川上流に多目的ダムや発電ダムが数多く建設されて，上流からの土砂流送が遮断されたことがある．さらに，中流・下流の河道そのものにおいて，かつて建設用のコンクリート骨材のために大量の砂利採取が行われたことも，河床低下の大きな原因である．これら荒廃山地の緑化，ダムの建設，川砂利の採取は，いずれも第二次世界大戦後の日本の復興期，特に高度経済成長期に全国で大きく進んだ事柄である．

　加えて，4つ目は海岸侵食である．海岸の砂は河川から供給される土砂によって涵養されるほか，海の流れによる沿岸漂砂などで移動している．近年，海岸侵食が全国で著しくなっており，それには陸域からの土砂供給の減少や，海岸構造物（防波堤など）の設置による沿岸漂砂の遮断など様々な要因が組み合わさって関係している．

　以上のような流域の土砂の問題は，流域を通した土砂輸送の不均衡に起因するものとみなされ，人間による時代ごとの河川の取り扱いや国土環境の変化が，土砂輸送の不均衡を生み出してきたと考えられる．　　　　　　　　　〔清水　収〕

3.8 深層崩壊と天然ダム

3.8.1 深層崩壊とは

深層崩壊の定義は，砂防学会から「表土層のみならずその下の基盤を含んで崩壊する」，また移動土塊・岩塊の運動について，「突発的で一過性であり，その移動速度は大きく，運動中に激しい攪乱を受けて原形を保たない」というように提案されている（砂防学会，2012）．このように，深層崩壊は，地中深部にすべり面をもつ点など地すべり現象と類似する点もあるが，移動土塊・岩塊の運動形態の点から異なる現象として区分できる．

深層崩壊は崩壊面が深い位置にあるため，大規模な崩壊となる（口絵1，図3.4）．また大量の崩壊土砂が土石流となるほか，河道を閉塞し天然ダムを形成すると被害が広範囲に拡大するなど，大きな災害に至る危険が高い現象である．

3.8.2 深層崩壊の特徴

深層崩壊は表層崩壊と同様に豪雨や融雪，地震によって発生するが，深層崩壊と表層崩壊を比較すると，崩壊の規模だけではなく様々な相違点がある．これらについて表3.4に示すとともに，深層崩壊の発生に関連する地質や地形，発生降雨の特徴について述べる．

a. 深層崩壊の発生に関連する地質条件

表層崩壊の移動土塊は表層付近の風化土層であるため地質との関連は少なく，

表3.4 表層崩壊と深層崩壊の比較（砂防学会，2012に加筆）

項目	表層崩壊	深層崩壊
地質	関連が少ない	地質，地質構造（層理，褶曲，断層など）との関連が大きい．
兆候 （地形，地下水）	ほとんどない	有る場合がある．非火山地域では，クリープ，多重山稜，クラック，末端小崩壊，はらみ出し，地下水位変動など
深さ	浅い	深い
地盤特性	表層土	基盤
植生の影響	有り	無し
規模	小規模（比高小）	大規模（比高大）

どこでも発生しうる一方，深層崩壊は特定の地質や地質構造との関連が大きく，発生しやすい地域の分布は特徴がみられる．これについて，土木研究所が深層崩壊の発生事例と地質などの関係を整理した結果をもとに，国土交通省が 2010 年 8 月に公表した深層崩壊推定頻度マップを口絵 2 に示す．深層崩壊の頻度が「特に高い」「高い」と分類される地域は，四万十帯，秩父帯，三波川帯に代表される中古生代の堆積岩と変成岩から成る付加体の地質が広範囲に分布し，第四紀の隆起量も大きい地域である．

このような地域で深層崩壊の頻度が高い理由は，付加体の形成過程や急激な隆起に伴い地層の変形が顕著で，基岩深部に至る節理や断層が発達し，基岩が深い位置から脆弱になり，風化も進行するためと考えられる．さらに第四紀以降に進んだ河川の下刻作用や斜面脚部の侵食作用も斜面を不安定にしていると考えられる．

図 3.53 は，2011 年 9 月の紀伊半島大水害時に深層崩壊が集中して発生した奈良県五條市と十津川村付近を示す．崩壊は北向き斜面で集中して発生しており，この方角の斜面に，斜面の傾斜方向と地質構造の不連続面（層理面，節理，断層など）の方向が平行な流れ盤構造が存在することを示す．紀伊半島大水害時に奈良県内で発生し

図 3.53 紀伊半島大水害時に発生した深層崩壊（提供：奈良県）

た深層崩壊斜面のうち，調査を実施した斜面の約 7 割がこのような流れ盤構造であることも確認された（奈良県，2013）．このように流れ盤の斜面では大規模な深層崩壊が発生しやすい．これは地質の不連続面に沿って滑落方向の応力が継続して作用しやすいことに因るものと考えられる．発達した節理や風化，小断層などにより弱部が生じた基岩に，このような応力が長期間作用する結果，次第に重力変形（岩盤クリープ）が進行し（図 3.54），深層崩壊の発生に至る地質条件が揃うと考えられる．岩盤クリープの中でも地層の傾斜が斜面の傾斜とほぼ平行から急傾斜な場合は，座屈タイプの変形（図 3.54 ①）に発達することもある．このタイプは最も不安定であり，降雨のほか地震でも大規模な深層崩壊が発生する危険が高い（千木良，2013）．

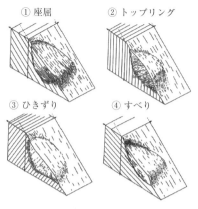
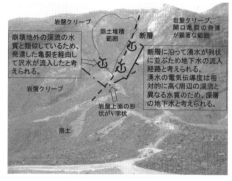

図3.54 重力変形に伴う岩盤クリープの形態（斜面と地層の傾斜方向の関係）(Chigira, 2000)

図3.55 深層崩壊斜面地質調査結果概要（桜井他，2014に加筆）

　さらに，深層崩壊の発生には地中深部まで大量の降雨や地下水が浸透，集中する地質構造が必要となる．これについて，紀伊半島大水害後，深層崩壊が発生した斜面において当時の国土交通省紀伊山地砂防事務所が地質調査や水文調査を実施し，付加体形成に伴う断層や岩盤クリープ内の砂岩層に発達した亀裂が地下水の流入経路となる可能性を示した（桜井他，2014）（図3.55）．また崩壊地背後の地下水位観測結果から，豪雨時には1日で地下水位が20～40 mも上昇することが確認されている（小川内他，2015）．このように，斜面内に発達した亀裂や節理，断層は，斜面の強度を下げるという崩壊の素因以外にも降雨浸透や地下水の集中を促進させるなど誘因の作用を助長しているといえる．

b. 深層崩壊の発生と地形の影響

　深層崩壊の発生に関連する地質構造を有する斜面は，岩盤クリープが生じているため，特徴的な微地形を呈する（図3.56）．この特徴は，まず斜面の平面形状が，斜面下方向に向かって凸状にはらみ出していることがあげられる．図3.56に示す実例では，岩盤クリープが生じた斜面の平面形状が明確に判読できる．しかし地すべり地形と比較すると，規模が大きく明瞭な頭部滑落崖や側背後の亀裂の存在は認められない場合が多い．また岩盤クリープの進行に伴って，稜線とほぼ平行に連続した二重・多重山稜や，稜線の間に直線状の窪地が連なる線状凹地（図3.57）もみられる．さらに岩盤クリープ斜面の上部には，その輪郭に沿うようにして小崖地形が分布する場合がある（図3.58）．深層崩壊が発生した斜面の

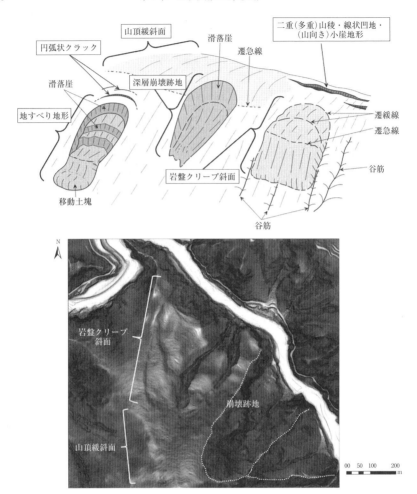

図 3.56 深層崩壊に関連する微地形の模式図と実際にみられる地形の事例
模式図は土木研究所作成．地形の実例は国土交通省紀伊山系砂防事務所による航空レーザ計測結果を使用．

　稜線部には，周囲の斜面と比べると勾配が緩く，広範囲にわたって起伏の小さい平坦な山頂緩斜面が分布することも多い（鈴木他，2007）（図3.56）．紀伊半島大水害時に奈良県内で発生した深層崩壊斜面のうち，調査を実施した斜面の約7割にも山頂緩斜面が確認された（奈良県，2013）．山頂緩斜面は，相対的に標高の高い斜面上に崩壊しうる大量の土砂が不安定な状態で残存することを示すとと

3.8 深層崩壊と天然ダム

図 3.57 線状凹地の事例（提供：国土交通省紀伊山系砂防事務所）

図 3.58 深層崩壊発生前にみられる小崖地形の模式図（提供：国土交通省紀伊山系砂防事務所）

もに，雨水の集水・貯留にも関係すると考えられる．

このような深層崩壊の発生に関連する地形の特徴は，深層崩壊の危険がある斜面を抽出する指標となるなど，対策を策定する上で重要な情報となる．

c. 深層崩壊を発生させる降雨の特徴

豪雨により深層崩壊が発生する場合，雨水の浸透や地下水の集中による地下水位の上昇に伴い，地中深部の基岩の間隙水圧が上昇し，崩壊面付近における基岩の強度の低下や滑動力が増大する結果，発生する．

図 3.59 に，紀伊半島大水害時に深層崩壊が多発した奈良県南部の十津川村に位置する風屋観測所における降雨観測結果と周辺の深層崩壊発生時刻（目撃情報がある事例）を示す．降雨強度は最大で 40 mm/h 程度と著しく強い降雨ではないが，4 日間に及ぶ降雨により累積雨量は 1400 mm 近くに達し，降雨終盤の 9 月 4 日午前中に深層崩壊が集中して発生した．このことから深層崩壊の発生は，

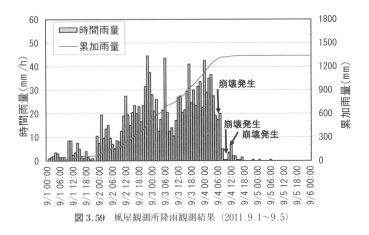

図 3.59 風屋観測所降雨観測結果（2011.9.1〜9.5）

降雨の強度より累積雨量の多さに影響を受けると考えられ，降雨ピーク付近の強い降雨に応じて発生する表層崩壊とは特徴が異なる．過去における深層崩壊が多発した降雨特性の分析からも1時間最大降雨量は 40〜60 mm/h の範囲に多く分布するなど，著しく強い降雨ではないが，48 時間雨量が 600 mm を

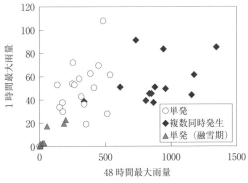

図 3.60 深層崩壊の発生降雨（内田・岡本, 2012）

超えると発生事例が多くなる結果が得られている（内田・岡本, 2012）（図 3.60）．このように「ほどほどの強さの降雨」が長時間継続し総量が多くなる降雨が深層崩壊の発生に関係すると考えられる．

深層崩壊の発生は，降雨が小康状態または終了しても危険があり，ただちに安全になるとはいえない．降雨が小康状態になり避難先から帰宅して被災した事例もみられることから，注意が必要である．

d. 地震と深層崩壊

わが国では，地震により深層崩壊が発生した事例は多くみられる．地震により深層崩壊が発生する場合，地震動による加速度が山腹斜面の土塊・岩塊に作用し慣性力が生じる結果，土塊・岩塊の滑動力が増大してせん断抵抗力を超えること

3.8 深層崩壊と天然ダム

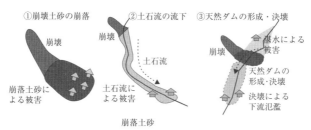

図 3.61 深層崩壊による災害形態

により発生する．一方，地質構造や地形との関係について，2008年，中国四川盆地で発生した汶川地震（マグニチュード 7.9）時では，座屈やトップリング（図 3.54）による岩盤クリープが生じていた斜面に深層崩壊が多数発生しており，崩壊発生前に線状凹地が確認された斜面もある（千木良，2013）．このことから重力変形が生じた斜面は，地震時でも深層崩壊が発生しやすいといえる．

3.8.3 深層崩壊による災害の事例

深層崩壊が発生すると，崩壊土砂が斜面直下にある家屋などへ直撃するほか，崩壊土砂が土石流となって長距離を流下する危険もある．また崩壊土砂が河道を閉塞し天然ダムを形成すると，上流では湛水による浸水被害が，下流では河道閉塞土塊の急激な侵食や崩壊による破壊（以下，決壊と呼ぶ）に伴う土石流，洪水が浸水被害を引き起こす（図 3.61）．ここでは紀伊半島大水害時に発生した深層崩壊による災害を紹介する．

図 3.62 は，奈良県五條市大塔町宇井地区で発生した深層崩壊である．崩壊規模は，斜面高 250 m，斜面長 350 m，崩壊土量約 160 万 m³ である．この災害の特徴は，1 級水系熊野川の右岸側斜面で発生した崩壊の土砂が，対岸の左岸側斜面を河床

図 3.62 奈良県五條市宇井地区で生じた崩壊と被災範囲（国土交通省近畿地方整備局提供写真に加筆）

図 3.63 熊野地区の深層崩壊と土石流の流下（提供：国土交通省近畿地方整備局）　図 3.64 栗平地区の深層崩壊と天然ダム（提供：国土交通省近畿地方整備局）

から約 40 m の高さまで遡上し，その位置にあった集落を直撃した結果，人的被害や家屋被害が生じたことである．このように大量の崩壊土砂が斜面を流下すると，斜面直下だけでなく，対岸まで被害が拡大する恐れがあるため，被災範囲の推定に注意を要する事例といえる．

図 3.63 に和歌山県田辺市熊野地区で発生した深層崩壊と土石流を示す．崩壊の規模は，斜面高 250 m，斜面長 480 m，崩壊土砂量約 526 万 m^3 である．崩壊土砂の一部が土石流となって約 800 m を流下し，人的被害や家屋被害が生じた．崩壊土砂が土石流化すると，崩壊斜面から離れた場所でも甚大な被害が生じる事例といえる．

図 3.64 は，奈良県十津川村栗平地区で発生した崩壊である．崩壊の規模は，斜面高 450 m，斜面長 650 m，崩壊土砂量は 2400 万 m^3 にも達した．大量の崩壊土砂によって河道が閉塞され，閉塞高約 100 m，湛水池容量 730 万 m^3 に達する大規模な天然ダムが形成された．紀伊半島大水害では 17 箇所で天然ダムが形成されたが，栗平地区の天然ダムは最も規模が大きい．

3.8.4 天然ダムで生じる現象

天然ダムの決壊の形態は，①越流侵食による決壊，②パイピングによる決壊，③すべり崩壊による決壊に分類される（図 3.65）．①では，湛水池から越流する流水が天然ダムの閉塞土塊を急激に侵食し，決壊に至る．閉塞土塊は不安定な崩壊土砂から成るため，いったん越流すると短時間に侵食が進行する．②では，閉塞土塊内の浸透流によりパイプ状の水みちが形成され土粒子が流出（パイピング）し，パイピングが進行すると水みち末端の閉塞土塊脚部から破壊が進行する．

③では，閉塞土塊内の地下水により間隙水圧が上昇し有効応力が減少する結果，閉塞土塊の前面においてすべり破壊が生じる．

このうち，決壊の形態は①が多いといわれている（田畑他，2002）．前述の栗平地区の天然ダムにおいても，度々，越流侵食が生じた（図3.66）．特に2014年8月10日，台風の降雨時に発生した事例が最も大規模であり，急激な水と土砂流出により，わずか1日で越流地点の標高が20 m程度，最大で天然ダム表面の標高が40 m程度低下し，約165万m^3の土砂が流出した（桜井他，2016）（図3.66③）．このように一度越流が始まると越流侵食が急激に進行し，これに伴う土砂・洪水流出のピーク流量は，降雨量から決まる洪水流量より大きくなる危険も高いため，天然ダムの対策上，越流侵食の防止は最も重要といえる．

3.8.5 深層崩壊の対策

深層崩壊は現象の規模が大きく，斜面の崩壊防止や崩壊土砂の直撃防止は困難といえる．そのため，事前に実施できる対策としては，崩壊土砂が土石流化した場合や天然ダムが決壊した場合の被害軽減が中心である．いずれにしても現象の

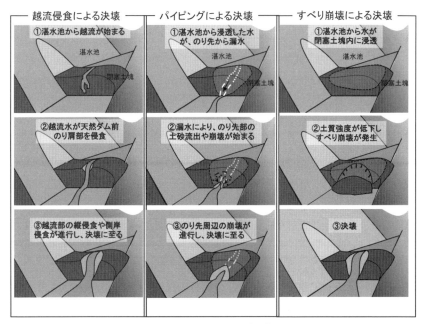

図3.65 天然ダムの決壊形態

① 2011年9月　　　　　　　　　　② 2012年9月

③ 2014年9月

図3.66　栗平地区の越流侵食による天然ダム形状の変化（天然ダム下流側）（写真①は提供：国土交通省近畿地方整備局）

規模が大きいため，砂防設備により移動する土砂を捕捉し被災範囲の縮小や到達する土砂の外力を軽減すると同時に，効果的な避難を行うなど，ハード・ソフト対策の両方を用いた対策が重要である．

a. ハード対策

深層崩壊発生前に可能な対策としては，砂防堰堤により，土石流化した崩土を捕捉し流下減勢を行うほか，天然ダム決壊に伴う土砂・洪水流出の減勢が中心である．

対策に先立ち，発生の可能性が高い深層崩壊による被災を想定する．これは深層崩壊跡地の規模や分布，地形から崩壊発生および天然ダム形成の位置，規模，土石移動形態，および数値計算により土石移動形態の規模（流量規模や氾濫範囲など）を推測する．天然ダムが決壊した場合の数値計算は，越流部の河床・側岸侵食過程を反映した1次元河床変動計算（里深他，2007）により天然ダム直下における決壊時の土石流や洪水流のハイドログラフを作成し，1次元河床変動計算

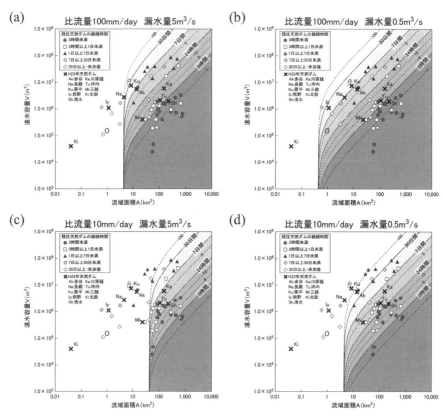

図 3.67 天然ダム越流までの時間と流域面積,湛水量の関係(横山他,2016)

や 2 次元氾濫計算により氾濫範囲を推定する.この想定した災害シナリオに基づき必要な砂防設備を計画する.

　天然ダム形成後に行うハード対策は,短時間に越流する場合は困難である.ハード対策の実施可否は,図 3.67 など湛水容量と流入量を規定する流域面積を参考に天然ダムの継続時間を考慮の上判断する.この判断を行うため,またソフト対策において越流を監視するため,天然ダムが形成されたら速やかに湛水池へ水位計を設置するなど水位観測体制を整えるとともに,湛水地への流入量,漏水量などの監視・観測体制を整備する必要がある.天然ダムの決壊形態は越流侵食による場合が多いため,天然ダムの継続時間から対策工事が可能と判断されたら,速やかに越流侵食を防止する対策を行う.閉塞土塊上に排水路を設置するほか,

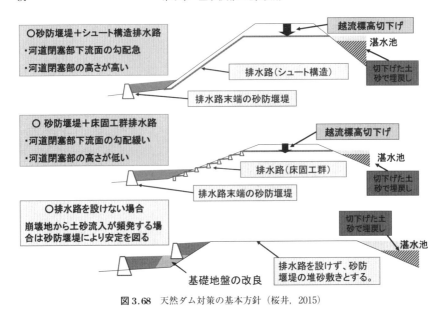

図 3.68 天然ダム対策の基本方針（桜井，2015）

越流の頻度を軽減するため，湛水池の水位を低く保つ暗渠排水管の設置も効果的である．なお排水路末端が破損すると，天然ダム脚部から侵食が生じて急激に天然ダム全体に進行する恐れがあるため，排水路末端の天然ダム脚部付近に速やかに砂防堰堤を整備することが必要である．さらに，天然ダムを決壊させる要因は湛水池からの越流水や浸透流であり，その要因を根本から解消するため，湛水池の埋め戻しや越流標高を切り下げて湛水池の消滅や規模の縮小を計画することが重要である．

以上のように，天然ダム形成後に実施するハード対策は，湛水池の埋め立てや越流標高の切り下げを行うとともに，閉塞土塊上への排水路の設置と脚部への砂防堰堤の設置が対策の基本であり，これらの構造物を天然ダムの高さや前面の勾配などの形状に応じて効果的に配置することが重要である（図 3.68）．

b. ソフト対策

ソフト対策は，深層崩壊発生や天然ダム決壊の切迫性に関する情報に基づく避難，深層崩壊による被害に関する土地の危険性に関する情報に基づく防災計画の作成に大きく分類できる．

深層崩壊発生の切迫性に関する情報提供については，深層崩壊発生の予測技術

が十分に確立されておらず，現在は行われていない．一方で，天然ダム決壊の切迫性に関する情報提供は，土砂災害防止法（土砂災害警戒区域等における土砂災害防止対策の推進に関する法律）に基づく土砂災害緊急情報により行われている．これは，天然ダムによる湛水，決壊に伴う土石流による重大な土砂災害が逼迫すると認められるとき，国が緊急調査を実施し，被害が想定される区域と時期を明らかにし，土砂災害緊急情報として，関係する都道府県知事や市町村長に通知するとともに一般に周知を行うものである．

土地の危険性に関しては，$1\,\mathrm{km}^2$程度の単位で深層崩壊の発生する渓流の危険度を評価する手法が開発され（土木研究所，2008），全国で調査や結果の公表が進んでいるため，この情報を活用することが考えられる．

3.8.6 今後取り組むべき技術課題

近年，相次いで発生した深層崩壊に対する調査研究，対策実績の蓄積，またリモートセンシング技術など関連する周辺分野の技術進歩もあり，深層崩壊の対策技術の向上に一定の進歩がみられた．しかし，発生予測に基づく効果的な対策を実施する上では，まだ十分とは言い難い．今後，深層崩壊の対策として取り組むべき課題は，以下に集約される．

①発生，崩壊土砂の移動機構の解明
②発生予測手法の確立と精度の向上（発生時期，箇所，規模，頻度など）
③対策手法の高度化

航空レーザ計測や空中電磁探査，人工衛星リモートセンシングの技術も活用しながら，発生機構の解明や発生予測手法の確立へつなげていくことが必要である．

〔桜井　亘〕

3.9　がけ崩れ

3.9.1　がけ崩れ災害の実態
a. 過去30年間のがけ崩れ災害

がけ崩れの崩壊規模は地すべりに比べ小さいが，局所的でしかも突発的に発生するため，住宅域とその周辺で起きれば大きな被害をもたらすことが多い．近年では，短時間に降る強雨が，都市部周辺の山麓部における住宅域で大きながけ崩れ災害を起こす事例が少なくない．

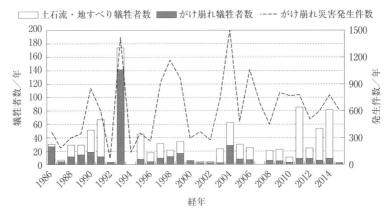

図 3.69 過去 30 年のがけ崩れによる災害発生の推移（砂防・地すべり技術センター，2015）

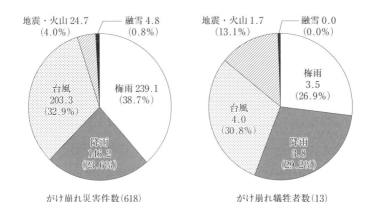

図 3.70 がけ崩れの年平均災害件数と年平均犠牲者数（砂防・地すべり技術センター，2015）

図 3.69 には，最近 30 年間（1986～2015 年）で発生したがけ崩れ災害に伴う死者行方不明者（犠牲者）数とがけ崩れ災害件数の推移を示した．これによれば，がけ崩れ災害の年間件数は，期間平均で年 618 件，最小は年約 100 件（1992 年），最大で年約 1500 件（2004 年）と大きく変動するが，最近 5 箇年は年間 600～700 件で推移している．犠牲者数は，期間平均で年 13 人，1993 年では年 140 人と突出するが，1986 年，2004 年には年 30 人前後と急激に減少する．犠牲者が突出している 1993 年は，鹿児島県において数回の梅雨前線による豪雨や台風の襲来があり，土砂災害全体で 105 名が犠牲になっている．ただし，土砂災害全体の犠牲

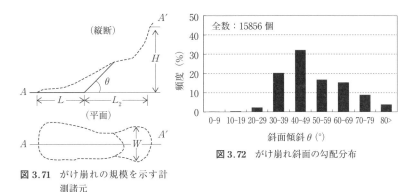

図 3.71 がけ崩れの規模を示す計測諸元

図 3.72 がけ崩れ斜面の勾配分布

者数にがけ崩れの犠牲者が占める割合は，1993 年以前は大きいが，2005 年以降は小さくなる傾向がみられる．

図 3.70 には梅雨，降雨（梅雨と台風を除く），台風，地震・火山，融雪をがけ崩れの誘因として，これらによる災害発生件数と犠牲者数を過去 30 年間の年平均値で示した．がけ崩れ災害件数は，梅雨と降雨，台風によるものが約 95% を占め，中でも梅雨は最も多く約 39%，次いで台風の約 33% となる．一方，がけ崩れ犠牲者数は，梅雨と降雨，台風で年間犠牲者の約 80% を占めるが，各々 27～30% であり大きな差はみられない．地震・火山による犠牲者は約 13% を示し，災害件数が占める割合 4% よりも大きいが，これは地震・火山による死者行方不明者が，梅雨と降雨，台風よりも多いことを示している．

b．がけ崩れの災害規模と崩土の移動距離

がけ崩れ災害に関するデータとしては，1972～2007 年に発生した全国 1 万 4000～1 万 7000 箇所について，地質，地形，植生，斜面の形状，高さ，傾斜角，崩壊規模，崩土の移動距離などが示されている（小山内他，2009）．これによれば，全体の平均値としてのがけ崩れの規模は，図 3.71 に示す位置で崩壊の高さ（H）12.8 m，崩壊の幅（W）15.3 m，崩壊の水平斜面長（L_2）14.9 m であり，その崩壊土量は 377.9 m^3 である．

図 3.72 には，同資料のデータを用い，図 3.71 に示すがけ崩れ斜面の傾斜（θ）の頻度分布を 10° ごとに示した．これによれば，斜面傾斜の頻度分布は 40～49° の範囲が最も大きく，全体の約 30% が含まれる．斜面の傾斜が 29° 以下は頻度 5% 未満であるから，30° 以上の斜面が全体の約 95% を占めることがわかる．急傾斜地法は，傾斜 30° 以上の斜面で崩壊の可能性がある区域を急傾斜地崩

壊危険区域に指定できるとしているが，傾斜30°以上とすることでほとんどのがけ崩れ斜面を含有できることがわかる．

がけ崩れ災害を抑制し被害を減少させるには，その被害範囲の予測が欠かせず，これにはがけ崩れの崩土が斜面下方に移動する範囲を定量化しておく必要がある．崩土の範囲は，従来から移動距離そのものではなく，

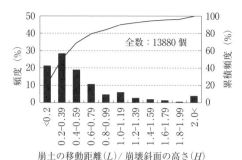

崩土の移動距離(L)/崩壊斜面の高さ(H)

図3.73 斜面高さ (H) に対する崩土の移動距離 (L) の比率

斜面高さに対する崩土の移動距離の比率で示す方法がとられてきた．図3.73には，横軸に0.2刻みで2.0までこの比率をとり，各々区間の頻度分布を示した．これから，全体の約80%は斜面下端からがけ崩れの高さ（H）と同じ距離（L）を移動していることがわかる．しかし，災害の発生を未然に防ぐには，崩土が及ぶほとんどの範囲を把握しておく必要がある．図3.73によれば，比率L/Hの値が2.0の時には約95%が含まれる．したがって，崩土によるがけ崩れ被害のおそれがある範囲は，その斜面の下端から斜面高さの2倍を有する区間であるといえる．

c. がけ崩れの発生メカニズム

がけ崩れのような土砂移動現象が発生するには，素因と誘因の両者のかかわりが不可欠である．ここに素因とは，山地や地盤が本来もっている性質で，地質や地形条件のことであり，誘因とは実際にその現象を引き起こす降雨，地震，火山噴火，人為など外部から作用する外的な力のことを指す（3.2節参照）．

がけ崩れや地すべりは，斜面傾斜が急で集水地形をなす場所で発生しやすいが，これは素因に関する特徴であり，実際にその現象が生ずるには，豪雨や地震といった外的な因子が加わらなければ発生しない．このような意味で素因はポテンシャル，誘因は引き金にたとえられる．

図3.74に示すように，斜面上の土塊には，重力によって常に斜面下向きに力（滑

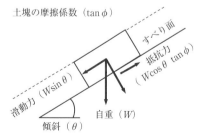

図3.74 斜面上にある土塊の釣り合いの模式図

動力) が働いているが, 土塊には摩擦力 (抵抗力) が斜面上向きに働き, 普段は両者が釣り合っている. しかし, 地震動や降雨浸透による地下水の上昇により, 斜面の状態が変化し釣り合いが失われた時, 斜面内のある深さ (崩壊深) にすべり面が形成され, その上部に載る土塊が急激に下方移動し崩壊が発生する. 崩壊発生後は, 多くの場合原型をとどめない崩土となり流下し, 斜面下端から崩壊高さの約2倍の範囲内に堆積し停止する.

d. がけ崩れ災害と法律制定

がけ崩れとは, 斜面表層が降雨や地震を誘因として地中のある面を境に突発的に崩落する現象をいう. 多くは急傾斜な斜面で発生し規模は小さいが, 移動速度は急速で崩壊土塊は原型をとどめない. 山地斜面で発生する山崩れと同義語であるが, 中山間地や市街地で起きる小規模なものを指すこともある (図 3.75).

図 3.75 豪雨により発生したがけ崩れ (静岡県葵区, 2011 年, 提供: 静岡県砂防課)

がけ崩れ災害は, 戦後の高度成長期を迎えた 1960 年代中頃から梅雨期や台風期に頻発した. これを受けて全国的に災害対策の要請が高まり, 1969 年に砂防三法の1つである急傾斜地法 (急傾斜地の崩壊による災害の防止に関する法律) が制定された. この法律は傾斜 30°以上の斜面で崩壊の可能性がある区域を急傾斜地崩壊危険区域に指定し, そこでの崩壊の助長や誘発のおそれのある行為の制限を定めた. また, 指定された区域で斜面所有者による対策工事が困難な場合には, 災害時の被害軽減を目的に自治体が擁壁工やのり面保護工などの崩壊防止施設を設置できることが明記された. しかし, 急傾斜地法の運用後も都市部周辺の山麓では市街化の進展により新たな危険箇所が増加し, 土砂災害の危険性を高めることになった.

その後, 1982 年に長崎市の豪雨災害で死者・不明者の約9割 (262 人) が土砂災害の犠牲者であったことを契機に, それまでの対策工の設置を主体とするハード対策から, 災害を回避する警戒避難体制の整備を主とするソフト対策を組み合わせた土砂災害対策の推進が取り上げられるようになった.

さらに, 1999 年に広島市や呉市の新興住宅地を中心に甚大な土砂災害が発生

したことを受けて，ソフト対策の法制化が重要視されるようになり，翌2000年に土砂災害防止法が制定された．

3.9.2　土砂災害の警戒避難とがけ崩れ防止工
a. 土砂災害警戒区域

土砂災害防止法では，がけ崩れは急傾斜地の崩壊に区分される．従来の砂防関連法（砂防法，地すべり等防止法，急傾斜地法）が土砂災害を防止する施設の整備を主とするのに対し，土砂災害防止法では住民の警戒避難や土砂災害危険区域を記したハザードマップの作成など被害区域の特定に重点が置かれている．この法律に基づいて，急傾斜地の崩壊が近隣住民の生命や身体に危害が生じるおそれがある区域は，図3.76に示すように土砂災害警戒区域に指定され，そこでは崩壊の危険性を周知するとともに警戒避難体制の整備を行うことになった．さらに，崩壊に伴う建築物の損壊で住民の生命や身体に著しい危害が及ぶ区域は，土砂災害特別警戒区域として開発行為を許可制とし，建築物には構造確認を求めるほか，既存住宅の移転には支援措置が設けられることになった．

土砂災害防止法による警戒避難体制の整備は，土砂災害を生ずる基準雨量の設定に関する研究進展を促すとともにその情報伝達についても改善を進めた．それまでは，気象庁が気象業務法に基づき大雨警報とともに土砂災害への警戒に関する情報を提供していたが，以後は市町村長による避難勧告などの発令を支援する情報として提供されることになった．また，2005年には，気象台と都道府県砂

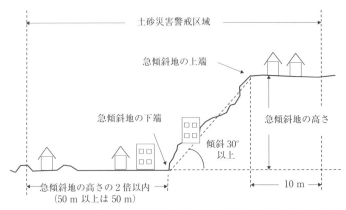

図 3.76　急傾斜地の崩壊における土砂災害警戒区域（国土交通省河川局河川水政課・砂防部，2002を改編）

防担当部局が共同で土砂災害警戒情報を発表するようになり，降雨時のがけ崩れに対する警戒避難体制が整った．その後，2014年には広島市北部で発生した土砂災害を受けて，避難勧告などが円滑に発令されるよう，市町村長に土砂災害警戒情報を通知することや一般に周知させることが義務付けられた．

b. 土砂災害警戒情報

土砂災害は，土層中に浸透した雨水が蓄えられた場所に強雨が加わると発生しやすいことから，土砂災害警戒情報は，過去の土砂災害の発生・非発生時の雨量データをもとに地域ごとに設定された予測モデルを用いて発表基準を定めている．

（1） 実効降雨を用いた土砂災害警戒情報 土砂災害の発生には発生時の降雨だけではなく，それ以前の降雨（前期雨量）が土層中にどの程度残存していたかが大きく影響する．一般に降雨時に地中浸透した雨水は，その後斜面方向に流動するか，地中の深い位置に達するため，さらなる雨水の供給量がなければ残存量は徐々に減少する．このため土層中で起こるがけ崩れや土石流の発生にかかわる度合いは，時間経過とともに低下することが予想される．そこで，土砂災害の発生に実質的に寄与する降雨量を次式のように実効降雨として定義し，これを土砂災害の発生に関する降雨指標とすることが考えられる．

$$\left. \begin{array}{l} R_t = r_t + a_1 \cdot r_{t-1} + a_2 \cdot r_{t-2} + \cdots\cdots + a_n \cdot r_{t-n} \\ a_i = 0.5^{i/T} \end{array} \right\} \quad (3.30)$$

ここに，R_t：時刻 t の実効雨量，r_t：時刻 t の時間雨量，$t-n$：降雨開始時刻，a_i：減少係数，T：半減期時間である．

図3.77は，ある観測所における4箇月間の時間雨量の記録を用い，降雨開始から半減期72時間と半減期1.5時間の実効雨量を求め，順次折れ線でつなぎ表示したものである．このように時々刻々の実効雨量を折れ線でつないだ線をスネークラインと呼んでいる．

土砂災害を生じなかった数多くのスネークラインを図3.77に示すようにプロットすれば，プロットされた領域内の実効雨量では，一般に土砂災害が発生する危険性は低いと判断される．逆に，ある降雨がこの領域界を超える場合には，それまで以上にがけ崩れを生ずる危険性が高い降雨と考えられる．このように，ある降雨によるスネークラインが領域界（領域界を直線で区分するとき，これをクリティカルライン（CL）と呼ぶ）を超えるか否かにより，がけ崩れの発生・非発生を区別することができる．さらにがけ崩れが発生した降雨のスネークラインがプロットされれば，それを基準としてより確度の高い予測結果が期待できる．

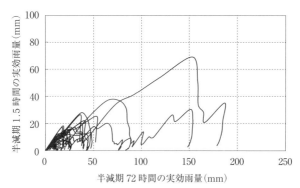

図 3.77 半減期 1.5 時間と半減期 72 時間の実効降雨量の対比例（アメダス観測所（2016 年 8 月〜11 月）の時間雨量記録を利用）

（2）ニューラルネットワークを用いた土砂災害警戒情報　土石流災害を含む土砂災害の警戒・避難情報を発信する時の基準雨量について，従来は図 3.77 に示すような線形 CL が多く用いられてきた．しかし，土砂災害の発生時の降雨量データが蓄積されないと，的中精度の向上は期待できないこと，また複雑な気象現象を式（3.30）のような線形関係でとらえることの妥当性，CL の設定が一部主観的であることなどの課題が指摘されていた．また実際に図 3.77 の方法で避難情報を出しても災害が発生しない「空振り」が多かった．このため，数学的な学習モデル（動径基底関数ネットワーク（RBFN））に過去の降雨量データと土砂災害の発生・非発生に関する実績データを適用し土砂災害の危険度を表す境界線（CL）を設定して，土砂災害警戒避難基準雨量を評価する方法が提案された（図 3.78）．この手法は，技術者の主観的判断を必要とせず，降雨と土砂災害データから客観的に発生と非発生の境界線を設定できるので，より適切な避難情報を提供できると考えられている．現在の土砂災害警戒情報は，図 3.78 に示した方法により都

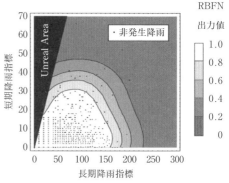

図 3.78 動径基底関数ネットワーク（RBFN）を用いた土砂災害警戒避難基準雨量の設定（国土交通省河川局砂防部，2005）

スネークラインが出力値の小さい領域に入ると土砂災害の発生の可能性が高くなることを示す．

道府県の砂防部局と地方気象台が連携してCLを設定し発表している.

c. がけ崩れ防止工

がけ崩れ災害の95％は，台風や梅雨期の豪雨を中心に降雨を誘因として発生していることから，その発生要因には降雨時における地表面侵食，土層の水分増による強度低下と重量増，間隙水圧の増加などがあげられる．したがって，がけ崩れ防止工は，斜面における水の処理が基本であり，地形や地下水状況などの自然条件を変化させ雨水の作用を受けにくくする抑制工，構造物を設け雨水の作用を受けても崩壊が生じないよう力のバランスをとる抑止工を主とする（表3.5）.

がけ崩れ防止工の計画，設計では，対象斜面の詳細な調査を行い崩壊要因と崩壊形態を把握するとともに，周辺の環境条件，施工実績，施工安全度，工費などを勘案し有効適切な工法を選択しなければならない．以下には代表的防止工として，擁壁工，のり枠工，アンカー工の3つについて簡潔に説明する.

（1）**擁壁工**　擁壁工は，人工斜面（のり面）や自然斜面において斜面の安定を目的に壁状に連続して設ける土留め構造物で，がけ崩れ防止工として多用される工法の1つである．主な工種には，機能と構築材料から重力式コンクリート擁壁，ブロック積み擁壁，もたれ式コンクリート擁壁，待ち受け式コンクリート擁壁などがある．また擁壁工は，単独に用いるよりもほかの抑止工（切土工，アンカー工）や抑制工（地下水排除工）で斜面全体の安定を図った上で，脚部安定やのり面途中の局部的な不安定箇所を抑止する目的で設置される．のり面の崩壊が直接抑止できない場合には，脚部から少し離して崩壊土砂を捕捉する待ち受け方式の擁壁工を設置する.

（2）**のり枠工**　のり枠工は，のり面上に設置した枠材と枠内を植生やコンクリートで被覆することにより，のり面の風化と侵食の防止を図るとともに崩壊を抑制するために用いられる．その工種には，現場打ちコンクリート枠工，吹き付け枠工とプレキャスト枠工，ブロック擁壁状枠工がある．のり枠の内部は，のり面保護工（植生工，吹き付け工，コンクリート張り工，コンクリートブロック張り工など）を用い被覆するが，景観や環境保全から積極的に植生の導入が図られる．現場打ちコンクリート枠工は，一般的にのり面勾配が1：1.0よりも急な場合や切土のり面の地盤が良好でない場合などに用いられる．吹き付け枠工は，枠材を地山の形状に順応させて張り付け，その後にコンクリートやモルタルを直接吹き付け施工する.

（3）**アンカー工**　不安定な表層土の地表から下位の安定した地盤までを削

表3.5 がけ崩れ防止工法の種類（池谷他, 2001を改編）

分類		主な目的	工種		工種細分
抑制工	抑制工(1)	雨水の作用を受けないようにする	排水工		地表水排除工
					地下水排除工
			植生によるのり面保護工		植生工
			構造物によるのり面保護工	張り工	石張り・ブロック張り工
					コンクリート版張り工
					コンクリート張り工
				のり枠工	プレキャスト枠工
					現場打ちコンクリート枠工
			その他		その他ののり面保護工
	(2)	雨水の作用を受けて崩壊する可能性の高いものを除去する	不安定土塊の切土工		切土工（A）
抑止工		雨水の作用を受けても崩壊が生じないように力のバランスをとる	斜面形状を整える切土工		切土工（B）
			擁壁工		石積み・ブロック積み擁壁工
					もたれコンクリート擁壁工
					重力式コンクリート擁壁工
					コンクリート枠擁壁工
			アンカー工		グランドアンカー工およびロックボルト工
			杭工		杭工
			押さえ盛土工		押さえ盛土工
その他		落石を防止する	落石対策工		落石予防工
					落石防護工
		崩壊が生じても被害が出ないようにする工種	待ち受け工		待受け式コンクリート擁壁工
		防止工施工時の防護工	仮設防護工		仮設防護柵工
抑制工と抑止工の両方の目的をもつ工種			柵工		土留め柵工
					編柵工

孔し鋼材を挿入した後，グラウト固定された先端部（アンカー体）と地表部の受圧版を緊結し崩壊を抑止する工法で，斜面災害の防止に用いる抑止工の中で代表的な工法の1つである．一般には，硬岩または軟岩ののり面で節理，亀裂があり表面の岩盤が剝離，崩落するおそれがある場合，のり面下部に人家が近接し切土工や待受け擁壁工が設置できない場合，のり面長が長く擁壁工などの安定性が低下する場合などに，コンクリート枠工，擁壁工などと併用して安定性を高める目

的で用いられる.　　　　　　　　　　　　　　　　　　　　　　　　〔土屋　智〕

3.10 雪　　　崩

3.10.1 雪崩とは

　雪崩とは,「斜面に積もった雪が重力の作用により斜面上を肉眼で識別できる速さで流れ落ちる現象」(日本雪氷学会,2014) と定義されている. 斜面には山腹斜面などの自然斜面だけでなく, 家屋の屋根や道路などの法面も含まれ, それぞれで発生する雪崩は屋根雪崩, 法面雪崩と呼ばれる.

　雪崩が発生すると, 発生頭部の破断面から流下路を経て堆積した雪崩堆積物(デブリ)までの痕跡が残る. 典型的な雪崩跡は図 3.79 のとおり発生区, 走路, 堆積区に区分されるが, 斜面の形状によっては走路が明瞭でなく発生区と堆積区だけになる場合がある.

　雪崩の堆積区の末端から発生点を直接見通した仰角を直接見通し角と呼び(単に見通し角と表現する場合もある), 雪崩が到達する危険性を考える目安として使われている. なお, 雪崩が平面的に屈曲して流下した場合は, その経路上の距

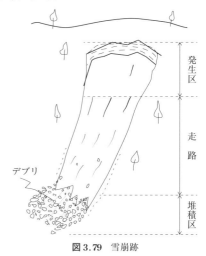

図 3.79　雪崩跡

離から換算した見通し角を間接見通し角と呼んで直接見通し角と区別することがある.

3.10.2 雪崩による被害の状況

　2007/08 年の冬期から 2016/17 年の冬期までに発生した雪崩の事故や災害のうち, 人的被害を伴った事例を表 3.6 に示す. 雪崩による死傷者は登山や山スキー中の被害が 8 割以上を占めているが, 被害者自身が雪崩の発生原因となっている場合も含まれていると考えられる.

　国土交通省の集計によると, 1977/78 年の冬期から 2015/16 年の冬期までに集落に被害をもたらした雪崩の発生件数は 148 件で, 死者・行方不明は 35 名であ

表 3.6 雪崩による人的被害の発生状況
(2007/08〜2016/17冬期)

種別	死傷者数	備考
登山	99	
山スキー	57	
スキー	10	
作業	8	道路の除雪，山菜取りなど
集落	4	
その他	4	
合計	182	

土木研究所雪崩・地すべり研究センターが新聞記事から収集した冬期ごとのデータを集計した．

る．このような雪崩の被害は豪雪時に多いが，2014年2月の関東甲信地域の豪雪のように人的被害や家屋被害には至らないものの，山間地の道路が雪崩で寸断されて集落が長期間孤立するような被害もたびたび発生している．

3.10.3 雪崩の分類
a. 発生区の状態による分類

雪崩にはいくつかの分類名称があるが，一般に用いられている日本雪氷学会(2014)の雪崩分類を表3.7に示す．この分類では，雪崩の発生区の観察によって確認が可能な雪崩の発生形（点発生・面発生），雪崩層の雪質（乾雪・湿雪），すべり面の位置（表層・全層）の3つの要素で区分され名称がつけられている．例えば，面発生湿雪全層雪崩や点発生乾雪表層雪崩などと呼ぶが，不明の要素（例えば雪崩層の雪質）があった場合はその部分を省略して面発生全層雪崩などと呼ぶ．

なお，大規模な雪崩では発生区の雪質が乾雪であっても走路では雪質が湿雪となることがあるが，雪崩層の雪質はあくまで発生区における雪質の乾・湿の区分による．これらの分類のうち，湿雪全層雪崩は春先の雪解け時期に多く発生し，乾雪表層雪崩は厳寒期に多く発生するが，面発生の場合は大規模になって集落やインフラに被害をもたらすことがある．

b. 運動形態による分類

雪崩の基本的な運動は，スラブ状（板状）に割れて移動を始めた斜面積雪が，相互に衝突と破砕を繰り返しながら細粒化しつつ密度の高い雪崩を形成し，乾雪

3.10 雪崩

表 3.7 雪崩の分類名称（日本雪氷学会，2014）

雪崩分類の要素	区分名	定義
雪崩発生の形	点発生	一点からくさび状に動き出す．一般に小規模
	面発生	かなり広い面積にわたりいっせいに動き出す．一般に大規模
雪崩層（始動積雪）の乾湿	乾雪	発生域の雪崩層（始動積雪）が水気を含まない．
	湿雪	発生域の雪崩層（始動積雪）が水気を含む．
雪崩層（始動積雪）のすべり面の位置	表層	すべり面が積雪内部にある．
	全層	すべり面が地面となっている．

		雪崩発生の形			
		点発生		面発生	
雪崩層（始動積雪）の乾湿	乾雪	点発生 乾雪表層雪崩	点発生 乾雪全層雪崩	面発生 乾雪表層雪崩	面発生 乾雪全層雪崩
	湿雪	点発生 湿雪表層雪崩	点発生 湿雪全層雪崩	面発生 湿雪表層雪崩	面発生 湿雪全層雪崩
		表層（積雪の内部）	全層（地面）	表層（積雪の内部）	全層（地面）
		雪崩層（始動積雪）のすべり面の位置			

の場合はさらに加速しつつ流下して，流速が一定の速度より速くなると雪煙が高く舞い上がる形態となる．

雪崩を運動で分類すると，雪煙を巻き上げながら流下する煙型雪崩，雪煙をあげずに流れるように流下する流れ型雪崩，両者の混合タイプである混合型雪崩の3つの形態がある．煙型雪崩は気温の低い時に発生する乾雪表層雪崩の場合に多くみられ，大規模な場合には煙の高さが100 mにも達することがある．流れ型雪崩は湿雪の場合にみられ，湿雪全層雪崩では重い湿雪が地表面を侵食して土砂や岩石を混入していることが多い．混合型雪崩は下層のすべり面付近の流れ層と，上層の雪煙り層と両者の中間の遷移部分である跳躍層から形成される（図3.80）．なお，外観上は煙型の雪崩にみえても，実際には雪崩の底面付近に高密度な流れがある混合型の雪崩であることが多い．

c. その他の雪崩

その他の雪崩の分類として，スラッシ

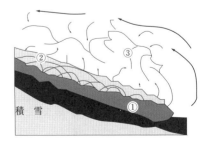

図 3.80 混合型雪崩の模式図（日本建設機械化協会・雪センター，2005）
①流れ層，②跳躍層，③雪煙り層

ュ雪崩，氷河雪崩，ブロック雪崩がある．

スラッシュ雪崩は大量の水を含んだ雪が流動するもので，富士山で大規模なものが観測されている．なお，同様な現象で渓流内を流下する場合は雪泥流と呼ばれている．氷河雪崩は氷雪崩とも呼ばれ，氷河が崩壊することで発生する．1962年にペルーのワスカラン氷河で発生したものは，この種の雪崩として最大規模と考えられている．ブロック雪崩は雪庇や雪渓などからブロック状の雪塊が崩落するもので，融雪末期や夏季に山岳斜面で発生して登山者や山菜取りの人を直撃する人身事故が発生している．

3.10.4 雪崩の発生

雪崩の定義のとおり，斜面上の積雪には重力によって斜面方向にすべり落ちようとする力（駆動力）が常に作用している．また，斜面上の積雪には雪粒子間の結合や樹木の引き抜き抵抗，地面との摩擦などの積雪を支えようとする力（抵抗力）が作用している．駆動力が抵抗力を上回った場合に雪崩が発生し，その条件は次の式で表される．

$$W \sin \theta > R \tag{3.31}$$

ここで，Wは積雪荷重，θは斜面の傾斜角，Rは抵抗力である．

駆動力が抵抗力を上回るパターンは，典型的に次の2つが考えられる．

a. 駆動力が増加して抵抗力を上回る場合

斜面上の積雪の駆動力が増加する原因としては，多量の降雪や吹きだまりの形成によって積雪荷重が増大することがあげられる．このような状況は厳寒期の大雪時に多くみられ，乾雪表層雪崩が多く発生する．

相対的に強度の低い弱層が積雪層内にある場合には，降雪による積雪荷重の増大や雪庇の崩落などの衝撃をきっかけとして，弱層をすべり面として雪崩が発生することがある．弱層となる雪質には，しもざらめ雪，表面霜，あられ，ぬれざらめ雪，雲粒（過冷却状態の水滴）の付いていない板状結晶で構成される広幅六花型の新雪などがある．

面発生乾雪表層雪崩はこのような弱層の破壊で発生する場合が多いが，気温が低く短時間に多量の雪が積もった場合には，弱層がなくても雪崩が発生することがある．斜面上の積雪層には，斜面方向のせん断応力とこれに垂直な圧縮応力が作用しているが，両者は降雪による上載荷重の増加とともに増大する．低温で降雪強度が大きい場合には，新雪の圧縮に伴うせん断強度の増加速度よりも降雪に

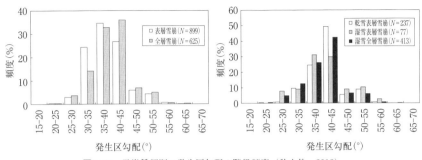

図 3.81 雪崩種類別の発生区勾配の階級頻度（秋山他，2012）
（左）雪崩層の雪質を考慮しない場合，（右）雪崩層の雪質を考慮した場合．

よるせん断応力の増加速度のほうが大きくなり，積雪が不安定になって面発生乾雪表層雪崩が発生する．

遠藤（1993）は，積雪の粘性圧縮理論とせん断強度の密度依存性の関係から，降雪強度を一定として様々な傾斜に対して斜面積雪が不安定になるまでの時間を導いている．例えば傾斜が $45°$ で降雪強度が $3.0\,\mathrm{kg/m^2/h}$（時間降雪深が $6\,\mathrm{cm}$ 程度）の場合，降雪が始まってから 3 時間後に雪崩が発生する危険な状態となる．

b. 抵抗力が低下して駆動力を下回る場合

斜面上の積雪の抵抗力が低下する原因としては，雪粒が融雪水や雨水などの水の浸透で融解変態を受けて肥大化して相互の結合力が脆弱化し，地表面付近の摩擦力が減少することがあげられる．このような状況は春先の融雪期に出現し，湿雪全層雪崩が多く発生する．

3.10.5 雪崩の発生しやすい地形・植生条件

a. 地形条件

地形条件と雪崩の発生との関係のうち，発生区の斜面勾配と雪崩の発生頻度との関係は数多くの調査事例があり，雪崩が発生する斜面勾配の範囲は $35 \sim 50°$ 程度が中心で，これより急になると小型の雪崩や肌落ち状の落雪になる．現地の雪崩調査や空中写真の判読データを含む 1600 件余りのデータを整理した秋山他（2012）の例を図 3.81 に示す．表層雪崩と全層雪崩いずれも斜面勾配が $30 \sim 45°$ の範囲で多く発生しており，表層雪崩は $35 \sim 40°$，全層雪崩は $40 \sim 45°$ の範囲が最も多い．湿雪と乾雪の区別では，乾雪表層雪崩と湿雪全層雪崩は $40 \sim 45°$ の範囲が最も多く，湿雪表層雪崩は $35 \sim 45°$ の範囲が多い．

b. 植生条件

斜面の植生状況は雪崩の発生に大きく影響する．積雪の移動に対する木本類の抵抗力は樹高，直径，立木密度や配置などによって異なるが，一般に樹高が高く埋雪しない樹木が高密度であるほど雪崩は発生しにくい．なお，全層雪崩は裸地斜面で発生しやすいが，丈の高いカヤなどの草本類に覆われた斜面のほうがより発生しやすい．

以上の地形や植生の条件を考慮して，雪崩の発生危険度として斜面勾配，積雪深，植生（樹高と樹冠密度の組み合わせ）の3つの要素の点数付けによる評価が行われている（日本建設機械化協会，1988）．

3.10.6 雪崩の運動
a. 雪崩の運動特性

前述のとおり，雪崩を運動形態によって分類すると煙型と流れ型および両者の混合タイプである混合型がある．

雪崩の流れ層全体の平均的な密度は，雪崩の厚さとデブリの観測結果から $60 \sim 90 \, \text{kg/m}^3$，雪崩の衝撃圧と速度の観測結果から $50 \sim 300 \, \text{kg/m}^3$，雪崩流下中の誘電率の変化から $100 \sim 400 \, \text{kg/m}^3$ などの報告がある（西村，2015）．雪煙り層の密度は，このような流れ層の密度よりもさらに小さくなる．

混合型雪崩は流れ層の上層が煙型，下層が流れ型で構成されているが，流れ層の速度は地形の凹凸や傾斜に応じて変化し，雪煙り層は下層の流れ層が停止した後もさらに長距離を流下する場合がある．湿雪全層雪崩で流れ型の雪崩の流下速度は最大で $30 \, \text{m/s}$ 程度であるが，乾雪表層雪崩で煙型の雪崩は $70 \sim 80 \, \text{m/s}$ まで達することもある．

雪崩のデブリは $10 \, \text{cm} \sim 1 \, \text{m}$ 程度の雪玉もしくは雪塊から形成されるが，通常は湿雪の雪崩のほうが雪玉の直径は大きく，標高差の大きい大規模な雪崩では流下中に多くの雪玉が結合した $1 \, \text{m}$ を超えるような雪塊が堆積している場合もある．

b. 雪崩の到達範囲

雪崩の到達範囲は雪崩の雪質や発生量，流下斜面の形状や障害物の状況によって大きく変化する．雪崩の到達の可能性（危険性）を示す指標としては，見通し角が用いられることが多い．多数の雪崩事例に基づく高橋の経験則（高橋，1966）によると，表層雪崩は $18°$，全層雪崩は $24°$ までの範囲が雪崩の到達危険

範囲で，表層雪崩のほうが遠くまで到達する危険があることがわかる．

雪崩の発生量と直接見通し角の関係（秋山他，2012）によると，雪崩発生量が多いほど直接見通し角は小さくなっている（図3.82）．直接見通し角は等価摩擦係数と同等と考えられ，この傾向は崩壊土砂と等価摩擦係数の関係と共通である．

c. 雪崩の衝撃力

雪崩を一様な流体と考えた場合，雪崩の衝撃力は速度や密度，流動深，衝突する構造物の形状などによって決定される．実際の雪崩は流動化した雪と雪玉，雪塊や空隙などから形成されるため，衝撃力の波形は雪塊などの衝突によって断続的に変化し，衝撃力は衝撃を受ける構造物の形状によっても変化する．

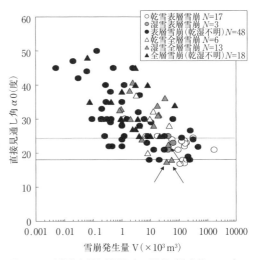

図3.82 雪崩発生量と見通し角の関係（秋山他，2012）矢印は水の影響が示唆される特別な事例.

雪崩防護工などの設計において，雪崩の衝撃力の算定は次の式が用いられている（日本建設機械化協会・雪センター，2005）．

①壁面類に対する衝撃力

$$P = \frac{\gamma_a}{g} A V^2 \sin^2\alpha$$

(3.32)

②柱類に対する衝撃力

$$P = \frac{\gamma_a}{2g} A V^2 C$$

(3.33)

ここで，Pは雪崩の衝撃力，γ_aは雪崩の平均単位体積重量，gは重力加速度，Aは雪崩の進行方向に直角な面積，Vは雪崩の衝突速度，αは雪崩の進行方向と衝突面のなす角，Cは衝撃を受ける面の形状による抵抗係数（円柱：0.3～1.2，角柱：1.1～2.0）である．

北米の研究事例では，雪崩の衝撃力がおおよそ30 kN/m^{2}を超えると人家など

の木造建築物が破壊されるといわれている（McClung and Schaerer, 2006）．

d. 雪崩の運動モデル

雪崩の運動モデルとしては，Voellmy（1955）の式が有名である．このモデルでは，雪崩を密度 γ，水深 h，勾配 θ の開水路の流れと考え，速度を U，重力加速度を g として運動量保存則を適用することで，動摩擦係数 μ と乱流摩擦係数 ξ の２つをパラメータとする次の式で表される．

$$\frac{du}{dt} = g\sin\theta - \mu g\cos\theta - \frac{g}{h\xi}U^2 \tag{3.34}$$

μ に対しては速度や密度との関係について，ξ に対しては湿雪雪崩と乾雪雪崩に対する最適な値について多くの検討が行われている．

Voellmy のモデルでは流下経路や流動深をあらかじめ設定する必要があるが，雪崩の面的な堆積範囲を算定することができない．このため，３次元の地形を対象として Voellmy の式を拡張し，空気の取り込みや粘着力の影響を反映した２次元の解析手法が開発され，実際に発生した多くの雪崩で検証することで適用性を高めたプログラム（RAMMS）が実用化されている．

また，雪崩は巨視的には流体的な挙動を示すが，微視的には多数の雪塊や雪粒子が相互作用しながら流れる運動であることから，連続体の方程式を基礎とした検討が行われており，地すべりなどを念頭に開発された Pitman and Nichita（2003）や張他（2004）などのモデルの雪崩への適用が検討されている（西村・竹内，2009；池田他，2012）．例えば，Pitman and Nichita（2003）のプログラムである TITAN2D では，重力を駆動力，雪崩の底面における摩擦および流れ内部の速度勾配に伴う内部摩擦を抵抗力と考えて，質量保存式と x 方向の運動量保存式をそれぞれ式（3.35）と式（3.36）で表している．

$$\frac{\partial h}{\partial t} + \frac{\partial hu}{\partial x} + \frac{\partial hv}{\partial y} = 0 \tag{3.35}$$

$$\begin{aligned}
&\frac{\partial hu}{\partial t} + \frac{\partial (hu^2 + 0.5k_{ap}g_zh^2)}{\partial x} + \frac{\partial huv}{\partial y} \\
&= g_xh - \frac{u}{\sqrt{u^2+v^2}}\left(g_z + \frac{1}{r_xu^2}\right)h\tan\varphi_{bed} - sgn\left(\frac{\partial u}{\partial y}\right)hk_{ap}\frac{\partial hg_z}{\partial y}\sin\varphi_{int}
\end{aligned} \tag{3.36}$$

ここで，u と v は x と y 方向の速度，g_x と g_z は重力加速度の x と z 方向の成分，r_x は底面の曲率の x 成分，k_{ap} は主働・受働土圧係数である．

TITAN2D では３次元の流れを準３次元的な２次元流れとして計算し，雪崩の

速度や高さ,広がりが算定できるが,計算には底面摩擦角（φ_{bed}）と内部摩擦角（φ_{int}）の2つのパラメータの値および雪崩の初期体積の設定が重要となる.

〔寺田秀樹・秋山一弥〕

第4章
観測方法と解析方法

4.1 地形解析

　現在の地形は，地質学的な長い時間スケールで起こっている地殻変動の過程の中で存在し，斜面の崩壊や地すべり，土石流は，その変動の一環として現れる地表変動現象である．したがって，ある地域で過去に起こった地表変動現象は，同じ地域で今後も起こる可能性が高い．まずは現在の地形を調べ，将来の地表変動を予測することで，発生しうる災害に対してあらかじめ対策を講じることができる．

　大石（1985）は，山地防災のための微地形判読要素を表4.1のように示した．これらの要素には，過去に変動した痕跡や，現在変動していることを示す地形，変動しやすい場所を示す不安定な地形が含まれており，その出現箇所や周辺では，豪雨や融雪，地震などによって土塊や土砂の流動が引き起こされやすい．まずは空中写真を実体視したり，空中写真から作成された地形図を判読したりして，これらの要素を抽出し，土砂災害の発生しやすい場所を見つけることが一般的に行われている．ただし現在の日本では山地を樹林が広く覆っており，空中写真からは地表の状況がわかりづらいことも多い．また空中写真の縮尺が小さい場合は，数十m以下の地形はとらえにくくなる．

　この状況を画期的に変えてきているのが，2000年代初頭より普及してきた，レーザ光を用いた測量技術である．例えば航空レーザ測量では，航空機からレーザ光を地上に高頻度で照射し，個々の光が返ってくる時間を距離に換算することにより，標高を計測する．照射したいくつかのレーザ光は，植生間を通りぬけて地上に到達することから，樹林があったとしても地表の測量が可能となった．この測量では数十cmの間隔でレーザ光は地上に到達するので，計測データより詳細な地形図を作成することができ，例えば表層崩壊であれば滑落崖などの過去の崩壊跡が明確に把握できるようになった．図4.1は2014年に土石流が発生した広島市安佐南区の例である．2010年に実施された航空レーザ測量による地形図

4.1 地形解析

表 4.1 山地防災のための微地形判読要素（大石，1985）

地域	地形単位	微地形判読の要素
侵食地域	一般山地	1. 傾斜変換帯と傾斜変換線 　1) 侵食小起伏面（あるいは高位平坦面），山麓緩斜面などの縁辺部 　2) 山砂利などの高位堆積面縁辺部 　3) マスムーブメントによる山腹緩斜面縁辺部 2. 局地的な傾斜変換点 3. 組織地形 4. 断層による擾乱地形 5. 地震による崩壊地形と潜在的荒廃地形 6. 巨大崩壊跡地形，地すべり性崩壊地形 7. 地すべり地形 8. 特殊な岩質に由来する特殊な崩壊地形 9. Gravitational fracture 地形 10. リニアメントと水系パターンの乱れ 11. 支川の不調和合流
	高山地	1. 裸岩斜面，崖錐 2. 岩海 3. 氷河性堆積地形 　1) モレーン 　2) アウトウォッシュ段丘
	火山地	1. 裸岩斜面，崖錐 2. 溶岩台地 3. ガリ，若い侵食谷，V字谷 4. 爆裂などによる擾乱地形 5. 後火山作用を受けた地形 6. 火山山麓緩斜面の侵食地形 　1) 扇状地類似地形 　2) 溶岩流，火砕流の堆積地形 7. カルデラから流出する谷
	山麓地	1. 崖錐および押し出し地形 2. 山麓緩斜面 　1) ペディメント 　2) 断層崖下の緩斜面 　3) キャップロック下部の緩斜面 　4) ケスタ前斜面の緩斜面
	埋積谷	1. 未開析の堆積谷 2. 開析された堆積谷 3. 河岸段丘 　1) 高位段丘 　2) 中位，低位段丘 4. 土石流段丘，土石流堆 5. 火山活動に伴う堆積谷 6. 地すべり，巨大崩壊に伴う堆積谷
堆積地域	台地	1. 火砕流台地の侵食谷 2. 火山泥流台地の崖線 3. 洪積台地の開析谷壁，谷頭
	段丘	1. 海岸段丘の開析谷 2. 河岸段丘の侵食地形 3. 河岸段丘上の堆積地形
	扇状地	1. 扇面上のインターセクションポイント 2. 段丘化した扇面と開析谷 3. 自然堤防状の微高地と天井川 4. 扇面の凹地，旧流路 5. 活断層による変形扇面 6. 扇状地流路の蛇行

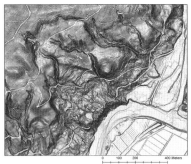

図4.1（左）（上）2010（平成22）年取得の航空レーザ測量による広島市安佐南区の地形図とその拡大図，（下）2014（平成26）年8月の災害直後の空中写真（地理院地図）
破線は滑落崖と判読された箇所．

図4.2（右）2010（平成22）年取得の航空レーザ測量による北海道平取町にある地すべり周辺の地形図

では，斜面にすでに崩壊跡が多くみられ，下流には土石流扇状地が広がることから，同様の現象が災害以前にも発生していたことが窺える．地すべりの場合も，航空レーザ測量を行うことで，ブロックの輪郭や，斜面がゆっくりと変動している際に出現する水みちの分断や数 m 単位の微細な亀裂をとらえることができる（図4.2）．

　なお，近年は衛星や航空機から電磁波を地上に照査する計測技術である合成開口レーダ（Synthetic Aperture Rader：SAR）による詳細な測量も行われるようになってきた．SAR による計測は天候や昼夜を問わないことが大きな利点である．植生下の計測はできないものの，地震や豪雨で広域に被害が及んだ時，迅速にその状況を把握できる手段として活用が期待されている．

　地形判読に加えて，その地域の地表変動に特有な地形の特徴がわかれば，その特徴を利用して地表変動を起こしやすい場を特定できる．山地防災の分野において斜面の地形の特徴を定量的に示すには，斜面の向き，傾斜角，曲率，地表の粗度などの地形量がある．例えばある特定の方角を向いている斜面に崩壊が集中している時は，崩壊は地層の走向や傾斜の影響を受けて発生していることが多い．また曲率は地形の凹凸を表し，集水のしやすさの指標となる（図4.3）．ほかに

も集水のしやすさの指標としては，Beven and Kirkby（1979）によって提案された TWI（Topographic Wetness Index）がある．斜面のある地点における TWI は，分母に周辺の斜面勾配，分子にその地点までの集水面積をとった分数の対数によって表される．過去に発生した崩壊と，これらの地形量や土地利用などとの関係を統計的に

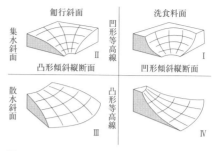

図 4.3　Troeh による斜面のタイプの分類（町田，1984）

求め，その関係から将来崩壊が発生しやすい場所を示した図が崩壊危険度分布マップ（landslide susceptibility map）である（図 4.4）．ここで信頼性の高いマップを作成するためには，まずはその地域に特有の地表変動のプロセスを現地調査などで明らかにし，プロセスを反映するために最適な地形量や他のコントロール因子を選択する必要がある．

得られた地形情報は，現在は地理情報システム（Geographical Information System：GIS）を用いてコンピュータ上で処理することが一般的である．GIS で代表的なソフトウェアは ArcGIS であるが，無料のソフトウェアとしては QGIS

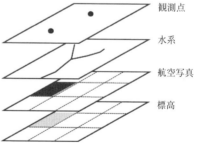

図 4.4（左）　和歌山県那智川流域の崩壊危険度分布マップ

黒で表された斜面が，崩壊の危険度が高いと推定される．

図 4.5（右）　GIS 模式図

GIS では，様々なレイヤーを，位置を基準に重ねていく．

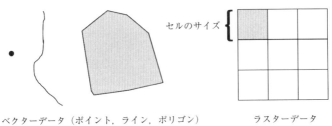

図 4.6 GIS で取り扱うベクターデータとラスターデータ

も普及している．GIS では，標高や土地利用，交通網や植生などの様々な地理情報を，位置を基準に重ねて取り扱う（図4.5）．地理情報を数値情報化（デジタル化）することにより，従来は手作業で行われていた作業が，広範囲を対象に迅速に実施できるようになった．

　この地理情報には，位置や形を示す空間的情報と，内容を示す属性情報がある．空間的情報を表すには，3D データ，ベクターデータ，ラスターデータ，の 3 種のデータモデルがある．3D データは，地理情報を立体的に表現するためのデータである．一方，ベクターデータは，点（ポイント），線（ライン），面（ポリゴン）で表される情報である（図4.6）．例えば，気象観測点は点，沢は線，崩壊地の形状は面で表されることになる．これらの属性データとしては，観測点の種類，沢の長さ，崩壊の面積などがそれぞれあげられる．ラスターデータは，格子状に並んだセルで表されるデータである（図4.6）．各セル内に，位置および属性情報が格納され，属性データには，個々のセルが独立した値をもつ不連続な主題データと，標高や気温などセル間での値が連続する連続データがある．例えば砂防の分野で頻繁に使用される衛星画像や航空写真のデータは，連続データである．

　現在は技術の発達により，衛星画像であっても解像度（セルのサイズ）が 30 cm と，航空レーザ測量の際に取得されるオルソ写真画像と大差がなく詳細な情報を得られるようになった．ラスターデータの属性値が標高となるのが数値標高モデル（Digital Elevation Model：DEM）である．DEM は地形解析の基礎データモデルであり，実際の計測点群に格子データをかぶせ，その中心にあたる標高値を近傍の計測点の標高値より内挿補間することで作成される（図4.7）．したがって，属性値をセル全体で表すほかのタイプのラスターデータとは異なり，DEM の場合はセルの中心点が値となる．DEM があれば，近傍のセルの標高値

を用いることにより，各地形量の計算を迅速に進めることができる．例えばあるセルにおける勾配の値は，周辺の8セルの南北方向と東西方向の勾配から計算される．なお DEM を用いて地形解析を行う際には，扱うセルサイズを十分に検討しなければならない．近年は，航空レーザ測量の普及により，セルのサイズが1mの DEM も手に入るようになった．しかし例えば，山腹斜面で1mごとの曲率を求めても，斜面を細かく区切りすぎることで，崩壊に関与するような集水性を表す地形の指標とはなりえないことがある．定量化したい地形を地形図で確認

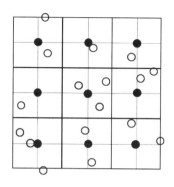

○　計測点
●　セルを代表する標高値

図 4.7　DEM の概念図

しつつ，解析に最適なセルサイズを決定することが重要である．もし同箇所で異なる時期の測量データから作成した DEM があれば，各セルにおいてそれぞれの測量が実施される間の期間に生じた標高の変化を求めることができる．すなわち，災害前後に計測が行われていれば，斜面の崩壊による土砂生産量や，土石流による渓流の侵食や堆積量も，そのような差分解析で推定が可能である．渓流に設置してある堰堤上流部に堆積した土砂量を求めることで，災害時の施設の評価にも用いることができる．ただし DEM の標高値は必ずしも正の値ではないので，得られた差分の値には誤差が含まれることは留意しなければならない．

　GIS 上ではこれらの情報をまとめて処理できるため，地表変動現象を総合的に理解しやすくなる．斜面から河川までの土砂変動プロセスも空間的に一度に取り扱えることから，今後の水系砂防の分野での活用も期待される．ただし GIS での情報処理を，解析の目的に沿うように的確に実行するには，個々の地表変動現象のプロセスに対しての知識が不可欠である．

　なお，本節の航空レーザ測量データの提供は国土交通省中国地方整備局，国土交通省北海道開発局による．空中写真は，地理院地図（国土地理院電子国土 Web）より引用した．

〔笠井美青〕

4.2 水 文 解 析

4.2.1 斜面における雨水の浸透・流出プロセス

　森林が生育した斜面（林地斜面）にもたらされた雨水は，その一部が樹冠によって捕捉された後，蒸発で失われる（遮断蒸発），葉・枝・幹から滴下する，もしくは幹を伝って地表に到達する（樹幹流）．樹冠に捕捉されない雨と葉・枝・幹から滴下する雨も地表に達する成分であるが，これらをあわせて樹冠通過雨と呼ぶ．なお下層植生が繁茂する場合には，樹冠通過雨の一部はさらに下層植生による捕捉・分配のプロセスを経て，その一部が地表に到達することになる．以上のようにして地表に達した雨水は，地表面や地中を移動して，最終的に河道に流出する．

　雨水が地表に供給される強度が，地中に浸透する強度よりも大きい場合には，浸透しきれない水が地表面を斜面下方に向かって流下する．このような水の移動はホートン型地表流と呼ばれ，表面流出の一形態を成している（図4.8）．ホートン型地表流は，植生が未成熟な斜面や林道など，地表の透水性が小さい場所で大量に発生する．これに対して林地斜面では，一般に透水性が大きいためホートン型地表流は発生しない．ただし間伐が遅れたヒノキ林などにみられる下層植生

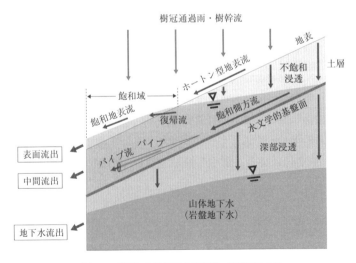

図 4.8　斜面における雨水の浸透・流出プロセス

や落葉・落枝の堆積層（リター層）が十分に発達していない斜面では，雨滴の衝撃が土壌を目詰まりさせてホートン型地表流を引き起こすことがある．

　ホートン型地表流とならずに土層に浸透した水は，より深い層に向かって移動する．一般に林地斜面の表層部は，粗大孔隙に富む森林土壌から成り，その透水性は雨水が浸透する強度に比べて大きいため，この水移動は不飽和状態（保水や透水に有効な孔隙のうち，一部のみが水で満たされた状態）で起きることから，不飽和浸透過程と呼ばれている．

　林地斜面の透水性は，深さとともに低下する傾向がある．透水性が浸透強度に比べて小さくなる深度まで雨水が到達すると，飽和状態（保水や透水に有効な孔隙のすべてが水で満たされた状態）となり，一時的な地下水帯が形成される．このような深度を連ねた面は水文学的基盤面とも呼ばれ，地表からこの面までを水文学的な意味での土層と定義することができる．水文学的基盤面より深い部分は，土壌生成作用をあまり受けていない堆積物，岩盤，もしくはそれらの風化物などから成る．水文学的基盤面上に形成された一時的な地下水は，斜面下方に向かって移動し河道に流出する（図4.8）が，この土層内の流れを飽和側方流と呼び，この流出形態を中間流出と呼ぶ．飽和側方流は，降雨開始前に土壌が湿っている，土壌の保水性が小さい，土層が薄いなどの理由によって，不飽和浸透過程において土層内に捕捉される雨水の量が少ないほど発生しやすい．

　飽和側方流は，斜面下流側でより多く集積する．このため，飽和側方流が流れる一時的な地下水帯の水面は，斜面下流側にいくほど浅くなる傾向があり，河道に達する前に地表面と交差してしまう場合がある．このようにして土層全体が飽和したエリアは飽和域と呼ばれる．また，飽和側方流の地表への湧出は復帰流と呼ばれる．飽和域で地表に供給された雨水は地中に浸透せず，復帰流として供給された水とともに飽和地表流となってただちに表面流出するため，飽和域は雨水の速やかな流出を引き起こす流出寄与域となっている．土層が薄くその透水性が小さな場所ほど，飽和域になりやすい．地形的には，斜面勾配が小さく集水面積が大きい場所ほど，飽和域になりやすい．降雨の増減に応じて飽和域が拡大・縮小し，それに応じて流出量が変動する，との捉え方は変動流出域の概念（variable source area concept）と呼ばれ，降雨時の流出を説明する重要な概念の1つになっている．

　土層内において飽和側方流が集中する箇所では，土粒子が次第に洗い流されることによって，連続した管状の大孔隙（パイプ）が発達することがある．パイプ

は，モグラ，ミミズ，サワガニなどの小動物が掘った穴，生きた植物根の周囲にできた間隙，枯死腐朽した植物根の痕などがきっかけとなって形成される場合もある．パイプが発達した斜面では，パイプの中の流れ（パイプ流）が飽和側方流を速やかに流出させるため，中間流出の役割が表面流出に比べて大きくなる．山地源流域には，このようなパイプが発達した斜面に加え，透水性の極めて大きな森林土壌を有する斜面や，急勾配の斜面が多く存在し，いずれにおいても飽和域の発生・拡大が抑制される．このような斜面では，流出形成における変動流出域の概念の重要度は小さく，浸透雨水が飽和側方流に変換されるプロセスや飽和側方流の流下プロセスの重要度が大きい．

降雨が終了するとホートン型地表流はただちになくなり，飽和地表流も次第に消滅していく．水文学的基盤面より深い部分の透水性が小さい場合には，降雨後も水文学的基盤面上に側方流が維持されるが，飽和状態の流れから不飽和状態の流れへと変化していく．この側方流による流出は降雨後も長期間継続し，遅い中間流出と呼ばれることもある．ただし実際の林地斜面では，水文学的基盤面は不透水面でないことが多く，降雨時の浸透水の一部や無降雨時の浸透水の多くがこの面を通過してさらに深部に浸透し，山体内部にある地下水（山体地下水もしくは岩盤地下水）を涵養した上で，長期間かけて河道へと流出する（地下水流出）．

さらに降雨後には，土層に張り巡らされた植物根系により水分が吸収され，蒸散により失われる．また，地表面からの蒸発によって失われる水分もあるが，林地斜面では少量であることが多い．蒸発散による土壌の乾燥化は，それに続く降雨イベント時の流出プロセスに影響を及ぼす．特に，不飽和浸透過程において土層内に捕捉される雨水の量が増えるため，飽和側方流の発生が遅くなったり量が減少したりする．

斜面への水供給が降雪による場合には，上記した雨水の浸透・流出プロセスに加え，積雪，融雪，積雪層内の水移動プロセスを考慮する必要がある．加えて，土壌の凍結は透水性の低下をもたらし，浸透・流出プロセスを変化させることに注意が必要である．

4.2.2　ハイドログラフと流出解析

以上のように雨水は種々のプロセスを経て斜面から流出し，山地河川の流出波形を形成する．流出強度の時系列を示した図はハイドログラフと呼ばれ（図4.9b），これに対し降雨強度の時系列を示した図はハイエトグラフと呼ばれてい

る（図4.9a）．

ハイドログラフはその形状に基づいて直接流出と基底流出に分離される（図4.9b）．直接流出は，河道に直接降った雨と，斜面からの表面流出および中間流出から成り，降雨に伴って速やかに上昇し洪水流出波形の主要部を形成する．一方，降雨波形に対する応答が緩慢な基底流出は，遅い中間流出と地下水流

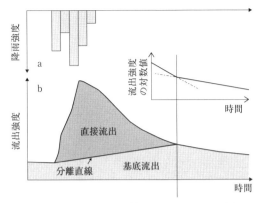

図 4.9 ハイエトグラフ (a) とハイドログラフ (b)

出から成る．強度は比較的小さいが長期間継続する流出成分であり，水資源や河川環境を検討する上で重要である．直接流出と基底流出の分離法には各種ある（例えば，日野・長谷部，1985；福嶌，1992）が，減水時の流出強度を対数で表示したグラフにおいて，逓減率が大きく変化する時刻（複数あるうちの最後の時刻）までを直接流出継続期間と仮定し，図4.9に示した直線を用いて行われることが多い．ただし，この時刻を降雨イベントごとに抽出する作業が煩雑であるため，分離直線の傾きを一律に設定することもよく行われる．

降雨イベントごとの総降雨量に対する総直接流出量の割合は，総降雨量が多くなるほど増加する傾向がある．またこの割合は，降雨イベント直前に流域が湿潤な状態にあるほど大きくなる傾向がある．なお，洪水流出を解析する場合に，直接流出を形成する降雨の成分は有効降雨と呼ばれる．有効降雨にならないのは，遮断蒸発で失われる，不飽和浸透過程で土層内に捕捉される，もしくは遅い中間流出や地下水流出となる成分であり，その総量を損失雨量という．

ハイエトグラフに基づきハイドログラフを算出することを流出解析と呼び，種々の手法が提示されている．合理式（rational formula）は，洪水到達時間内の平均降雨強度からハイドログラフのピークを算出するものであり，砂防堰堤の水通しなどの設計の際に，計画洪水流量を見積もる手法として用いられる．単位図法では，単位時間に単位強度で降った有効降雨が流出する際のハイドログラフ（ユニットハイドログラフ）を用いて，各時間ステップに降った有効降雨によるハイドログラフを求め，それらを足し合わせることによって，一連の降雨に対するハイドログラフを算出している．貯留関数法は，流出強度と見かけの流域貯留

量との間に一価の関係を仮定した上で，有効降雨強度と流出強度の差が流域貯留量の時間変化率に等しいとした水収支式と連立させて解くことによって，ハイドログラフを算出する手法である．タンクモデルは，流域を穴の開いたタンクとみなし，雨水の貯留と流出を算出する手法である．タンクの穴の大きさや位置（底からの高さ），複数のタンクの配列を変えることにより，様々な流域の流出特性を柔軟に表現できる特徴がある．3個のタンクを直列につないだ三段タンクが用いられることが多く，上段，中段，下段タンクからの流出が，それぞれ表面流出，中間流出，地下水流出を模している．

4.2.3 水文観測
a. 流量（ハイドログラフ）

山地河川の横断面において，流速と断面積を継続して計測することにより，両者の積として流量の変動を求め，ハイドログラフを描くことができる．断面積は水位観測などにより定められ，流速の計測には，超音波流速計，電波流速計，画像処理法などが用いられる．

水理構造物による手法では刃形堰が頻繁に用いられ，越流水深から流量が算出される．全幅堰，四角堰，直角三角堰が一般的である（図4.10）が，より複雑な横断形状をもつものも使用される．堰の設置は河川を横断方向に遮蔽するため，上流側へのせき上がりや，水中の異物の滞留・閉塞が問題になることがある．ま

図4.10 直角三角堰（左）およびパーシャル・フリューム（右）による流量観測
京都大学信楽試験地ならびに不動寺試験地

た河川勾配が小さいと設置・計測が難しい．このような場合には，パーシャル・フリュームが用いられる（図4.10）．さらに，精度は落ちるが，砂防堰堤の水通しや水抜き孔の水位を計測し，流量換算する場合もある．

小渓流の流量，湧水量，表面流量などについては，あらかじめ加工した箱型の堰を現地に据え付けることが行われる．直角三角堰（切欠き角度90°）に加え，小さな流量を精度よく測るために，切欠き角度60°や30°の堰が用いられることもある．パイプを用いて導水し，転倒ます型流量計，羽根車式流量計，電磁式流量計，超音波式流量計などで計測することもできる．

b. 蒸発散量

林地斜面における蒸発散量は，樹冠から大気への水蒸気輸送量を定量化することによって求めることができる．微気象学的手法として，気温，湿度，風速，放射収支，地中貯熱量などの観測データを用いて推定を行うボーエン比法，傾度法，バルク法などがあるが，近年は，乱流による水蒸気輸送量を直接観測する渦相関法（乱流変動法）が一般的な手法となっている．

流域単位の蒸発散量は，水収支法を用いて推定できる．すなわち，ある期間の総降水量と総流出量を観測すれば，両者の差としてその期間の総蒸発散量を求めることができる．ただしこの計算においては，流域内に貯留されている水の量が期間の最初と最後において等しくなければならない．算定期間を1水文年とすれば，年間蒸発散量が推定される．短期水収支法では，期間をより短く設定することで，蒸発散量の季節変化が推定される．

遮断蒸発量は，林外雨量から樹冠通過雨量および樹幹流量を差し引くことで求められる．樹冠通過雨量は空間的に大きな不均一性を示すことが多いため，雨量計の総受水面積を大きく設定して計測する必要がある．樹幹流については，調査区域内の全木もしくは代表木を対象として，降雨中に幹を伝って流下する雨水をトラップしその量を計測する．

蒸散量は，ヒートパルス法，茎熱収支法（幹熱収支法），熱消散法（グラニエ法）などを用いて，樹液流速を計測することにより推定することができる（熊谷，2007）．地表面からの蒸発量の計測には，ライシメータ法などが用いられる．

c. 土壌水分

土壌水分の連続計測には，電気抵抗法，熱伝導率法，中性子散乱法や，γ線密度計を応用する方法などが用いられるが，近年では，土壌の誘電率測定に基づく方法が最も普及している．物質の誘電率を真空の誘電率で除した値は比誘電率と

呼ばれ，土壌を構成する水，土粒子，空気の中では，水が圧倒的に大きな値をもつ．これを利用して，土壌の比誘電率から体積含水率 θ（単位体積の土壌に含まれる水の体積）を求める式が提案されている．比誘電率の計測には，静電容量法，TDR 法，TDT 法，FDR 法，ADR 法などがあり，種々のセンサが市販されている．多くのセンサは，θ の値で ± 0.03 の測定精度を満たすとされる（井上，2004）．

d．圧力水頭，地下水位

林地斜面内部の水移動にかかわるエネルギーとしては，通常，重力ポテンシャルと圧力ポテンシャルが考慮され，両者の和である水理ポテンシャルの高いほうから低いほうへ向かって雨水流動が起きるとされる．水の単位重量当たりのエネルギーを考えた場合，各ポテンシャルは長さの次元をもつ水頭で表され，

$$h = z + \phi \tag{4.1}$$

と記述される．ここで，h：水理水頭，z：重力水頭，ϕ：圧力水頭であり，z は任意の基準面からの高さを表している．ϕ の基準は大気圧であり，地下水面で 0，地下水帯内部で正，不飽和土壌で負となる．雨水流動の定量化を行うには，ϕ の空間分布や時系列を計測することが重要である．

ϕ の計測に用いられるテンシオメータと呼ばれる装置（図 4.11）では，先端にセラミック製のポーラスカップが付いたパイプを埋設し，脱気水を充填して密閉する．パイプの地上の端付近には，負圧を計測できる圧力センサを取り付ける．パイプ内の水は，ポーラスカップの微小な孔隙を通じて周囲の水と圧力的に連結するため，センサで計測される圧力（水頭表示）を p（< 0），ポーラスカップ中心とセンサの高低差を H（> 0）とすると，ポーラスカップ中心の深さにおける圧力水頭 ϕ を p と H の和として求めることができる．

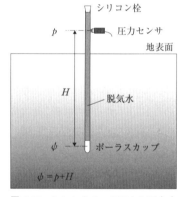

図 4.11 テンシオメータによる圧力水頭 ϕ の計測

地下水位の計測は，斜面にボーリング孔を掘削し水位センサを設置することで行われる．ただし，ボーリング孔に被圧地下水が流入する場合や，ボーリング孔を介して異なる地下水帯が連結する場合などには，孔内水位は自然状態の地下水位と一致しなくなる．特定深度の水圧のみを計測するためには，孔内に挿入する

測定用パイプの当該深度のみにスクリーン（地下水が流入できる隙間を指し，ストレーナとも呼ばれる）を設け，ほかの深度ではパイプと孔壁の間にベントナイトやセメントミルクなどの遮水材を充填する処理が必要となる．このような観測孔は，ピエゾメータとも呼ばれる．

e. 土層厚

土層の厚さの計測には，図 4.12 に示した簡易貫入試験機が用いられることが多い．円錐（コーン）形の先端部をもつ金属棒を，錘を自由落下させることにより与える衝撃で地面に貫入させ，土壌硬度の鉛直分布を計測する機器である．測定原理は同じであるが，コーンの直径が 30 mm のもの（土研型の貫入試験機），コーンの直径が 20 mm，錘の重量が 2 kg のもの（長谷川式土壌貫入計）など，別の機器も使用され，細部の寸法や形状も図 4.12 とは異なっている．コーンの直上に水分計を取り付け，体積含水率の鉛直分布を同時に計測する機器もある（Kosugi et al., 2009）．

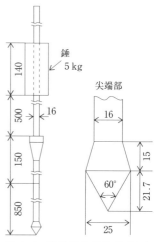

図 4.12 簡易貫入試験機（大久保・上坂，1971 をもとに作成）
長さの単位は mm．

土壌硬度は，10 cm の貫入に必要な錘の落下回数で表されることが多く，N_c，N_{10}，N_d などと表記される．土層厚の特定や土層の分類において，いずれの硬度を閾値とするかについては，様々な検討事例がある（逢坂，1996）が，統一的な基準を定めるまでの十分な知見は得られていない．土壌の透水性や強度定数（内部摩擦角，粘着力）などとの対比により，斜面ごとに適切な閾値を用いる必要がある．

f. 土壌の保水性と透水性

土壌の保水性は，ある圧力水頭 ψ に対し，その土壌がどのような体積含水率 θ を示すかによって表される．この ψ と θ の関係は水分特性曲線（図 4.13a）と呼ばれ，その測定には，土柱法（砂柱法），吸引法，加圧法，遠心法，蒸気圧法などが用いられる（西村他，2004）．湿潤な気候下にある林地斜面の土壌は，ψ がおよそ -10^3 cm 以上の比較的湿った状態にあることが多い．この圧力水頭の領域では，毛管力が水の保持に支配的な役割を果たしているため，土壌の保水性は孔隙径分布の特徴に大きく依存している．例えば図 4.13a に示した粗粒土壌では，

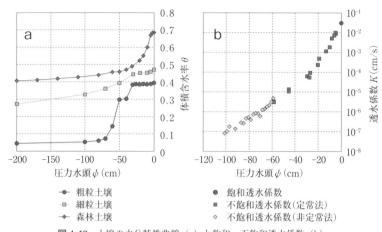

図 4.13 土壌の水分特性曲線（a）と飽和・不飽和透水係数（b）
粗粒土壌は，豊浦標準砂．細粒土壌は，伊豆大島のレス層の土壌．森林土壌は，六甲山落葉広葉樹林の A 層の土壌．(b) の透水係数は，(a) の森林土壌についての計測結果．

$-70\,\mathrm{cm}<\psi<-30\,\mathrm{cm}$ の領域で θ が大きく変化しているが，これは孔隙サイズが比較的揃っているためである．一方，孔隙径分布の幅が広い細粒土壌では，ψ の低下に伴い θ が徐々に減少している．さらに，大きな孔隙を大量に有する森林土壌では，$-30\,\mathrm{cm}<\psi$ の領域における θ の変化が大きくなっている．

地下水帯（$\psi\geqq0$）の土壌は飽和状態にあり，このときの θ は飽和体積含水率と呼ばれる．ψ が負になっても空気侵入値と呼ばれる圧力水頭までは，飽和状態（あるいは飽和に近い状態）が保たれ，地下水面上に形成されるこのような領域は毛管水縁と呼ばれる．空気侵入値は，最大孔隙径が大きい土壌（例えば図4.13a の森林土壌）ほど大きくなり，0 に近づく．

斜面の透水性の評価では，地表面に散水したり円筒を打ち込んで給水したりする方法で，単位時間における単位面積当たりの浸透量（浸透能）を計測することが多い．ただし浸透能は，実験初期の土壌水分状態，散水・給水の方法，地表面より下の土壌の状況などの影響も受けるため，必ずしも透水性を厳密に計測しているわけではない．物理的な雨水流動の解析で用いられる土壌の透水性は，バッキンガム・ダルシー則における透水係数 K で表される．

バッキンガム・ダルシー則は，土壌中の水分フラックス（単位断面積，単位時間当たりの流量）が水理水頭 h の勾配に比例することを表しており，その比例定数に相当するのが透水係数 K である．例えば鉛直 1 次元の流れの場合，鉛直

上向きを正とする z 軸に関し，水分フラックス q は次式で表される．

$$q = -K\left(\frac{\partial h}{\partial z}\right) = -K\left(\frac{\partial \psi}{\partial z}+1\right) \tag{4.2}$$

バッキンガム・ダルシー則は，地下水流動を記述するダルシー則を不飽和領域にも拡張したものであり，K は θ や ψ に依存して変化する（図4.13b）．土壌が飽和状態のときの K は飽和透水係数 K_s と呼ばれ，不飽和状態のときの透水係数（不飽和透水係数）と区別される．K_s は定水位試験や変水位試験によって比較的簡単に計測できる．不飽和透水係数の計測法は大きく定常法と非定常法に分類され，種々の手法が提案されているが，いずれも K_s の計測に比べ煩雑である．

一般に林地斜面の K_s は深さとともに減少する．大まかにいうと，K_s が 10^{-2} cm/s（360 mm/h に相当）より大きければ雨水はほぼ無制限に浸透でき，10^{-5} cm/s より小さいと極めて小規模な降雨でも一時的な地下水帯を発生させると考えられる．太田（1992）は，K_s が 10^{-4} cm/s 程度より小さくなる深度を連ねた面を，実質的な水文学的基盤面（図4.8）と考えることができるとしている．

g. 観測事例

林地斜面における土層厚，圧力水頭，水分フラックスの観測事例を口絵3に示した．この例では，口絵3a の□の位置に計21本のテンシオメータを設置して圧力水頭 ψ の測定を行った．また，長谷川式土壌貫入計で土壌硬度を計測し，N_c = 30 を境界として表層と下層に区分した上で，各層から試料を採取し透水係数 K を定めた．これらの ψ と K を用い，バッキンガム・ダルシー則により水分フラックスを算定することができる．ここでは，斜面をテンシオメータ設置位置を頂点とする三角形領域に分割し表層と下層に区分した（口絵3a）上で，各領域のフラックスベクトルを求めた．以上の結果，下層の飽和帯が表層内部にまで拡大し，斜面下方に向かう大きな水分フラックスが生じている様子（口絵3b）が明らかとなった（Masaoka et al., 2016）．

h. その他

物理探査は，主として地上での計測結果に基づき，地質区分，地層区分，断層や破砕帯の位置といった水文プロセスにかかわる地下構造や，地下水分布などを間接的に把握する手法として用いられ，弾性波探査，表面波探査，電気探査，地中レーダ，電磁探査などが実施される（毎熊他，2004）．渓流水，湧水，地下水の温度，電気伝導度，シリカ濃度，各種イオン濃度，安定同位体比などは，斜面内部の雨水流動経路の推定に用いられる．

4.2.4 水文モデル

4.2.2項では，ハイドログラフの算出を目的とした流出解析について述べた．一方，流域内部における雨水流動の空間分布を考慮することにより，ハイドログラフに加え，地下水位，圧力水頭，土壌水分などの時空間変動を算出する水文モデルには，以下のようなものがある．

キネマティックウェーブ法は，等価粗度法，雨水流法とも呼ばれ，斜面下方へ向かう地表流や飽和側方流を，水流の運動式と連続式（水収支式）を組み合わせて解く手法である．運動式としては，地表流でマニングの抵抗則，飽和側方流でダルシー則が用いられることが多い．この手法では，斜面における地表流や飽和側方流の水深分布を，各時刻について算出することができる．一般的に不飽和浸透過程の解析はモデルに組み込まれず，有効降雨がただちに飽和側方流になるものとして計算が行われる．河道内の水流についても同様に計算でき，複数の斜面を河道で結合することにより，流域を対象としたモデル化が行われる．

斜面要素集合モデルや浸透斜面ブロック集合モデルなどと呼ばれるモデルでは，流域を細かな区画に分割し，各区画に標高，土層厚，土壌の保水性・透水性，雨量，蒸発散量などの情報を与えた上で，隣接する区画間の水流に関する運動式と，各区画の水収支式を連立して解いている．これにより，区画ごとの地下水位や含水率の時系列が算出される．各区画内で，不飽和浸透過程を厳密な手法もしくは簡略化した手法で解くモデルがある一方で，含水率の鉛直分布を考慮せず区画全体の平均含水率を用いて計算を進める簡便なモデルも提案されている．

計算機や数値解析技術の発達に伴い，リチャーズの式を解くことにより斜面内部の雨水流動を解析するモデルも多用されるようになっている．リチャーズの式は，バッキンガム・ダルシー則に基づく水分フラックスの運動式を水収支式と組み合わせたもので，z を鉛直上向きとする直交座標系 (x, y, z) において次式で表される．

$$C\frac{\partial \psi}{\partial t} = \frac{\partial}{\partial x}\left(K\frac{\partial \psi}{\partial x}\right) + \frac{\partial}{\partial y}\left(K\frac{\partial \psi}{\partial y}\right) + \frac{\partial}{\partial z}\left[K\left(\frac{\partial \psi}{\partial z}+1\right)\right] - T \qquad (4.3)$$

ここで，t：時刻，T：植物根系による吸水強度である．透水係数 K は圧力水頭 ψ の関数として表される（図4.13b）．さらに C（比水分容量）は，水分特性曲線（図4.13a）の傾き（$d\theta/d\psi$）であり，これも ψ の関数である．雨量や蒸発散量を与えた上で，式（4.3）を差分法や有限要素法を用いて解くことにより，各時刻における ψ の3次元分布が算出され，それを用いて地下水位や土壌水分の

分布を知ることができる．ただし実流域規模でのリチャーズの式を用いたモデル化には，高度な解析に見合う高精度の入力データを如何に準備するか，計算精度を保ちつつ如何に効率よく数値解析を行うか，などの解決すべき課題が残されている．

4.2.5 林地斜面の複雑な水文現象

　実際の林地斜面では，種々の複雑な水文現象が起きており，最新の研究で観測やモデル化が精力的に進められている．

　地表への雨水供給に関しては，大量の樹幹流を根元周辺の土壌に供給する樹木が存在することが確認されている．その結果，斜面内部において局所的な地下水位上昇が引き起こされることがある．

　不飽和浸透過程においては，土壌が水をはじく性質（撥水性）が雨水の挙動に大きく影響する場合がある．撥水性の要因として，リターや菌糸などに由来する有機化合物が土粒子をコーティングすることが指摘され，日本では，ヒノキ林の土壌で比較的強い撥水性が計測されることが多い．撥水性によって雨水浸透が阻害された結果，本来は大きな透水性を有する林地斜面であっても地表流が発生する場合がある．さらに，撥水性は土壌の乾燥に伴い強くなる傾向があるため，降雨前の土壌水分量が少ないほど浸透量が減って地表流が増えるという，通常とは逆の現象がみられることがある．

　ホートン型地表流については，観測を行う区画の斜面長が長くなるほど，単位面積当たりの流出量が減少することが報告されている．これは，いったん発生した地表流が斜面を流下する途中で地中に浸透することを示唆しており，雨水供給量の時間的な変動，微地形や土壌特性の空間不均一性が原因として指摘されている．

　斜面において山体内部に多くの雨水が浸透し，山体地下水の湧出が地表付近の水文プロセスに大きな影響を及ぼす場合がある．一例として口絵3bでは，赤丸で囲ったベクトルが示す山体地下水の湧出が，表層内における飽和帯の形成や斜面下方に向かう水分フラックスの形成に大きくかかわっている．山体地下水は，基底流の涵養や深層崩壊の発生に支配的な影響を及ぼしているが，直接流出波形の形成や表層崩壊の発生にも関与する可能性が指摘されている．〔小杉賢一朗〕

4.3 河川水理解析

4.3.1 開水路の定常流

豪雨時の河川の流れや河床変動の解析は，洪水災害や土砂災害の予測，砂防施設の効果などの検討に使われる．これらの解析では水理学や土砂水理学が基礎となるが，砂防分野が主に対象とする山地河川では特徴的な流れや河床形態がみられるので，それを考慮した解析が必要になる．流れには定常流と非定常流があり，ここでは開水路の定常流について述べる．

a. 基礎式

開水路の1次元定常流を解析するための基礎式は，図4.14を参考にして，式 (4.4) の水の質量保存則（水の連続式）と式 (4.5) のエネルギー保存則である．

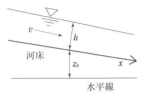

図 4.14　1次元流れの説明図

$$\frac{\partial Q}{\partial x} = \frac{\partial Av}{\partial x} = 0 \tag{4.4}$$

$$-\frac{\partial}{\partial x}\left(\alpha \frac{v^2}{2g} + h\cos\theta + z_b\right) \equiv i_e = \frac{\tau_b}{\rho g R} \tag{4.5}$$

ここで，Q：流量，v：断面平均流速，A：流水断面積，α：エネルギー補正係数，h：水深，θ：河床傾斜角度，z_b：河床位，i_e：流水のエネルギー勾配，τ_b：河床表面の単位面積に働く摩擦抵抗力，g：重力加速度，x：流れ方向の座標である．

エネルギー勾配は抵抗則を用いて表すことができ，マニングの抵抗則を用いると式 (4.6) から求められる．

$$v = \frac{1}{n} R^{2/3} i_e^{1/2} \tag{4.6}$$

ここで，R：径深，n：マニングの粗度係数である．径深は流水断面積を潤辺で割ったもので，幅が広い場合 R は h とほぼ等しい．

式 (4.4) 〜 (4.6) から次の水面形方程式が得られる．

$$\frac{dh}{dx} = \frac{\sin\theta - i_e + (\alpha Q^2/gA^3)(\partial A/\partial x)}{\cos\theta - (\alpha Q^2/gA^3)(\partial A/\partial h)} \tag{4.7}$$

4.3 河川水理解析

幅の広い一様な矩形断面に対し，α は 1 に近いとし，後述の式 (4.9)，(4.10) を用いると，式 (4.7) は式 (4.8) のように変形される．

$$\frac{dh}{dx} = \tan\theta \frac{1-(h_0/h)^{10/3}}{1-(h_c/h)^3} \tag{4.8}$$

ここで，h_0：等流水深，h_c：限界水深である．

等流は「水深や流速が流れ方向に変化しない流れ」であり，その時エネルギー勾配 i_e は河床勾配 i_b に等しくなる．したがって，等流水深は，幅の広い矩形断面では川幅を B とすると，式 (4.6) より式 (4.9) のようになる．限界水深は式 (4.8) からわかるように水面勾配が無限大になる時の水深であり，緩勾配から急勾配に河床勾配が遷移する点や堰の越流部などで発生する．限界水深は式 (4.7) の分母を 0 と置くことで求められ，式 (4.10) のようになる．

$$h_0 = \left(\frac{nQ}{B\sqrt{i_b}}\right)^{3/5} \tag{4.9}$$

$$h_c = \sqrt[3]{\frac{1}{g}\left(\frac{Q}{B}\right)^2 \frac{\alpha}{\cos\theta}} \tag{4.10}$$

水深が限界水深より大きい流れを常流，小さい流れを射流と呼ぶ．また，等流水深が限界水深より大きく常流になるような水路を緩勾配水路と称し，射流になる場合急勾配水路と定義される．両者が等しい時は限界勾配水路という．

いま，フルード数を $F_r = v/\sqrt{gh\cos\theta/\alpha}$ で表すと，式 (4.10) より $F_r < 1$ の時に常流，$F_r > 1$ の時に射流となる．

b. 抵抗則

山地河川の特徴は，河床勾配が大きく相対水深（水深/河床材料の粒径）が小さいことである．このような河川の抵抗則は下流河川のものと異なり，マニングの粗度係数は山地河川では大きくなる．このような特徴について，一般に下流河川の粗面で適合する式 (4.11) に示す平均流速の対数則を用いて検討されている（芦田他，1978）．

$$\frac{v}{u_*} = \sqrt{\frac{8}{f}} = 6.0 + \frac{1}{\kappa}\log_e \frac{R}{k_s} \tag{4.11}$$

ここで，f：摩擦損失係数，u_*：摩擦速度，k_s：相当粗度高さ，κ：カルマン定数であり，カルマン定数は清水流では 0.4 である．k_s は河床材料の平均粒径 d_m 程度の値をとる．摩擦速度は $u_* = \sqrt{\tau_b/\rho}$ で表され，河床の単位面積に働く摩擦抵

抗力を速度の次元で表現したもので，式 (4.5) の関係を用いると，$u_* = \sqrt{gRi_e}$ となる．式 (4.11) は v, R, i_e と粗度の関係式であり，マニングの式と同様のものである．

図 4.15 は水路実験から v, R, k_s を計測し，f と d_m/R を求め，式 (4.11) と比較したものである．急勾配で相対水深が小さい（d_m/R が大きい）ほど，摩擦損失係数 f は下流河川で適合する式 (4.11) より大きくなることを示している．図中の τ_{*m} は平均粒径 d_m に対する無次元掃流力（後述の式 (4.16) を参照）である．

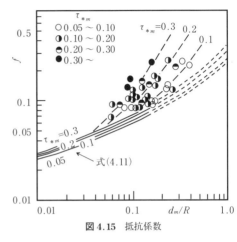

図 4.15 抵抗係数

c. 解析法

河川の水理解析は基本的に水面形を求めることであり，これにより水位や流速だけでなく，流砂量の計算に基づいて河床変動解析を行うことができる．定常流を対象にすれば，式 (4.7) または式 (4.8) の常微分方程式を適当な境界条件のもとに解くことで水面形を求めることができる．

境界条件を与える点が計算開始点になり，そこから差分法を用いて計算を進めるが，水理学的特性を考えて計算方向について次のように注意しなければならない．すなわち，水深 h の水面に与えられた擾乱は速度 $\sqrt{gh}$ で周囲に伝播される．したがって，流速 v の流れでは速度 $v \pm \sqrt{gh}$ で伝播するため，$F_r = v/\sqrt{gh} < 1$（常流）の時は擾乱が上下流に伝わり，$F_r = v/\sqrt{gh} > 1$（射流）の時は擾乱が下流に伝わる．ただし，$\alpha = 1$，$\cos\theta = 1$ としている．これは常流では下流の影響が上流にも伝わり，射流では上流の影響が下流に伝わることを意味する．このことを考慮して，常流では上流向きに，射流では下流向きに計算を進める．

図 4.16 は急勾配，限界勾配，緩勾配の水路に対する等流水深と限界水深の位置関係を示したものである．h_c の線上では $F_r = 1$ であるので，h_c の線より河床側が射流，反対側が常流になる．図 4.16 は各領域で生じる水面形の概形 S, C, M を示したもので，急勾配水路で発生する 3 つの水面形を S_1, S_2, S_3 と呼び，限界勾配水路のものを C_1, C_2, C_3，緩勾配水路のものを M_1, M_2, M_3 と呼ぶ．

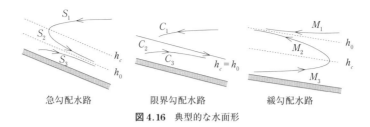

図4.16 典型的な水面形

境界条件の位置は堰などの構造物の地点，上下流の十分離れた点などであり，これらが計算の出発点になる．その点から計算の方向と水面形の形の特徴に注意すれば，水面形の概形を手描きで表すこともできる．

d. 常射混在の流れ

急流河川に砂防堰堤を設置すると，上流区間は射流，堰上げ区間は常流となり両者が混在する．この場合，射流から常流に遷移する点で跳水が発生し，不連続に水深が変化する．跳水前の水深 h_1 と跳水後の水深 h_2 の比は，跳水前のフルード数を F_{r1} とすると，運動量保存則から次のように求められる．

$$\frac{h_2}{h_1} = \frac{1}{2}(\sqrt{1+8F_{r1}^2}-1) \tag{4.12}$$

図 4.17 は一様な急勾配水路に堰を設けた時の水面形を示したものである．上流から射流の S_2 または S_3 線を下流に向けて引き，堰の位置から S_1 線を上流に向けて線の形状の特徴に気を付けて引き，式 (4.12) を満足する位置で跳水が発生するとすれば，跳水の位置および水面形を描くことができる．

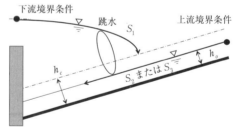

図4.17 急勾配水路における堰堤上流の水面形

4.3.2 河床変動解析

土砂災害の予測，砂防構造物の機能評価，流域土砂管理などの問題に対して，河床変動解析が必要になる場合が多い．現在は1次元解析だけでなく2次元解析も行われるようになり，汎用性のある計算ソフトも国内外で開発されている．ここでは，最も基本的な1次元解析法について説明する．

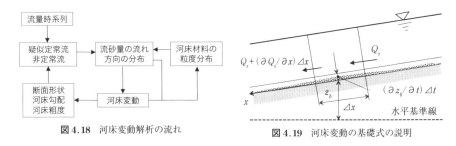

図 4.18 河床変動解析の流れ　　図 4.19 河床変動の基礎式の説明

a. 基礎式

河床変動は流砂量の流れ方向の変化によって発生する．図 4.18 は河床変動解析の一般的なフローである．一般に流量は一定ではなく，非定常流の解析が必要であるが，式 (4.4) の水の連続式，式 (4.5) の流水のエネルギー式を用いて疑似定常（流量が変化しても，各流量に対して定常とする）を仮定して流れの解析を行うことも多い．この結果と河床材料の粒度分布から流砂量の流れ方向の分布が計算される．次に，河床材料の空隙率および川幅を一定とすれば，河床における砂礫の質量保存則（流砂の連続式）は図 4.19 を参考にして式 (4.13) のようになるので，流砂量の x 方向の変化から河床変動が解析される．

$$\frac{\partial z_b}{\partial t} + \frac{1}{(1-\lambda)B}\frac{\partial Q_s}{\partial x} = 0 \qquad (4.13)$$

ここで，λ：河床材料の空隙率，Q_s：全幅に対する流砂量である．流砂量は掃流砂量と浮遊砂量の和として求められる．

河床材料が混合砂の場合，河床材料の粒度分布も変化する．この変化を解析するモデルとして，平野 (1971) の交換層モデルが代表的である．平野は河床表層に河床材料の平均粒径から最大粒径程度の厚さの層（交換層）を考え，交換層における粒径階（粒度分布を分割したときの各粒径範囲のグループ）ごとの砂礫の質量保存則から，次のような粒度分布の時間変化の算定式を求めている．ここでは，河床低下する場合は交換層の下の砂礫が交換層に取り込まれる量も考慮している．

$$\frac{\partial z_b}{\partial t} \geqq 0: \qquad \frac{\partial}{\partial t}(p_k) = -\frac{1}{\delta(1-\lambda)B}\frac{\partial Q_{sk}}{\partial x} - \frac{p_k}{\delta}\frac{\partial}{\partial t}(z_b) \qquad (4.14)$$

$$\frac{\partial z_b}{\partial t} < 0: \qquad \frac{\partial}{\partial t}(p_k) = -\frac{1}{\delta(1-\lambda)B}\frac{\partial Q_{sk}}{\partial x} - \frac{p_{k0}}{\delta}\frac{\partial}{\partial t}(z_b) \qquad (4.15)$$

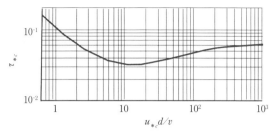

図 4.20 掃流限界の条件

ここで，p_k：粒径階 k の砂礫の交換層の河床材料に占める割合，p_{k0}：交換層の直下の層における p_k，δ：交換層の厚さ，Q_{sk}：粒径階 k の流砂量である．

河床変動解析は空隙率を一定とするのが一般的である．しかし，河床材料が大きな礫で構成され，そこに細砂が供給されるような場合，細砂が大きな砂礫の空隙を埋めながら流下することが考えられる．このような現象は，ダムの下流側で粗粒化した河床にダムから細砂を排砂する場合にみられる．この場合，空隙率一定という仮定は成り立たないため，空隙率を変数とした解析法も提案されている（藤田他，2008）．

b. 掃流砂量

河床表面には流水に対する摩擦抵抗力 τ_b が作用しているが，それは河床表面の砂礫に掃流力として作用する．また，河床表面の砂礫の掃流力に対する抵抗力は，単位面積に存在する砂礫の水中重量に比例する．したがって，掃流限界（掃流砂が発生し始める状態）や掃流砂量の式は次の掃流力と抵抗力の比を表す無次元掃流力の関数となる．

$$\tau_* = \frac{\tau_b}{(\sigma-\rho)gd} = \frac{u_*^2}{(\sigma/\rho-1)gd} \tag{4.16}$$

ここで，d：河床砂礫の粒径，σ：砂礫の密度である．

図 4.20 は一様砂の掃流限界を表すシールズ曲線を示したもので，τ_{*c} は無次元限界掃流力，u_{*c} は掃流限界に対する摩擦速度，v：水の動粘性係数である．横軸の砂粒レイノルズ数 $u_{*c}d/v$ は流水中の砂礫の抗力係数が砂粒レイノルズ数の関数となることに起因しており，掃流限界は砂粒レイノルズ数にも影響されるが，およそ $u_{*c}d/v > 100$ の範囲では $\tau_{*c} = 0.05 \sim 0.06$ 程度である．

混合砂の場合，粒径の小さな砂は大きな粒径の礫の遮蔽効果を受け移動しにくく，大きな礫は相対的に河床の上部に位置するため大きな流体力を受けるので移

動しやすくなる．Egiazzaroff (1965) はこれらの効果を考慮して，粒径別掃流限界式を提案し，芦田・道上 (1972) は，実験によって次に示す $d_i \leq 0.4\,d_m$ の場合の式を修正した．

$$\frac{u_{*ci}^2}{u_{*cm}^2} = \frac{(\log_{10} 19)^2}{(\log_{10} 19\,d_i/d_m)^2}\frac{d_i}{d_m} \qquad (d_i > 0.4\,d_m) \tag{4.17}$$

$$\frac{u_{*ci}^2}{u_{*cm}^2} = 0.85 \qquad (d_i \leq 0.4\,d_m) \tag{4.18}$$

ここで，d_i：粒径階 i の代表粒径，d_m：河床材料の平均粒径，u_{*ci}：粒径階 i の砂礫の掃流限界摩擦速度，u_{*cm}：平均粒径の砂礫の掃流限界摩擦速度であり，次式で求められる．

$$\frac{u_{*cm}^2}{(\sigma/\rho - 1)gd_m} = 0.05 \tag{4.19}$$

掃流砂量式は多くの研究者により提案されている．たとえば，芦田・道上 (1972) は Bagnold (1957) の粒子を含む流れの研究から次式を提案している．

$$\frac{q_{bed}}{\sqrt{(\sigma/\rho-1)gd^3}} = 17\,\tau_{*e}^{3/2}\left(1 - \frac{\tau_{*c}}{\tau_{*}}\right)\left(1 - \sqrt{\frac{\tau_{*c}}{\tau_{*}}}\right) \tag{4.20}$$

ここで，q_{bed}：単位幅当たり掃流砂量（ある断面を単位時間当たりに通過する空隙を含まない砂の体積），τ_{*e}：無次元有効掃流力で $u_{*e}^2/((\sigma/\rho-1)gd)$，$u_{*e}$：有効摩擦速度である．

有効摩擦速度を考慮している理由は，河床波が存在する場合，流れが失うエネルギーは河床における摩擦と河床波の背後に形成される渦により生じるので，式 (4.5) のエネルギー勾配は河床波の影響で平坦河床の場合より小さくなるからである．芦田・道上 (1972) はこの効果を考慮して，下記のような有効摩擦速度の式を提案している．

$$\frac{v}{u_{*e}} = 6.0 + 5.75 \log \frac{R}{d(1+2\tau_{*})} \tag{4.21}$$

芦田他 (1978) は芦田・道上の研究をさらに進め，山地河川のような急勾配水路に適用できる式 (4.22) を提案している．勾配が大きくなると抵抗係数が大きくなり，砂礫に作用する流速が小さくなり掃流砂量が減少するが，この式はそれを考慮している．

$$\frac{q_{bed}}{\sqrt{(\sigma/\rho-1)gd^3}} = \frac{12-24\sqrt{i_b}}{\cos\theta}\tau_*^{1.5-\sqrt{i_b}}\left(1-0.85\frac{\tau_{*c}}{\tau_*}\right)\left(1-0.92\frac{u_{*c}}{u_*}\right) \quad (4.22)$$

なお，τ_{*c} は次式で計算される．

$$\tau_{*c} = 0.04 \times 10^{1.27 i_b} \quad (4.23)$$

混合砂の場合，河床材料に含まれる粒径階 i の砂礫の割合を求め，式 (4.20) や式 (4.22) にその割合をかけて粒径別掃流砂量を計算し，その合計として全掃流砂量を求める．

c. 浮遊砂量

浮遊砂量や浮遊限界の支配パラメータとして，砂礫の沈降速度 w_0 を摩擦速度で割った w_0/u_* が用いられる．これは，鉛直方向の乱れ強度（乱れ速度の標準偏差）が摩擦速度と同程度であるので，摩擦速度が大きいほど沈降速度を超えるような大きな乱れ速度が発生する確率が大きくなり，浮遊砂が活発になるためである．浮遊限界の目安としては次式が用いられる．

$$\frac{w_0}{u_*} = 1.0 \quad (4.24)$$

1 次元流れの場合，単位幅当たりの浮遊砂量 q_{sus} は浮遊砂濃度分布 $C(z)$ と流速の鉛直分布 $u(z)$ の積を浮遊砂層の下限高さ（河床表面から高さ a）から水深にわたって水面方向 z に積分することで算定される．

$$q_{sus} = \int_a^h C(z)u(z)dz \quad (4.25)$$

濃度分布は拡散方程式から計算されるが，等流の場合，拡散方程式は次式のようになり，これに境界条件を与えると解くことができる．

$$-w_0\frac{\partial C}{\partial z} = \frac{\partial}{\partial z}\left(\varepsilon_z\frac{\partial C}{\partial z}\right) \quad (4.26)$$

ここで，ε_z：拡散係数で，一般に渦動粘性係数 ε に比例するとして $\varepsilon_z = \beta\varepsilon$ で表される．流水のせん断力は流速の鉛直勾配と ε を用いて $\tau/\rho = \varepsilon(du/dz)$ で表され，せん断力の直線分布 $\tau = \tau_b(1-z/h)$ と前述した $\tau_b = \rho u_*^2$ という関係式，さらには流速分布に対数分布則を用いると次式が求められる．

$$\varepsilon_z = \beta u_* \kappa z\left(1-\frac{z}{h}\right) \quad (4.27)$$

河床付近の濃度 C_a を浮遊砂層の下限での濃度とし，水面で浮遊砂のフラックスがないものとすると，境界条件は次式のようになる．

$$z = a ; \quad C = C_a \tag{4.28}$$

$$z = h ; \quad \frac{dC}{dz} = 0 \tag{4.29}$$

この条件で式 (4.27) を解くと，次のラウス分布 (Rouse, 1938) が導かれる．

$$\frac{C(z)}{C_a} = \left(\frac{h-z}{z} \frac{a}{h-a} \right)^z \tag{4.30}$$

ここで，$Z = w_0/(\beta \kappa u_*)$ である．

式 (4.27) の拡散係数を水深方向に平均すると式 (4.31) が得られ，これを拡散係数とすると式 (4.32) のように濃度分布は指数分布となる．これをレーン・カリンスキー分布 (Lane and Kalinske, 1939) という．

$$\varepsilon_{zm} = \frac{\beta \kappa u_* h}{6} \tag{4.31}$$

$$\frac{C(z)}{C_a} = \exp \left[\frac{w_0}{\varepsilon_{zm}} (a-z) \right] \tag{4.32}$$

これらの濃度分布と流速分布を用いると浮遊砂量が算定できるが，一般に数値計算によらなければならない．ただし，平均流速 v と式 (4.22) を用いると浮遊砂量は次式のように求められる．

$$q_s = v C_a \frac{h}{6Z} \left\{ 1 - \exp(-6Z) \cdot \exp\left(\frac{6Za}{h} \right) \right\} \tag{4.33}$$

浮遊砂量の計算には基準点の高さとそこでの濃度を与える必要がある．基準点の高さは便宜的に河床から水深の高さの 5% とするのが慣例であり，これに従うと $a = 0.05\,h$ となる．基準点濃度は，河床砂礫の巻き上げ量 q_{su} と浮遊砂の河床への沈降量の釣り合いから次のように算定される．

$$C_a = \frac{q_{su}}{w_0} \tag{4.34}$$

巻き上げ量は Lane and Kalinske (1939)，芦田・道上 (1970)，Itakura and Kishi (1980)，芦田・藤田 (1986) らが提案している．Itakura and Kishi および芦田・藤田の基準点濃度の式は粒径の効果が含まれており，粒径別に算定される．芦田・道上の式，0.1 mm の砂に対する Itakura and Kishi および芦田・藤田の式を比較して図 4.21 に示す．

浮遊砂はやがて沈降して河床材料に戻るので流水の中で生成されなければならない．河床から水深 5% の高さに基準点濃度を与えるという考え方は，その高さ

に集中して生成させているとみなせるが，基準点の高さの定義や生成がなぜある高さに集中するのかなど不明確な点が多い．藤田・水山（2005）は拡散方程式に浮遊砂の生成項を直接導入し，河床から巻き上げられるものが水中で浮遊砂として生成されるというモデルを構築しており，従来のモデルの曖昧さを解消している．

d. ウォッシュロード

掃流砂と浮遊砂はベッドマテリアルロード（3.7節参照）と呼び，河床材料が流体力によって輸送されるものである．したがって，河床材料の粒度分布と掃流力から計

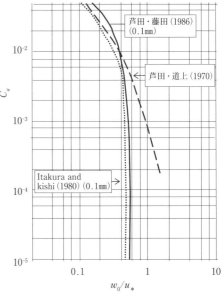

図 4.21 基準点濃度

算される．これとは別にウォッシュロードと呼ばれる流砂形態がある．ウォッシュロードは浮遊成分として流送されるが，河床表面の材料にはほとんど含まれていないものである．したがって，生産源からほとんど河床に堆積することなく流送されるもので，浮遊砂と同様には計算できず，経験則によるか，生産源から追跡することでその量が見積もられる．通常の河川ではその粒径は 0.1 mm 程度以下であることが知られているが，山地河川では 0.1 mm 以上の砂も同様の挙動を示すこともあり，粒径で区分することは一般に難しいと考えられる．

e. 解析法

河床変動は通常差分法によって数値解析される．いま，x軸とt軸に計算格子点(i, j)をとり，格子点間隔をそれぞれΔxとΔtとする．時刻$j+1$，地点iにおける河床高さは，時刻jの河床高さに対して次式で計算される．

$$z_b(i, j+1) = z_b(i, j) + \Delta z_b \tag{4.35}$$

河床変動高さは，式（4.13）から次式のように計算される．

$$\Delta z_b = -\frac{\Delta t}{B(1-\lambda)} \frac{\Delta Q_s}{\Delta x} \tag{4.36}$$

ここで，ΔQ_s：Δx間の流砂量の増分である．ΔxおよびΔQ_sの求め方には2通り

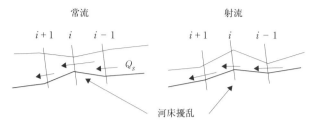

図 4.22 射流と常流での差分の取り方

の考え方が可能である．すなわち，地点 $i+1$ と地点 i の間で流砂量の差をとる場合と i と $i-1$ の間でとる場合であり，それぞれ次式のようになる．

$$\Delta Q_s = Q_s(i+1, j) - Q_s(i, j) \tag{4.37}$$

$$\Delta Q_s = Q_s(i, j) - Q_s(i-1, j) \tag{4.38}$$

前者を前進差分，後者を後退差分という．どちらを選択するのかは計算の安定上重要な事項であり，これは流れの状態が射流であるか，常流であるかによって決まる．射流で発生する河床擾乱は上流側に伝播することが解析的に明らかにされている（黒木他，1980）．すなわち，下流側の影響が上流側に伝わるので，下流側 $i+1$ の流砂量との差を用いなければならず，前進差分を用いる．一方，常流では下流に伝播するので後退差分を用いなければならない．また，図 4.22 は河床の小さな凸部の水面形の概形を常流と射流に対して描いたものである．常流の時，$i+1$ の流砂量は i の流砂量よりも小さく，前進差分を用いるとこの凸部は成長することになり，後退差分を取ると凸部は減衰することになる．射流の時，i の流砂量は $i-1$ の流砂量よりも小さく，後退差分を用いると凸部は成長することになり，前進差分を取ると凸部は減衰することになる．このことからも，常流の時に前進差分を用い，射流の時に後退差分を用いると計算が不安定になることが理解できる．

急勾配の山地河川では常流と射流が混在する場が多く，上記のことから差分計算が複雑になる．これを解消する１つの方法として前進差分と後退差分を使い分ける必要のないマコーマック法がある．これについては数値計算の専門書（例えば，砂防学会，2000）を参照されたい．

〔藤田正治〕

4.4 降雨解析

4.4.1 砂防における降雨解析の重要性

砂防にかかわる者にとって気象，特に雨についての知識は必要不可欠なものである．例えば土砂生産の素過程を解明するためには山地斜面での降水量のデータが必須であるし，生産された土砂が流下・堆積する過程を追跡するためには河川流域の雨量分布を正確に把握して水文・水理解析につなげることが必要となる．また，一定の規模を上回る大雨は斜面崩壊・土石流・地すべりといった大規模な土砂移動現象の直接的な誘因となるため，雨量データは斜面安定解析の入力条件となる．砂防を取り巻く気象現象は気候変動の影響を受けて激甚化が指摘されており，停滞する線状降水帯がもたらす局所的な集中豪雨による甚大な土砂災害が相次いで発生している．

砂防を学ぶ者は，降雨現象に対する最新の観測技術とそこから得られるデータを正しく理解した上で研究や実務に活用していくことが重要となる．降雨解析のもととなる雨量データについては従来の地上雨量に加えて近年では時間・空間解像度に優れたレーダ雨量を用いて解析するケースが増えてきており，本節では特にレーダ雨量の種類とそれらを用いた解析方法について詳しく述べることとする．

4.4.2 雨の観測

a. 地上雨量計による観測

図 4.23 は一般的な雨量計の外観とカバーを外した内部である．地上雨量計に

図 4.23 雨量計の外観と内部

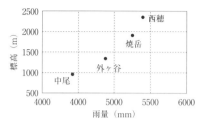

図 4.24 標高と雨量（2010〜2014 年，7 〜 9 月の総雨量）

よる観測原理は極めてシンプルで，直径 20 cm の受水器に入った降水を濾水器を通して転倒ますに流し込み，一定量（通常は 0.5 mm 相当）の雨水がたまった際に転倒する回数を計測する仕組みである．地上雨量計は比較的手軽に設置可能で，何よりも設置場所に降る雨を観測できるために国や自治体，民間（鉄道・道路），大学や研究機関などが数多く設置している．しかしながら，周囲の人工物や樹木に影響を受けない適切な場所に設置して，落ち葉や昆虫などにより受水器が目詰まりしないように定期的な保守を行うことが重要である．

　特に砂防が対象とする流域は標高の高い山岳地域にまで及ぶことが多く，そこで地上雨量計による観測を行う場合は強風による雨滴の捕捉率が低下することに留意しておく必要がある．図 4.24 は北アルプスの西穂高岳から焼岳周辺に設置された雨量計のデータを整理したものである．一般的に標高が高いほど（＝気温が低いほど）雨雲は発生しやすく，また山岳地域では地形効果で雨雲がさらに発達する性質があるために雨量は標高が高くなるほど多くなる関係を示す．図 4.24 にもそのような傾向が示されているが，最も標高の高い西穂観測点（2350 m）ではほかの地点よりも少なめの雨量となっている．西穂観測点は穂高連峰の稜線付近に位置しており，強風による雨滴捕捉率が低下していることがうかがえる．

b．レーダによる観測

　地上雨量計が地上に落下した降水粒子を直接的に観測するのに対し，レーダによる観測では発射された電波（マイクロ波）が空中の降水粒子に反射して戻ってきた時の様々な観測情報から半径数十 km〜数百 km の雨や雪の強さを推定している．レーダによる全国のレーダ監視網が整備されだしたのは 1970 年代であるが，当初はレーダから算出された雨量と地上雨量計で観測された雨量に差があるために，レーダによる観測は定性的な利用に限定される時期が長く続いた．しか

4.4 降雨解析

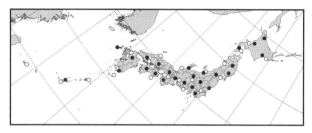

図 4.25 気象レーダ（気象庁）とレーダ雨量計（国土交通省）の設置箇所

しながら，近年のハード・ソフト両面からのレーダ観測技術の著しい進歩，例えば水平・垂直の2偏波の観測から得られる様々な観測情報を用いた雨量強度の推定方法の確立などにより，レーダ観測から導かれる雨量データの品質が格段に高まってきた．砂防の分野においてもレーダの優れた特徴である高い時間空間分解能を活用した調査・研究が主流となってくると思われる．

現在，国，自治体，民間，大学研究機関がレーダを所有して観測を行っているが，大部分が波長約5 cm のC バンドレーダと約3 cm のX バンドレーダである．前者は遠方までの観測が可能であり，後者は観測範囲が狭くなるものの，詳細な観測ができることに特徴がある．それらの中で複数のレーダを用いて全国の降雨状況を常時リアルタイムで観測を行っている気象庁のC バンド気象レーダと国土交通省水管理・国土保全局，道路局（国土交通省）のC バンドレーダ雨量計の配置箇所を図 4.25 に示す．気象庁 20 基，国土交通省 26 基の観測データは合成処理や地上雨量による補正を施された1 km メッシュ雨量として，それぞれ気象業務支援センターや河川情報センターから入手可能である．さらに，国土交通省のC バンドレーダ雨量計とC バンドレーダよりもさらに高解像度のX バンド MP レーダを合成した雨量データも作成されており1分更新の250 m メッシュ雨量が利用できる．また，現状では国や研究機関の利用にとどまっているがX バンド MP レーダの3次元観測データを突発的な豪雨の検知（木下他，2012）や降雨以外でも火山の噴煙検知（坂井他，2013）に活用する研究も進められている．各種レーダ雨量の中でリアルタイムで入手可能なデータの特徴を表 4.2 に示す．

4.4.3 レーダ雨量による解析

レーダ雨量の最大の特徴は地上雨量計に比べて空間分解能が高い点にある．口

表 4.2 リアルタイムで入手できる代表的なレーダ雨量データの種別

	更新間隔	格子間隔	単位	特徴・入手先
国土交通省解析雨量	30 分	1 km	1 時間雨量 (mm)	全国に設置された気象庁 (20 基) と国土交通省 (26 基) のレーダ雨量とアメダス (気象庁)，国土交通省および自治体などの地上雨量計を組み合わせて降水量分布を解析したデータ 気象業務支援センター
全国合成レーダエコー強度	5 分	1 km	雨量強度 (mm/h)	気象庁が保有する全国 20 台の気象レーダで観測したエコー強度 (レーダで観測される換算降水強度) を全国合成し，アメダスで補正したデータ 気象業務支援センター
C バンドレーダ雨量データ	5 分	1 km	雨量強度 (mm/h)	国土交通省が設置している全国を 26 基でカバーする C バンドレーダで観測した雨量データ．アメダス，国土交通省，自治体の雨量計で補正 河川情報センター
C-X 合成レーダ雨量データ	1 分	250 m	雨量強度 (mm/h)	X バンド MP レーダ雨量計と C バンドレーダ雨量計を組み合わせ合成した雨量データ 河川情報センター

絵 4 は表 4.2 中の国土交通省解析雨量を用いて描いた岩手県小本川流域および周辺の雨量分布である．2016 年台風 10 号によって小本川流域では多数の斜面崩壊や洪水氾濫が発生したが，降雨がピークに達した時間帯，図中の○で囲んだ領域では地上雨量計で捕えきれない非常に激しい雨が観測されている．レーダ雨量と分布型の流出モデルを組み合わせることで流域内の水文現象を空間的・時間的により正確に再現することも可能である．なお，レーダ雨量による解析を行う際には，最寄りのレーダ設置箇所からの距離や地形などによって地上雨量との適合性に違いがあることも考慮して複数地点で比較検証しておくことが重要である．図 4.26 は小本川流域内の地上雨量計（3 箇所）と直上メッシュの比較を行った結果であり，小本川流域では国土交通省解析雨量の精度が高いことが確認できる．また，表 4.2 中の気象庁の全国合成レーダエコー強度や国交省の C バンドレー

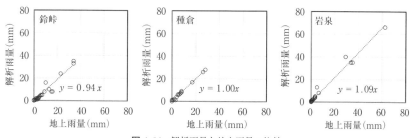

図 4.26 解析雨量と地上雨量の比較

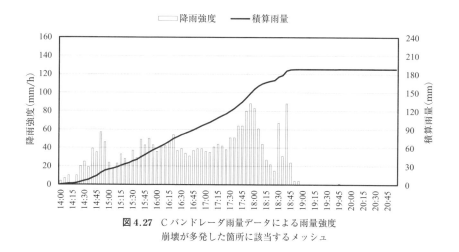

図 4.27 C バンドレーダ雨量データによる雨量強度
崩壊が多発した箇所に該当するメッシュ

ダ雨量データは 5 分間隔の雨量強度（mm/h）が得られるため，表層崩壊などの解析を行う際には有利な情報となる．図 4.27 は小本川流域内で特に表層崩壊が多発した大川大沢川付近のメッシュ雨量の時間変化を示している．台風が岩手県大船渡市付近に上陸した 30 日 18 時頃に雨量強度 80 mm/h を超える時間帯が 2 度にわたって出現している．斜面の安定解析と組み合わせることで崩壊発生時刻の推定精度の向上にもつながることが期待できる．

4.4.4　土砂災害と線状降水帯
a. 線状降水帯の特徴

甚大な被害につながる危険な雨として線状降水帯がメディアなどで取り上げられる機会が増えている．平成 24 年 7 月九州北部豪雨（2012 年），平成 26 年 8 月

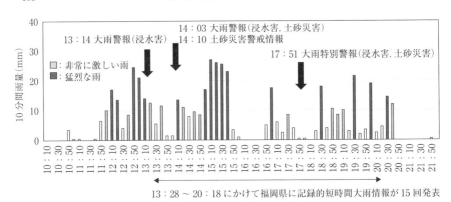

図 4.28 アメダス朝倉の 10 分雨量の変化
6 倍した 1 時間雨量で「非常に激しい雨（薄いグレー）」「猛烈な雨（濃いグレー）」を示す．

20 日の広島土砂災害（2014 年）および平成 29 年 7 月九州北部豪雨（2017 年）などでは線状降水帯による集中豪雨により大規模な土砂災害が発生した．もっとも，線状降水帯は最近になって突如出現した新しい気象現象ではなく，時代を遡れば 2003 年に水俣で発生した土石流災害をはじめとして，線状降水帯による大雨が誘因となった事例は数多くあると思われる．線状降水帯は局地性が強い（空間スケールが小さい）ために地上雨量計の観測網では「網の目」をすり抜けてしまう可能性がある．近年急速に発展したレーダ観測ネットワークによってその全貌が明らかになってきた現象ともいえる．台風や低気圧による大雨と異なり，局地性が強くかつ降雨開始から降雨ピークまでの時間差も短いために事前の対応・予測が難しく，土砂災害を防止・軽減する立場からは非常にやっかいな降雨パターンといえる．

平成 29 年 7 月九州北部豪雨では，7 月 5 日から 6 日にかけて九州北部地方に停滞する梅雨前線の活動が活発となり，特に福岡県筑後地方から大分県西部にかけての地域では西に位置する脊振山地付近で，次々と発生した雨雲が組織化した積乱雲群がほぼ同じ場所に数時間にわたって停滞した．口絵 5 は国土交通省解析雨量から求めた 5 日 12〜21 時の 9 時間雨量の分布図である．朝倉市内では多いところで 800 mm を超える記録的な雨量となっており線状に延びた特徴的な形もとらえることができている．図 4.28 は地上雨量を観測している朝倉（気象庁アメダス）の 10 分雨量を示したものである．図中の薄いグレーは非常に激しい雨（1 時間雨量で 50〜80 mm），濃いグレーは猛烈な雨（1 時間雨量で 80 mm 以

上）を示している．このような時間帯の屋外は水しぶきで視界も悪くなっており，降雨開始からたちまち避難行動も制限を受ける状態であったことが推察できる．

辻本他（2016）は，2011〜2014年の4箇年の大雨警報（土砂災害），土砂災害警戒情報と気象状況の関係を調査した結果，線状降水帯による集中豪雨の場合は大雨警報（土砂災害）が発表されてから土砂災害警戒情報が発表されるまでの猶予時間が1時間に満たないケースが多いことを指摘している．今回のケースでも朝倉市を対象とした最初の大雨警報（土砂災害）発表が14：03，土砂災害警戒情報発表が14：10とほとんど同時であり，土砂災害の危険性が急激に高まったことがわかる．國友他（2016）の調査結果では線状降水帯による被害総数がその他に比べて実に13.3倍にも及ぶとされているのも，このような線状降水帯による大雨の特徴を示しているといえる．

b. レーダによる線状降水帯の解析

時間・空間分解能に優れたレーダ雨量は線状降水帯の解析にも非常に有効である．ここではレーダ雨量を用いて線状降水帯を自動的に抽出し，その形状，重心および移動方向などから同じ地域に停滞する危険性の高いものを判別する手法を紹介する．

降雨強度の閾値（prth）と閾値以上が連続する降雨強度メッシュから形成される1つの降水帯の面積（areath）という2つのパラメータを設定することでレーダ雨量から一定の強度をもつ積乱雲の集団（積乱雲群）を楕円で近似することができる．楕円の形状は積乱雲群を構成する各メッシュの座標から東西方向の分散と南北方向の分散を算出し，式（4.39）

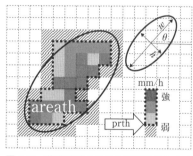

図 4.29 積乱雲群の抽出と楕円近似のイメージ

〜（4.44）より長軸 w，短軸 h および回転角 θ を得ることができる．そのイメージを図4.29に示す．

$$\sigma_w = \frac{\sigma_x + \sigma_y + \sqrt{(\sigma_x - \sigma_y)^2 + 4\sigma_{xy}^2}}{2} \qquad (4.39)$$

$$\sigma_h = \frac{\sigma_x + \sigma_y - \sqrt{(\sigma_x - \sigma_y)^2 + 4\sigma_{xy}^2}}{2} \qquad (4.40)$$

$$w = C\sqrt{\sigma_w} \qquad (4.41)$$

$$h = C\sqrt{\sigma_h} \tag{4.42}$$

$$\tan\theta = \frac{\sigma_w - \sigma_x}{\sigma_{xy}} \tag{4.43}$$

また，楕円の重心は各メッシュの位置と雨量強度により

$$x_g = \frac{\sum_1^n x_k R_k}{\sum_1^n R_k}, \quad y_g = \frac{\sum_1^n y_k R_k}{\sum_1^n R_k} \tag{4.44}$$

により求めることができる．ここで，R_k はメッシュ k における降雨強度を，x_k, y_k はメッシュ k の座標を，n は積乱雲群を構成するメッシュ数を示す．

積乱雲群の移動方向を算出する方法は複数あるが，対象時刻（T_0）と 5 分前のレーダデータ（T_0-5 min）を用いて両者の相関係数が最大となる移動距離から移動ベクトル（U, V）を求める相関法を用いて算出することも可能である．このような方法で平成 29 年 7 月九州北部豪雨の積乱雲群を抽出した解析結果を口絵 6 に示す．ここではパラメータについて係数 C を 2.448，prth を 20 mm/h，areath を 300 km^2 としている．猛烈な雨が降り続いていた時間帯，朝倉市周辺に東西に細長く延びた積乱雲群，いわゆる線状降水帯が抽出されている．この線状降水帯はほとんど移動せずに停滞しており，楕円中心の左側（風上側）により強い雨量強度を示すメッシュが多く存在していることがわかる．辻本他（2017）は線状降水帯の中でも停滞する危険性の高いものを楕円の形状，重心の位置および楕円の長軸方向と移動ベクトルとの方向等を用いて判定できる可能性を示しており，高解像度かつリアルタイム性に優れたレーダ雨量を用いた線状降水帯研究の更なる発展が期待される．　　　　　　　　　　　　　　　　〔辻本浩史〕

4.5　安　定　解　析

4.5.1　基本的な考え方

斜面崩壊，地すべり，大規模崩壊やがけ崩れは，降雨や地震などにより斜面が不安定化して崩壊する現象である．斜面の不安定さを客観的に評価するためには，力学的な斜面安定の評価手法が必要である．不安定で崩壊が予想される斜面の対策としては，構造物や土工による崩壊の抑制・抑止（対策工）がある．また斜面の挙動や地下水位の観測を行うこともある．このような対策を計画する際にも，対策工が斜面の変形や破壊を抑制する効果や，地下水位が斜面安定に与える影響

4.5 安定解析

を,力学的に評価する必要がある.力学的な斜面安定の解析方法として最も一般的であるのが,極限平衡法に基づいた安定解析である.

極限平衡法に基づく安定解析の原理は,斜面内部にすべり面を想定し,その上の土塊を剛体とみなした上での,すべり面上の力の釣り合いである(図4.30).斜面内のすべり面上の土塊がすべろうとする力(滑動力)と,すべりに抵抗する力

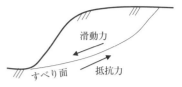

図 4.30 斜面内に想定したすべり面上の力の釣り合い

(抵抗力)の釣り合いとなり,前者が後者より大きいと土塊はすべり出し,斜面は崩壊する.両者の比を下式のように安全率として定義する.

$$安全率 = \frac{すべりに抵抗する力}{すべろうとする力} \tag{4.45}$$

上式で安全率が1より大きいとすべり面上の土塊はすべらず斜面は安定である.

想定する面上に作用する力の釣り合いを考えることは,斜面安定の問題だけでなく,クーロン土圧理論など,塑性力学における,多くの地盤破壊に関する問題の解法の中にしばしば取り入れられている重要な考え方である.

なお,以下本節と3.2節の斜面崩壊とは,力学的解析方法において重なる部分もあるが,基本的の同様の数式を用いて述べている.ただし,数式展開上異なる変数記号を用いている箇所があるので,これらについては以下のように変数記号を変換することにより利用していただきたい.

	3.2節 斜面崩壊	4.5節 安定解析
せん断力	S	τ
せん断強度	τ	τ_f
土の粘着力	C	c
すべり面の深さ	Z	h
地下水深	h	h_2
鉛直応力	σ_o	σ_v
垂直応力	σ_v	σ
斜面の傾斜角度	β	θ

4.5.2 土の内部の応力
a. 有効応力

土は土粒子とその間の間隙により構成されている．例えば図4.31は砂質土の写真である．このような構造をもつ土が水で飽和している場合には，土の内部を伝わる応力は，土粒子同士の接触点を通じて伝わる粒子間応力と間隙を満たす水を通して伝えられる間隙水圧の2種類に分けられる．前者は土の変形や破壊に直接関係する応力で，有効応力と呼ばれる．ここで「応力」とは，物体に外力が加えられた時に，物体内部の単位面積を有する面を通して，その面の両側から互いに及ぼす力のことである．つまり単位面積当たりに作用する力となる．その中で物体表面に作用する応力を特に「圧力」と呼ぶ．

図4.31 砂質土の構造の模式図

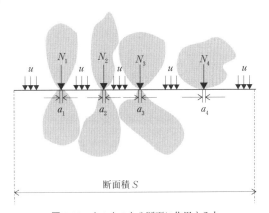

図4.32 土の中のある断面に作用する力

ここで図4.32に示すように，土の中に面積Sの断面を想定し，その断面内での力の伝達について考察する．個々の土粒子の間に働く力を$N_1, N_2, \cdots$と表すと，断面上のすべての土粒子に働く粒子間の力はこれらの和$N = N_1 + N_2 + \cdots$となる．これを断面積Sで除したものが有効応力（粒子間応力）σ'である．

次に断面内の間隙水圧を求める．着目する断面上の土粒子の接触面積を$a_1, a_2, \cdots$とすると，これらの和は$a = a_1 + a_2 + \cdots$となる．空隙内の水の水圧をuとすると，断面積Sの中の水圧の合計は，水圧uに空隙の面積の合計である$(S-a)$を乗じた$(S-a)u$である．よって着目する断面の断面積Sで除すると，$(1-a/S)u$であり，これが間隙水圧である．

着目する断面には上記で求めた有効応力 σ' と間隙水圧 $(1-a/S)u$ が作用するが，これらの和を全応力 σ と呼ぶ．

$$\sigma = \sigma' + \left(1 - \frac{a}{S}\right)u \tag{4.46}$$

土粒子同士は，実際は点で接触していると考えられるため，土粒子の接触面積の合計である a は実際には無視しうるほど小さいとみなせる．すると上記式 (4.46) の中の a/S は 0 に近似でき，式 (4.46) は以下のように表される．

$$\sigma = \sigma' + u \tag{4.47}$$

ここで全応力 σ は外部から土に作用する力により発生する応力であり，有効応力 σ' は土の変形や破壊に直接かかわる応力である．式 (4.47) はテルツァーギ (Karl von Terzaghi) が提案した有効応力の原理であり，土質力学では重要な基本原理である．

b. すべり面上の土要素に作用する応力

図 4.30 のすべり面上の土要素に作用する応力を考える．図 4.33 のように土塊の一部を切り取った土柱を想定する．なおすべり面の傾斜を θ とする．土柱の自重 W はすべり面に垂直な方向の力 $W\cos\theta$ と，すべり面方向の力 $W\sin\theta$ に分解できる．前者をすべり面の面積で除したものを，すべり面上の垂直応力 σ と呼び，後者をすべり面の面積で除したものをせん断応力 τ と呼ぶ．土柱底面のすべり面に作用する応力はこれらの垂直応力とせん断応力である．

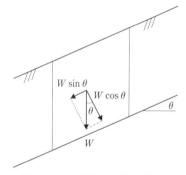

図 4.33 すべり面上の土柱に働く力

c. せん断強度

すべり面上のせん断応力が，土のせん断強度を超えると，土はせん断破壊する．すべり面上の土のせん断強度については，一般にクーロンの破壊規準を用いることが多い．これはすべり面上の垂直応力 σ (kN/m^2) と破壊時のせん断応力 τ_f (kN/m^2) の間に以下の関係が成立するとするものである．

$$\tau_f = c + \sigma \tan\phi \tag{4.48}$$

ここで c, ϕ は土に固有な定数であり，各々粘着力 (kN/m^2) と土の内部摩擦角 (°) と呼ばれる．c, ϕ が土のせん断強度を定める定数である．破壊時のせん

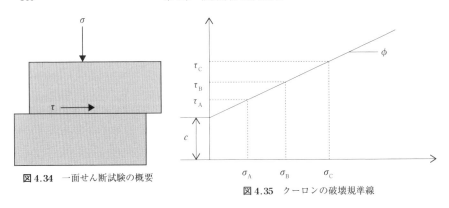

図 4.34　一面せん断試験の概要

図 4.35　クーロンの破壊規準線

断応力 τ_f を土のせん断強度と呼ぶ.

クーロンの破壊規準における c, ϕ は，以下に説明する一面せん断試験により求めることができる．図 4.34 のような容器に所定の密度で土を詰め，上下方向に一定の垂直応力 σ を載荷する．そして徐々に水平方向のせん断応力 τ を大きくすると，土は水平方向に変位し，せん断応力 τ は最大値を取った後に減少する．このせん断応力 τ の最大値が所定の垂直応力 σ に対するせん断強度 τ_f となる．異なるいくつかの垂直応力 σ に対するせん断強度 τ_f を求め，図 4.35 のような σ-τ 軸上に整理すると，両者の関係は直線となる．この直線の傾きが ϕ，縦軸切片が c となる．

なお土に間隙水圧が作用している時に，土のせん断変形・破壊に寄与する応力は有効応力のみであるから，この場合はクーロンの破壊規準は以下のように表せる．

$$\tau_f = c' + \sigma' \tan \phi' = c' + (\sigma - u) \tan \phi' \qquad (4.49)$$

上式で c', ϕ' は有効応力表示の粘着力と内部摩擦角であり，クーロンの破壊規準を，有効応力を用いて表した時に用いられる．

4.5.3　安定解析
a. 無限長斜面内の力の釣り合いと破壊

安定解析の原理を知るために，まずは地表面と基岩面（すべり面）が平行な無限長斜面の安定を考える．

図 4.36 に示すように，鉛直方向の深さが h である無限長斜面内に ABCD で囲まれた土柱を想定する．斜面内の地下水位が h_2 の高さであるとし，地下水位

4.5 安定解析

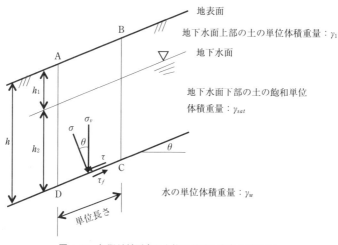

図 4.36 無限長斜面内の土柱における応力の釣り合い

より上部の土の湿潤単位体積重量を γ_t, 地下水位より下部の土の飽和単位体積重量を γ_{sat} とする．なお土柱の底面（すべり面）CD の長さは単位長さである．この時すべり面 CD 上のせん断強度とせん断応力の比を求める．

土柱 ABCD の重量は，土柱の水平幅が $\cos\theta$ であるから，

$$W = (\gamma_t h_1 + \gamma_{sat} h_2)\cos\theta \tag{4.50}$$

ここで土柱 ABCD の底面 CD の長さは単位長さであるため，紙面に垂直な方向の幅も単位長さであると考えることにすると，底面に作用する力は応力であるとみなせる．よって上記の重量 W は底面に作用する鉛直方向の応力 σ_v であるとみなせる．

$$\sigma_v = (\gamma_t h_1 + \gamma_{sat} h_2)\cos\theta \tag{4.51}$$

すると底面 CD に作用する垂直応力 σ とせん断応力 τ は以下のように表される．

$$\sigma = \sigma_v \cos\theta = (\gamma_t h_1 + \gamma_{sat} h_2)\cos^2\theta \tag{4.52}$$

$$\tau = \sigma_v \sin\theta = (\gamma_t h_1 + \gamma_{sat} h_2)\sin\theta\cos\theta \tag{4.53}$$

また底面 CD に作用する間隙水圧 u は，水の単位体積重量を γ_w とし，水深方向に静水圧分布を仮定すると，

$$u = \gamma_w h_2 \cos^2\theta \tag{4.54}$$

次に底面 CD 上のせん断強度 τ_f を，クーロンの破壊規準を用いて表すと，

$$\tau_f = c' + \sigma'\tan\phi' = c' + (\sigma - u)\tan\phi' \tag{4.55}$$

上式に式 (4.52) および式 (4.54) を代入すると，

$$\tau_f = c' + (\gamma_t h_1 + \gamma_{sat} h_2 - \gamma_w h_2)\cos^2\theta \tan\phi' \tag{4.56}$$

上記式 (4.56) ですべり面（底面 CD）上の土のせん断強度が求められた．このすべり面（底面）CD 上のせん断強度と，式 (4.53) で表される底面 CD に働くせん断応力の比が安全率となる．これは下式で表される．

$$F_S = \frac{\tau_f}{\tau} = \frac{c' + (\gamma_t h_1 + \gamma_{sat} h_2 - \gamma_w h_2)\cos^2\theta \tan\phi'}{(\gamma_t h_1 + \gamma_{sat} h_2)\sin\theta\cos\theta} \tag{4.57}$$

ここで砂の場合は，粘着力 $c' = 0$ とされる場合が多いが，その場合式 (4.57) は以下のように簡略化される．

$$F_S = \frac{\gamma_t h_1 + \gamma_{sat} h_2 - \gamma_w h_2}{\gamma_t h_1 + \gamma_{sat} h_2} \frac{\tan\phi'}{\tan\theta} \tag{4.58}$$

また粘着力 $c' = 0$ で，なおかつ地下水面がすべり面より低い場合は，$h_2 = 0$ を代入して，

$$F_S = \frac{\tan\phi'}{\tan\theta} \tag{4.59}$$

$c' = 0$ で地表面まで地下水位が達している場合は $h_1 = 0$ より，

$$F_S = \frac{\gamma_{sat} - \gamma_w}{\gamma_{sat}} \frac{\tan\phi'}{\tan\theta} \tag{4.60}$$

となる．

b. 斜面安定解析による対策工の計画と設計

　上記の安定解析は斜面の地形条件を簡略化した無限長斜面に対するものであり，すべり面は直線である．しかし実際の地形とすべり面形状はより複雑であり，すべり面形状は円弧やより複雑な形状で表される．その場合は，すべり土塊を土柱で分割し，各土柱に対してすべり面上の力の釣り合い，強度条件のほかにすべり面上に設定した点に関するモーメントの釣り合いなどを考慮した分割法により安定解析を行う．分割法の考え方や計算方法については専門の文献（例えば，山口，1984）を参照されたい．

　斜面崩壊に対する対策工の計画と設計には安定解析が用いられる．これらの対策工には大別して以下の種類がある（急傾斜地崩壊防止工事技術指針作成委員会，2009）．第 1 は斜面の表層部の風化や侵食を防いだり，表層部の小規模な剥落を抑制するための対策工である．これには植生で斜面表面を覆う植生工や，のり枠工などのようにコンクリートの構造物で斜面表面を覆うのり面保護工などがある．

4.5 安定解析

表 4.3 対策工の斜面安定解析上の取り扱い方

大分類	工種	安定解析上の取り扱い
抑制工	植生工	扱わない
	のり面保護工（のり枠工，張工など）	扱わない
	地表水排除工	扱わない
	地下水排除工	安定解析式の中の地下水位として取り扱う
抑止工	排土・盛土工	分割法により勾配変化や土層深の変化を取り扱う
	グラウンドアンカー工，杭工	安定解析式の中に抑止力を付加するか，差し引く

これらの対策工は，不安定で崩壊が予想される斜面には施工してはならない．斜面表層の風化や部分的な剝離などを抑制するための工法である．第2は斜面表面を流れる表面流を速やかに排除するための水路などを設置する地表水排除工と，斜面内部の地下水を排除するための排水用のボーリング（排水ボーリング）などの地下水排除工である．地表水排除工は地表流により斜面表面が侵食されることを抑制したり，地表面上の水が地中に浸透して，斜面中の地下水が増加することを防ぐものである．第1および第2の対策工は抑制工と呼ばれる．第3は斜面中の特に急で不安定な部分を切り取る排土工や斜面の脚部に土留めのための土を盛る盛土工などである．そして第4はグラウンドアンカー工や杭工のように，すべり面より浅い部分，つまり斜面崩壊により移動する土塊を，すべり面より下部の基盤に縫い付けるものである．第3および第4の工法は，不安定で崩壊が予想される斜面を安定化するために用いられ，抑止工と呼ばれる．

上記の各々の工法の計画・設計の考え方を説明する．第1の植生工やのり面保護工は斜面表層部を覆うだけであるので，植生工の場合は導入した植生が地表水で流されたり，枯死しないようにする．のり面保護工の場合は構造物自体が壊れないようなコンクリートの厚さと構造を有すればよい．これらの場合は特に斜面安定解析による計画・設計は行わない．第2のうち，地表面排除工は降雨による地表面流の流量を確実に流下させる大きさの断面を有する水路とすることが重要である．この場合も特に安定解析による水路の計画・設計は行わない．それに対して地下水排除工を施工した場合は，地下水位が低下するので，その地下水位を式 (4.57) ～ (4.60) に代入して安全率を求める．安全率が十分に1より大きな値となるような地下水位まで低下するように，地下水排除工の計画・設計を行う．ただし，どれだけ地下水排除工を設置するとどれだけ地下水位が低下するかを評

価することが難しいという問題がある．第3の排土・盛土工は斜面に排土・盛土を施すことによって，安定な斜面形状とするものである．この場合は排土・盛土施工後の，計画上の斜面形状を対象に安定計算を行う．十分な安全率を得られるような斜面形状を安定解析により求め，その形状と合致するように排土・盛土を行う．第4のグラウンドアンカー工や杭工は安定解析の式（4.57）〜（4.60）の中の右辺の分子にそれらにより付加される抑止力 P_r を加えるか，分母から抑止力 P_r を差し引くことによって，安全率を求める．抑止力 P_r の算出方法は別途定めるが，いずれにしても安全率が十分に1より小さくなるような抑止力となるように，対策工を計画・設計する．対策工の効果をどのように安定解析の中で評価するかを表4.3に簡単にまとめた．対策工の計画・設計の詳細は専門書（急傾斜地崩壊防止工事技術指針作成委員会, 2009）を参照されたい．

4.5.4 極限平衡法の問題点

以上極限平衡法による斜面の安定解析の基本的な考え方と，それを用いた地すべり・斜面崩壊の対策工の計画・設計の考え方について記述した．

ここで極限平衡法の根本的な問題点をあげると，本来力を受けると変形する土を剛体として扱っていることである．分割法の中には土の変形に由来すると考えられる土柱間の応力のやり取りを考慮するものもあるが，土柱そのものが剛体として扱われている．「力」のみが扱われ，「変形」を考慮していない．

このため不安定な斜面で頻繁に行われる変位や変形の計測データから，斜面の不安定度の評価を安定解析により行うことができない．変位などの計測データから斜面の不安定度を評価するためには，有限要素法などの土の応力-ひずみ関係に基づく数値計算（地盤工学会, 2004）に頼るか，斜面土層全体の簡単な地下水位-変位関係を表すモデルを仮定し，計測データからその定数を定める方法（笹原・酒井, 2014）などを導入する必要がある． 〔笹原克夫〕

第5章
土砂災害

5.1 地震と土砂災害

　日本は世界の中でも有数の地震多発地帯であり，地震による災害発生の危険性が高い地域である．地震による災害を大きく区分すれば，建物の倒壊，発生後の火災，津波によるものと，「地すべり，崩壊，土石流」の土砂移動現象に起因する土砂災害によるものとに分けられる．平野部の人口密集地域においては前者の災害対策が中心となるが，日本の山地面積は国土全体の約75%を占めることから，土砂移動現象が発生しやすい山間地域では前者の対策に加えて地震による土砂災害対策が重要となる．表5.1に，日本においてここ数十年の間に大規模な土砂災害を発生させた地震の事例を示す．なお長野県西部地震については，当時震度計が設置されていなかったことから最大震度を記載していない．表より，すべての地震において，一般に地震の規模を表すマグニチュード（earthquake magnitude：M）の値が6を超えていることがわかる．図5.1は2004年新潟県中越地震によって発生した地すべり，斜面崩壊の状況を示したものであるが，多数の地すべり，崩壊が発生し，土砂移動現象の範囲が広範囲に及んでいることがわかる．本地震による土砂移動現象によって，225箇所の地点において土砂災害が発生している（国土交通省調べ）．

　図5.2に，地震による土砂移動現象と土砂災害に関する概念図を示す．土砂災害は，地震発生による地震動を入力として発生する第一次土砂災害と，発生後の降雨・融雪を入力として発生する第二次土砂災害に区分される．場の条件は地震動の影響を受けて変化し，地震規模によっては，その影響は数十年以上の長期間に及ぶこともある．したがって，第二次土砂災害への対策では地震によって発生した広域の土砂移動現象の迅速な把握に加え，地震動による素因の変化に対応した短期，長期の災害対策が重要となる．一方，第一次土砂災害への対策では，想定される今後の地震規模に対応した土砂移動現象の予測が重要となる．ただし土砂移動現象の予測は，地震動だけでなく地形，地質条件に加えて先行降雨

表5.1 各地震の概要一覧

地震名	発生年月日	震央位置	震源深さ(km)	マグニチュード	最大震度	断層運動	地震タイプ
昭和59年長野県西部地震	1984/9/14	35.8° N, 137.6° E	2	6.8	−	横ずれ	プレート内地震
平成7年兵庫県南部地震	1995/1/17	34.6° N, 135.0° E	16	7.3	7	横ずれ	プレート内地震
平成16年新潟県中越地震	2004/10/23	37.3° N, 138.9° E	13	6.8	7	逆断層	プレート内地震
平成20年岩手・宮城内陸地震	2008/6/14	39.0° N, 140.9° E	8	7.2	6強	逆断層	プレート内地震
平成23年東北地方太平洋沖地震	2011/3/11	38.0° N, 142.9° E	24	9.0	7	逆断層	プレート間地震
平成28年熊本地震	2016/4/14	32.7° N, 130.8° E	12	6.5	7	横ずれ	プレート内地震
	2016/4/16	32.8° N, 130.8° E	12	7.3	7	横ずれ	プレート内地震

主な出典:理科年表

(antecedent rainfall) などによる場の初期水分条件の影響を受けることから,第二次土砂災害と比較して有効な対策をとることが難しい.

5.1.1 地震区分について

日本列島は,3.1節で述べたように,東側の海洋プレート(太平洋プレート)が西側の大陸プレート(ユーラシアプレート)の下に

図5.1 新潟県中越地震によって発生した地すべり・崩壊の状況
(撮影:アジア航測株式会社,2004年10月24日)

沈み込むプレート境界付近に位置しているため,両プレートの境界では,大陸プレートが下へ曲げられ海溝,トラフなどの深い溝を形成する.このプレート境界において,陸側のプレートの曲がりが限界に達すると,もとに戻ろうとするためプレート境界が破壊され,ズレ (faulting:断層運動) が生じることで地震が発生する (図3.1,3.2参照).このような地震をプレート間地震 (interplate earthquake) と呼び,太平洋側のプレート境界で発生する地震は震源が海溝部にあ

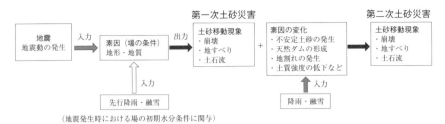

図 5.2 地震による土砂移動現象と土砂災害に関する概念図

るため海溝型地震（trench type earthquake）と呼ばれる．またプレート境界だけではなく，大陸プレート内部でも地震が発生し，プレート内地震（intraplate earthquake）と称される．日本列島の大部分は東西方向の圧縮応力を受けているが，プレート内地震のうち，この応力によって大陸プレート内の岩層が破壊され，ずれることで生じた地震を直下型地震（shallow direct hit earthquake）と呼ぶこともある．大陸プレート内の地震はプレート間地震と比較して地震による土砂災害が発生する地点と震源からの距離が近いため，被害範囲は局地的であるものの，甚大な土砂災害を引き起こす傾向にある．地震は1つの同じ断層が繰り返して活動することによって生じるが，その発生周期は大陸のプレート内地震で数千～数万年，プレート間地震で100～200年程度である．

5.1.2 土砂移動現象の発生場について
a. 発生範囲について

地震動による地震波のエネルギーは震源からの距離が離れるほど減衰していくことから，土砂移動現象の発生箇所の範囲は震源からの距離と地震規模の指標尺度であるマグニチュードによって示される．世界における40の地震を対象として，マグニチュードと震央から土砂移動現象が発生した最遠地点までの距離について検討された研究（Keefer, 1984）では，$M4$以上で土砂移動現象が発生し始め，$M9$クラスの超巨大地震で最遠点までの距離が約500 km程度にあることが示されている．

土砂量が数十万 m^3 を超えるような大規模土砂移動現象の範囲については，日本を対象に 818～1995 年の間に大規模土砂移動現象を引き起こした 37 の地震データが詳細に整理されている（建設省土木研究所，1995）．抽出された土砂移動現象の規模は，原則として，江戸時代以前のものは 100 万 m^3 以上，明治以降 10

万 m³ 以上のものである．この元データから明治以降についても約 100 万 m³ 以上の土砂移動現象を抽出し，震央から発生地点までの距離とマグニチュードの関係を図 5.3 に示す．本図より，地震規模の増大に応じて発生地点までの震央からの距離が増加していく傾向にあることが確認される．また建設省土木研究所（1995）は，土砂移動現象

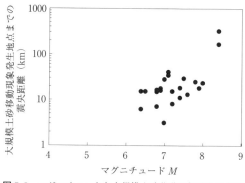

図 5.3 マグニチュードと大規模土砂移動現象発生地点までの震央距離との関係（建設省土木研究所砂防研究室，1995 のデータをもとに作成）

発生地点までの震央からの距離の頻度分布について検討し，50 km までの区間にその 93％，地震断層（earthquake fault）からの距離ではすべて 30 km 内に存在し，10 km までの距離範囲に全体の約 70％ があることを示している．

なお，断層の傾斜面に対して上側にある地盤を上盤，下側にあるものを下盤と称するが，断層運動は，上盤が下側にずれる正断層（normal fault），逆にずり上がる逆断層（reverse fault），上盤と下盤が互いに水平方向にずれる横ずれ断層（lateral fault）の 3 つのタイプに区分される．逆断層タイプのプレート内地震の場合，土砂移動現象は上盤側に卓越して発生する（hanging-wall effect：上盤効果）．このことは逆断層タイプの地震では，地震断層もしくは震央からの距離が同じ程度であっても，上盤側のほうが土砂移動現象の規模が大きくなる傾向にあることを意味している．表 5.1 に示す新潟県中越地震，岩手・宮城内陸地震では，上盤に発生した地すべりの面積規模が下盤側で発生したものと比較して大きいことが示されている（ハスバートル他，2011）．

b. 地形について

斜面崩壊と地形の関係では，崩壊深さが 1～2 m 程度の範囲にある比較的規模の小さい表層崩壊の場合，斜面縦断方向の傾斜が急になるほど崩壊数が急激に増大する傾向にある（山口・川邊，1982）．また豪雨による崩壊が集水地形を呈する谷型凹斜面で多発する傾向にあるのに対して，地震による表層崩壊の場合は，尾根型凸斜面において崩壊が多発する傾向にあり，尾根線付近あるいは尾根から麓にむかって斜面傾斜が緩勾配から急勾配に移り変わる遷急点付近で崩壊が発生する（沖村他，1995）．これは地震動の地形効果（地表面付近の地震加速度の増

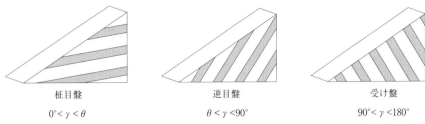

図 5.4 斜面傾斜（θ）と地質的不連続面（地層（層理）面，節理面など）の相対傾斜（γ）の組み合わせによる斜面の分類（鈴木，2000 をもとに作成）

大など）によるものである．落合他（1994）は地震応答解析の結果から，尾根地形では地震動の増幅効果により山体の稜線部では加速度が増幅されることによって崩壊を発生させる確率が高まることを示している．崩壊深さが数 m 以上の崩壊の場合においても，地形効果は現れるが，表層崩壊と比較して発生箇所の地質特性を反映した岩盤の固結度，地層構造，すべり面に作用する地震動の土質強度の応答特性の違いが土砂移動現象に与える影響が大きい．

c. 地質・地層構造について

日本列島を構成する全体の地質分布の面積割合と比較すると，第三紀，第四紀の堆積岩地域および第四紀の火山噴出物地域において崩壊発生の確率が高いことが定性的に示されている（建設省土木研究所，1995）．また，1872〜2008 年の土砂災害を発生させた 30 の地震データをもとに崩壊と地質の関係について整理が行われており（阿部・林，2011），新第三紀，第四紀更新世における堆積岩地域，新第三紀の変成岩・堆積岩地域，花崗岩地域，第四紀の火山噴出物堆積地域において崩壊が発生していることが提示されている．これらのことから，第三紀，第四紀の堆積岩地域および火山噴出物地域，花崗岩地域において崩壊が発生しやすい傾向にあることが確認される．あわせて，火山噴出物地域ではほかの地質と比較して，規模の大きい崩壊が発生する傾向にある（中村他，2000）．

地層構造との関連においては，斜面傾斜と地層面などの地質的不連続面の相対傾斜の組み合わせによる斜面分類と崩壊の関係が重要となる．図 5.4 に鈴木（2000）による斜面分類の一部を抜粋して示す．地層面の相対傾斜（γ）が斜面傾斜（θ）より緩やかなものが柾目盤，θ より急かつ 90°未満のものが逆目盤，90°より大きいものが受け盤として定義される．柾目盤および逆目盤は流れ盤に分類される．同じような岩質であっても，3 つの斜面分類による崩壊発生危険度

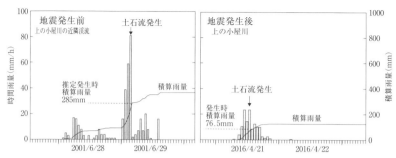

図 5.5 熊本地震発生前と発生後の土石流発生雨量の比較（気象庁阿蘇乙姫観測点データをもとに作成）

を比較すると，柾目盤はすべり面となる地質的不連続面が地表に露出する構造をとるため，最も崩壊発生危険度が高く，ついで逆目盤，受け盤の順となる（鈴木，2000）．林他（2010）は新潟県中越地震で発生した崩壊規模について整理し，小規模な崩壊については流れ盤，受け盤の違いにかかわらず発生しているが，流れ盤を示す地層構造では規模の大きい崩壊が卓越して発生する傾向にあることを示している．

5.1.3 地震発生前後の降雨の影響について

地震による土砂災害が発生した地域では，地震動による素因の変化によって地震前と比較してその後の降雨による土砂災害発生の危険性が高まることが知られている（冨田他，1996；鳥居他，2007）．図5.5に，2016年熊本地震における地震発生前と後の土石流発生降雨を比較した結果を示す．これらの地震発生後の土石流は，地震時における斜面崩壊によって渓床に堆積した不安定土砂が，その後の降雨によって土石流化したものである（石川他，2016）．

図より，地震発生前の土石流発生降雨に対して地震後の発生降雨が，積算雨量および時間雨量ともに大きく減少していることがわかる．これは，日本において降雨を指標として発令される土砂災害警戒情報の運用と密接に関連しており，強震動が観測された地域では崩壊発生に対する降雨指標の1つである土壌雨量指数の基準値を暫定的に引き下げて運用されている．この点について，野村・岡本（2013）は東日本を中心に広域で震度5強以上の強震動が観測された東北地方太平洋沖地震発生後の降雨と崩壊データを検討し，暫定値として震度5強の地域で通常基準の8割，震度6強以上の地域で通常基準の7割を採用することによって，

5.1 地震と土砂災害

通常の降雨基準による災害捕捉率と同程度の結果となることを提示している．

暫定値を使用する期間に関しては，通常 1 年程度の出水期を経て通常の降雨基準に戻すことが多いが，マグニチュード 8 クラスのプレート内地震では地震の影響を受ける期間は長期に及ぶ．1891 年 10 月 28 日に岐阜県西部で発生した推定マグニチュード 8.0 の濃尾地震において，4 年後の 1895 年 8 月 5 日の豪雨（降水量は不明であるが洪水氾濫が発生）によってナンノ谷の大崩壊（崩壊土砂量 160 万 m^3）が発生し，さらに 74 年後の 1965 年 9 月 14 日から 16 日にかけての台風第 24 号による豪雨（総降雨量 800〜1000 mm）によって徳山白谷大崩壊（崩壊土砂量 180 万 m^3），根尾白谷大崩壊（崩壊土砂量 1100 万 m^3）が発生している（田畑他，1999）．これらの大規模崩壊は地震後の豪雨によって発生したものであることから，地震の影響と豪雨の影響を明確に分離することは困難であるが，この点を含め，マグニチュード 8 クラスのプレート内地震が発生した場合には検討していくべき課題である．

地震発生前の降雨が崩壊発生に与える影響についてみると，1984 年長野県西部地震により当日の 9 月 14 日に発生した御嶽崩れ（崩壊土砂量 3400 万 m^3）では，地震発生前の降雨が崩壊発生に関与していることが指摘されている．御嶽崩れ発生前の原地形では，斜面下部の標高 2000 m 付近において地下水の湧水による複数の侵食ガリが形成されていたことから，崩壊発生前の 9 月 2 日から発生当日の 14 日までの 211 mm の降雨によって斜面下部にはかなりの規模の帯水層が存在しており，地震動による帯水層内の間隙水圧の上昇によって崩壊が発生した可能性が高いことが指摘されている（川邊，1985）．また Chigira（2014）は 2004 年の新潟県中越地震が大規模崩壊を多発させたのに対し，ほぼ同様の地質的背景をもつ堆積岩地域（いずれも新第三紀以降）において同規模の震度をもたらした 2 つの地震（2007 年能登半島地震，2007 年新潟県中越沖地震）では大規模崩壊がほとんど発生していないことを指摘し，この違いを地震発生前の 10 日間の累積雨量の違いから説明している．なお 10 日間の累積雨量は，新潟県中越地震，新潟県中越沖地震，能登半島地震で，各々 154 mm，49 mm，36 mm である．これらの地震発生前の先行降雨は日雨量が数百 mm を超えるような豪雨ではないものの，梅雨，台風時の出水期もしくは融雪期と重なって地震が発生した場合には，土砂災害の規模を大きく拡大させる危険性を示唆している．

5.1.4 地震と天然ダムについて

地震による崩壊で形成される天然ダムは規模の大小を問わず数多く発生するが，河道を閉塞させた土砂量が数十万 m³ 以上となる天然ダムが生じた場合，ダムの決壊によって第二次土砂災害が発生する危険性が高い．図5.6に新潟県中越地震において芋川上流域に位置する新潟県山古志村寺野地区で発生した地すべりによる河道閉塞の状況を示す．本図の右下部分において河道閉塞が生じていることがわかる．

図5.6 山古志村寺野地区に発生した地すべりによる河道閉塞状況（撮影：アジア航測株式会社，2004年10月24日）

なお芋川流域内では30箇所以上の地点において河道閉塞が生じ，寺野地区を含め大規模な天然ダムが5箇所で形成された（川邊他，2005）．岩手・宮城内陸地震においても比較的規模の大きい天然ダムが15箇所で生じており（井良沢他，2008），1つの大規模地震（マグニチュード6クラス以上）が発生した場合，複数の天然ダムが生じやすい傾向にある．

天然ダムの重要な決壊要因の1つとして，満水後の越流侵食による決壊がある（3.8.4参照）．したがって，天然ダム決壊による第二次土砂災害を軽減する上では，ダム内水位の継続的なモニタリングが重要な要素の1つとなる．ただし大規模地震においては，先に述べたようにモニタリングが必要とされる複数の天然ダムが発生し，かつ地震による地上交通網の破損などによって天然ダムまでの地上からのアクセスが極めて困難となる．これらの点を解決するための手段の1つとして，近年においては投下型の水位観測ブイが開発され，現場での運用が進んできている（山越他，2010）．

5.1.5 崩壊および崩壊土砂の流動化について

5.1.2項では，地質的には第三系，第四系および火山噴出物地域で崩壊が発生しやすい傾向にあることを示したが，これらの地域において発生した崩壊事例の一覧を表5.2に示す．流下距離は斜面崩壊部下端から堆積土砂末端までの流下長の水平距離であり，等価摩擦係数は堆積土砂末端から斜面崩壊部頂部までの正接

表5.2 第四系,第三系および火山噴出物地域における崩壊事例の一覧(石川(1999)の原表の一部に千木良他(2012)のデータを追加して作成)

地震名	発生年月日	マグニチュード	崩壊地名	地質	斜面崩壊部 崩壊土砂量(m³)	斜面崩壊部 平均傾斜(°)	流下距離(m)	等価摩擦係数	出典
秋田仙北地震	1914/3/15	7.1	猿井沢	第三系	23000	29.7	60	0.32	石川(1999)
			布又沢	第三系	260000	26.6	120	0.33	
			戸川	第三系	32000	30.1	80	0.28	
関東大地震	1923/9/1	7.9	星ヶ山	火山噴出物	50000	29.2	1250	0.25	
			根府川大洞	火山噴出物	1000000	26.6	3800	0.17	
			米神	火山噴出物	250000	14.0	1800	0.18	
			震生湖	火山噴出物	340000	11.3	50	0.17	
			山北町玄倉	第三系	3000000	29.7	700	0.38	
			山北町谷我	第四系	1000000	21.8	500	0.35	
			地震峠	第三系	500000	19.8	250	0.26	
北丹後地震	1927/3/7	7.3	遊	第四系	50000	39.7	150	0.31	
			三本松峠	第四系	30000	15.1	300	0.16	
北伊豆地震	1930/11/26	7.3	山中新田	火山噴出物	200000	33.8	180	0.45	
			田中山	火山噴出物	30000	23.7	50	0.32	
			大野	火山噴出物	150000	31.0	120	0.36	
			小菅	第三系	1000000	18.3	50	0.29	
			奥野山	第四系	400000	18.3	1200	0.20	
福井地震	1948/6/26	7.1	浜坂-1	第四系	200000	14.0	100	0.18	
			浜坂-2	第四系	270000	14.0	60	0.21	
伊豆大島近海地震	1978/1/14	7.3	見高入谷七面	火山噴出物	100000	24.2	150	0.34	
			御嶽崩れ	火山噴出物	34000000	28.4	12000	0.13	
長野県西部地震	1984/9/14	6.8	滝越	火山噴出物	500000	35.0	700	0.21	
			松越	火山噴出物	270000	15.6	900	0.08	
兵庫県南部地震	1995/1/17	7.3	仁川	第四系	110000	15.1	100	0.17	
東北地方太平洋沖地震	2011/3/11	9.0	白河市葉ノ木平	火山噴出物	30000	22.0	191	0.18	千木良他(2012)
			白河市白沢	火山噴出物	9000	13.0	235	0.27	
			栃木県那珂川町捕野	火山噴出物	5500	23.0	255	0.29	

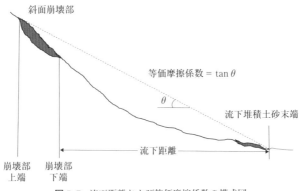

図 5.7 流下距離および等価摩擦係数の模式図

として定義され（図 5.7），崩壊土砂の流動化の程度を示す指標の 1 つである．なお，表に示した崩壊は崩壊土砂量からわかるように，表層崩壊と比較して規模の大きい崩壊である．

崩壊部の平均斜面勾配についてみると，斜面勾配 20°未満の緩勾配斜面で発生した崩壊が 27 事例中 11 事例と約 40% を占めている．緩勾配斜面での規模の大きい崩壊発生は地震時崩壊の特徴の 1 つである．原因として，火山噴出物地域においては地震時に土質強度の低下が起こりやすい火山灰層およびスコリア・軽石層などの粘土化した層の狭在，第三系および第四系の堆積岩地域においては水で飽和されたシルト層や砂層の地震動による液状化があげられる．2016 年の熊本地震においても，阿蘇山の京都大学火山研究センター周辺で概ね 20°以下の緩斜面で軽石層付近をすべり面とする地すべり性の崩壊が発生している（石川他，2016）．これら緩勾配斜面で発生する崩壊は危険斜面と認識されにくいことが多く，事前の土砂災害対策は難しい．

崩壊土砂の流下距離についてみると，最大のものは長野県西部地震で発生した御嶽崩れの流動化によるもの（流下距離 12 km）である．図 5.8 に御嶽崩れ発生直後の状況を示す．この地震では御嶽崩れ以外にも松越，滝越，御嶽高原で崩壊が発生し，いずれの崩壊も流動化してい

図 5.8 御嶽崩れ発生直後の状況（中部森林管理局 HP の図に加筆）

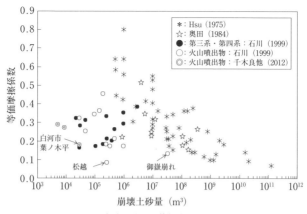

図 5.9 崩壊土砂量と等価摩擦係数の関係

る．また，表 5.2 で最大の流下距離を示す御嶽崩れを除いて火山噴出物地域および第三系，第四系の堆積岩地域の流下距離の平均をとると，前者で約 740 m，後者で約 280 m となる．定量的な比較は難しいものの，火山噴出物地域のほうが堆積岩地域より長距離を流下しやすい傾向にあることがわかる．

次に等価摩擦係数と崩壊土砂量の関係について，比較のため Hsu (1975)，奥田 (1984) の研究成果と合わせたものを図 5.9 に示す．一般に等価摩擦係数と崩壊土砂量の間には負の相関関係がある (Hsu, 1975)．本図から崩壊土砂量がおよそ 100 万 m^3 以上の大規模崩壊の範囲では，この関係が成立している傾向にあるが，それ以下の範囲では，この関係性は明瞭でない (石川, 1999)．また堆積岩地域と火山噴出物地域の両者の等価摩擦係数の分布範囲をみると両者ともばらついており，等価摩擦係数の値によって明瞭に区分できるものではないが，両者とも Hsu (1975)，奥田 (1984) の研究成果と比較して，等価摩擦係数の値が小さい範囲に分布しており，流動性が比較的大きい傾向にあることが確認される．

流下距離および流動性の大小は，必ずしも土砂災害の規模と結びつくものではないが，崩壊土砂の流動化による土砂災害は，災害の危険性が認識しにくい場所で発生する傾向にある．長野県西部地震ではいずれも崩壊土砂の流動化により 29 名もの尊い人命が失われているが，松越において発生した土砂災害は，流動化した崩壊土砂が河道を挟む対岸斜面を約 50 m かけ登り，そこに位置していた生コンプラントを押し流し，作業していた人々を含む 13 名の方が亡くなったものである (瀬尾他, 1984)．また白河市葉ノ木平では平均勾配 22° の緩斜面で発

生した地すべり性の崩壊によって，平坦部に位置する人家10戸が全壊し13名の方が犠牲となっている（国土交通省調べ）．

以上述べたように地震を誘因とする崩壊および崩壊土砂の流動化現象によって引き起こされる土砂災害は，豪雨によるものと比較して，その危険性を認識しにくい場所で発生するといえる．かつ地震は豪雨と異なりその予知・予測が困難であることから，事前に避難行動をとることは極めて難しい．この点が地震によって発生する第一次土砂災害対策（図5.2参照）を困難にしている最大の要因である．

〔執印康裕〕

5.2 火山活動と土砂災害

5.2.1 概　　説

図5.10は，火山活動に関連した土砂災害を分類したものである．一次的土砂災害は火砕物降下，火砕流，火砕サージ，溶岩流などの火山噴火現象が直接的に引き起こすものであり，二次的土砂災害は火山噴火現象に誘発されて発生した山体崩壊，岩屑流，火山泥流，侵食，崩壊，地すべり，土石流などの土砂移動現象が引き起こすものである．ひとたび火山が噴火すると，これらの多種多様な現象が複合して発生し，大規模な土砂災害となる場合が多い．

火山活動に関係する土石流を火山泥流と呼ぶことがあるが，これには火山活動が直接的に関係して発生する一次的なものと放出された火砕物（火山灰，軽石など）に由来して発生する二次的なものがある．図5.11は，火山泥流を分類したものである．一次火山泥流は，1980年セント・ヘレンズ火山（アメリカ）のよ

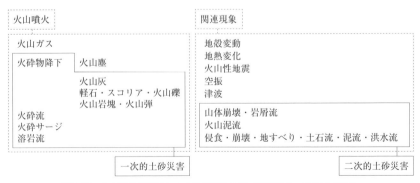

図5.10　火山活動に関連した土砂災害の分類（砂防学会，1990を改変）

5.2 火山活動と土砂災害

図 5.11 火山泥流の分類（水山，1991 を一部修正）

うに火山噴火に伴う山体崩壊で引き起こされた泥流（山体崩壊型），1919 年クルー火山（インドネシア）のように火口湖の水が火山噴火で溢水して生じた泥流（火口湖決壊型），1926 年十勝岳や 1985 年ネバド・デル・ルイス火山（コロンビア）のように火山噴火による積雪や氷河の融解で生じた泥流（融雪型）などである（火山泥流の分類については 3.5 節参照）．

一方で二次火山泥流（または降雨型泥流）は，桜島などで発生している火山噴火に伴って放出された火砕物に由来する土石流である．図 5.12 は，二次火山泥流（土石流）が土砂災害を引き起こす過程を概念的に示したものである．火山噴火に伴って放出される細粒火砕物が地表面を覆うと，流域の水文環境は急激に変化する．すなわち浸透能の低下により表面流が発生し，斜面では面状侵食，リル侵食，ガリ侵食によって土砂が生産され，さらに土石流の発生につながる．

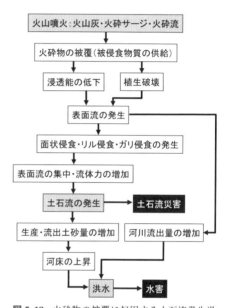

図 5.12 火砕物の被覆に起因する土石流発生過程の概念図（下川，1995 を一部修正）

表面侵食は，表面流により地面を構成する土壌や土砂が削り取られる現象で，面状（布状，層状）侵食，リル（細流）侵食，ガリ（雨裂）侵食からなる．表面流が斜面低所に集まってリル（細溝，雨溝）が形成されるとリル侵食，リルがガリ（雨裂，地隙）に発達するとガリ侵食となる．

次項では，火山活動に関連した土砂災害のうち，発生頻度が高く砂防事業で対象とすることが多い火砕物の被覆に起因する土石流災害に関する事例を示す．

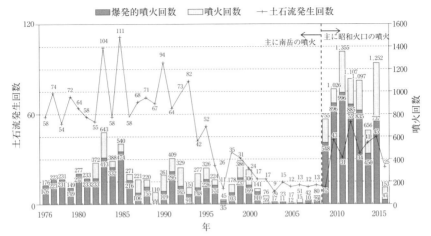

図 5.13 桜島の噴火回数と土石流発生回数の経年変化（国土交通省，2017）

5.2.2 火山活動に関連した土砂災害の事例
a. 桜島の噴火と土石流

桜島は，1955 年以降南岳火口から主に火山灰を放出する活発な噴火を継続しており，さらに 2006 年からは昭和火口からの噴火も再開している．桜島の山腹斜面は，火山ガスなどで植生が破壊され，多量の火山灰が堆積し，図 5.12 に示した発生機構の土石流が頻発している．図 5.13 は，桜島の噴火回数と主に南岳山頂を源とする河川（野尻川，春松川，持木川，第二古里川，第一古里川，有村川，黒神川）の土石流発生回数の経年変化を示したものであり，噴火回数が増加すると土石流発生回数が増加する傾向がみられる．2009 年以降は昭和火口の噴火回数が非常に多いが，放出火山灰量は南岳火口より 1 桁以上小さいといわれる．

桜島では少ない降雨で土石流が発生して土砂災害がしばしば発生してきた．1974 年には河道内の工事中に 8 人が土石流に巻き込まれて亡くなっている．火山活動が非常に活発であった 1985 年前後には，土石流が多発して建物，道

図 5.14 土石流が氾濫した国道 224 号沿いの古里温泉街（撮影：地頭薗隆，1983 年）

5.2 火山活動と土砂災害

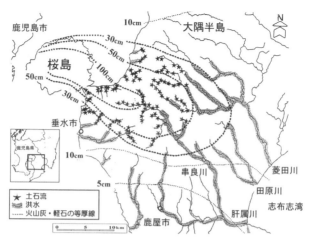

図 5.15 桜島大正大噴火による軽石・火山灰の分布と土石流・洪水流の発生（下川・地頭薗，1991）

路，橋梁などに被害が及んだ（図 5.14）．最近は防災対策が進み，土砂災害はほとんど発生していない．

一方，桜島は溶岩噴出を伴う大噴火を繰り返している．1914 年の大正大噴火の際は，軽石や火山灰を主体とする火砕物と溶岩を噴出し，火砕物は北西の季節風によって大隅半島に広く堆積した．図 5.15 は，火砕物の分布図と歴史資料および土石流堆積物の分布調査から作成した土石流や洪水が発生した河川を図示したものである．火砕物が 30 cm 以上堆積した流域では土石流が頻発し，その下流では洪水が生じている．火山噴火が大規模な場合は火山体だけでなく，その周辺域の山地でも図 5.12 に示した土石流が発生する．

b. 雲仙普賢岳噴火と土石流

雲仙普賢岳は，1990 年 11 月，水蒸気や火山灰を放出する火山活動を 198 年ぶりに開始した．放出された火山灰が普賢岳の山腹に厚く堆積した後，火山活動はさらに活発化し，1991 年 5 月からは溶岩ドームの崩壊による火砕流の発生を伴うようになり，6 月の火砕流では水無川流域で 43 人が犠牲となった．火砕流は，当初，水無川本川やその左右支川に流下したが，1993 年 5 月からは中尾川流域方面へ，1994 年 2 月からは湯江川流域方面にも拡大した．一連の火山活動に伴って普賢岳周辺の森林植生は破壊され，水文環境が大きく変化した．図 5.16 は，普賢岳周辺における降下火砕物の堆積厚と浸透能（測定方法は 5.2.3 項参照）の

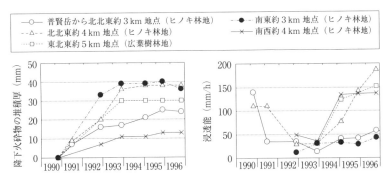

図 5.16 雲仙普賢岳における降下火砕物の堆積厚と浸透能の経年変化（地頭薗他，1996）

経年変化を示したものである．噴火前の浸透能は 100 mm/h 以上を示していたが，細粒火砕物の堆積により 1991 年から 1992 年にかけて急激に低下し，その状態が 1993 年まで継続している．浸透能の極端な低下によって表面流が発生し，表面侵食や土石流が引き起こされた．1993 年 4 ～ 7 月には水無川において 6 回の土石流が

図 5.17 水無川下流の土石流災害（撮影：地頭薗隆，1993 年）

発生し，多量の土砂が下流まで流出して甚大な被害が発生している（図 5.17）．火砕流の発生が少なくなった 1994 年後半以降は，細粒火砕物の流失や動植物の活動によって浸透能の上昇がみられる．また図 5.18 は水無川流域における土石流発生の限界雨量の経年変化である．土石流の土石流発生の限界雨量は，1991～1993 年は 10 mm/h 未満，1994～1995 年は 15 mm/h 前後，1996～1997 年は 20 mm/h 程度，1998 年以降は 30 mm/h 以上となり，図 5.16 の浸透能の変化と調和的である．

c. 霧島新燃岳噴火と土石流

2011 年 1 月，マグマ噴火を起こした霧島新燃岳は軽石・火山灰を主体とする火砕物を噴出し，火砕物は季節風によって新燃岳の南東方向と東方向に流された（清水他，2011）．図 5.19 は，新燃岳の東・南東側斜面および高千穂峰の北・東・南側斜面のうち，噴火後に火口から 3 km 区域外で調査した火砕物の分布図

5.2 火山活動と土砂災害

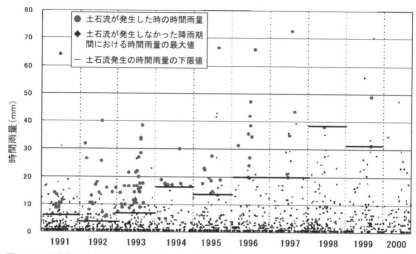

図 5.18 雲仙普賢岳水無川流域における土石流発生の限界雨量の経年変化（国土交通省，2001を一部修正）

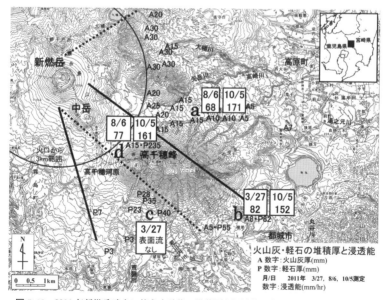

図 5.19 2011年新燃岳噴火に伴う火砕物の堆積厚と浸透能測定結果（地頭薗，2017）

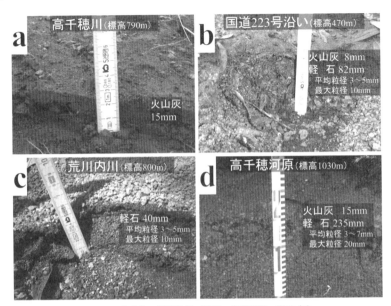

図 5.20 火砕物の堆積状況（撮影：地頭薗隆，2011 年）
撮影箇所の位置は図 5.19 に示す．

であり，図 5.20 は図 5.19 の a，b，c，d 点における火砕物の堆積状況である．噴火初期は軽石が多く放出され，図 5.19 の実線に挟まれる火口から南東方向に，その後，火山灰が図 5.19 の破線に挟まれる火口から東方向に降下した．したがって両者が重なる範囲では，軽石の上に火山灰が堆積した構造となっている．また，図 5.19 には次項で示す浸透能測定結果を示している．2011 年噴火で放出された火砕物の堆積が浸透能低下に及ぼした影響は，火山灰のみが堆積した新燃岳の東側斜面や高千穂峰の北側斜面で大きく，次に軽石とその上に火山灰が堆積した新燃岳および高千穂峰の南東側斜面で大きかった．一方，軽石が主体で火山灰がほとんど堆積しなかった高千穂峰の南側斜面では浸透能低下への影響は小さかった．火山灰は降雨のたびに流出して浸透能は短期間で上昇したため，下流に被害を与えるような土石流の発生には至らなかった．しかし多量の軽石や火山灰が山腹に堆積しているので，大雨の際には急斜面や急渓流で土砂が流出する可能性は噴火後も続く．

　2017 年 10 月，新燃岳は再び小規模な噴火を起こしたが，放出された火山灰が少なく，土石流は発生しなかった．さらに 2018 年 3 月には 2011 年以来の爆発的噴火が起こり，火口の北西側へ溶岩が流出し，活発な火山活動が継続している．

図5.21 ムラピ火山と火砕流堆積物に刻まれた侵食谷（撮影：地頭薗隆，1992年）

d. 1984年のインドネシア・ムラピ火山噴火

ムラピ（メラピ）火山は，インドネシア・ジャワ島の中央部に位置し，インドネシア国内で最も活動的な火山である．ムラピ火山の南西斜面に位置するプチ川流域は，1984年6月に発生した火砕流により流域の一部を火砕流堆積物や火砕流熱雲に由来する降下火砕物に厚く覆われた（図5.21）．火砕流堆積物や降下火砕物に覆われた斜面からは土石流が発生し，多量の土砂が下流へ流出した．図5.22は，プチ川のムランゲンダムにおいて観測された土石流のピーク流量と総流出量の経年変化を示したものである．火砕流発生後は規模の大きな土石流が発生し，その後，経年的に土石流の発生回数および規模が小さくなり，火砕流発生から4，5年が経過するとほとんど発生しなくなっている．この減少の主な原因は，火砕流が堆積した区域の植生回復に伴う浸透能の上昇によるものである．

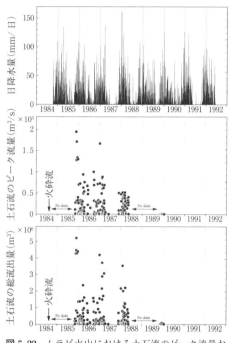

図5.22 ムラピ火山における土石流のピーク流量および総流出量の経年変化（Jitousono *et al.*, 1996）

5.2.3 火山噴火に伴う水文環境変化の評価

図 5.12 に示した火砕物の被覆に起因する土石流の警戒対応には，火山灰，軽石それぞれの分布・堆積厚・堆積構造の情報が重要である．同時に，火砕物が堆積して水文環境がどの程度変化したかを把握する指標として浸透能も重要な因子の1つである．火砕物が堆積した斜面の浸透能を把握する方法はいくつか提案されているが，ここでは前項の雲仙普賢岳や霧島新燃岳で用いた簡易な散水型浸透能試験方法を紹介する（図 5.23）．①傾斜約 15°の斜面に水平長 100 cm × 幅 50 cm の長方形区を設定する．②長方形

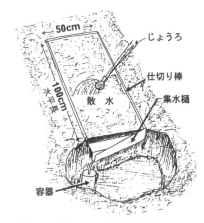

図 5.23 簡易な散水型浸透能試験方法（下川・地頭薗，1987）

区の最下端に表面流を集水する樋と容器（タッパーやビーカー）をセットする．③水 2000 cm^3（降雨量に換算して 4 mm）をじょうろにより約 60 秒間で長方形区に均一に散水する．④表面流出量を計測する．⑤表面流出量がほぼ一定になるまで③〜④の作業を繰り返し，その最終値から浸透能を計算する．噴火直後に，広域かつ迅速に浸透能を測定する方法として簡易な散水型浸透能試験は有効である．地点ごとの基本データとして噴火前の平時の浸透能が測定されていれば変化を追うことができ，噴火の影響を評価しやすい．さらに，大噴火が想定される火山では周辺域の森林山地の浸透能も測定しておく必要がある．これにより対象地域の土砂移動現象を予測する精度が増すと考えられる．

5.2.4 噴火後の土砂災害対策

火山噴火に伴う噴石，降灰，火砕流，溶岩流，土石流，山体崩壊などの現象は火山周辺域に多様な災害をもたらす．特に火山灰が厚く堆積した斜面では，噴火直後に少ない雨で繰り返し土石流が発生して広域に土砂災害を引き起こす恐れがあり，ハード・ソフトの両面から緊急的な対策が必要である．活火山においては『火山噴火緊急減災対策砂防計画策定ガイドライン』（国土交通省，2007）に基づいて火山噴火対応の緊急減災対策が策定されている．すなわち，噴火直後にはヘリコプターや現地調査による降灰の分布や堆積厚，土砂移動の把握，砂防施設の

点検，被災範囲の想定などの緊急調査が実施される．さらに，土石流発生の危険性が判断された流域では，警戒避難対応のソフト対策として土砂移動を検知するセンサーや監視カメラの設置，ハード対策として既設堰堤の除石，コンクリートブロックや大型土のうを用いた堰堤や導流堤の新設や嵩上げなどが行われる．例えば，2011年の霧島新燃岳噴火の際は，降灰

図 5.24 荒川内川におけるコンクリートブロックを用いた堰堤の嵩上げ（撮影：地頭薗隆，2011年）

量などの調査に基づいて土石流災害に対する避難雨量基準が設定され，宮崎県都城市や高原町では避難勧告などが発令された．さらに，土石流の危険性が予測された渓流では既設堰堤の除石，コンクリートブロックを用いた堰堤や導流堤の新設や嵩上げが緊急的に実施された（図 5.24）． 〔地頭薗　隆〕

5.3 台風と土砂災害

5.3.1 台風と災害

わが国は世界でも有数の台風常襲国であり，強風域や暴風域を伴って強い雨をもたらすことが多い．このため，しばしば気象災害を引き起こし，毎年のように大きな被害を受けている．本節では台風による土砂災害についてとりあげる．

台風による災害を考える上では，戦後から1960年代前半にかけての多発した災害をみておく必要がある．1995年1月17日に発生した兵庫県南部地震（阪神・淡路大震災）の災害まで，戦後の地震を除く自然災害で死者・行方不明者数の一番大きかった災害は1959年9月の伊勢湾台風（死者・行方不明者5098名）であった．本災害を契機に，災害対策基本法が1961年に制定されることになった．1945年から1960年代前半にかけてはカスリーン台風（1947年），アイオン台風（1948年）など，毎年のように台風が上陸し，1000名を越す死者・行方不明者を出すことも多かった．

気象庁によると，北太平洋西部に現れる熱帯低気圧のうち，低気圧域内の最大風速が約 17 m/s 以上にまで発達したものを「台風」と定義している．同じ最大

表5.3 台風の強さによる分類

階級	最大風速
表現しない	17〜33 m/s 未満
強い	33〜44 m/s 未満
非常に強い	44〜54 m/s 未満
猛烈な	54 m/s 以上

表5.4 台風の大きさによる分類

階級	強風域（15 m/s 以上）
表現しない	500 km 未満
大型	500〜800 km 未満
超大型	800 km 以上

風速が17.2 m/s 以上の熱帯低気圧のうち，北インド洋と南太平洋にあるものは「サイクロン」と呼ばれ，北大西洋と北東太平洋の熱帯低気圧のうち最大風速が32.7 m/s 以上のものは「ハリケーン」と呼ばれる．

台風の勢力をわかりやすく表現する目的などから，台風は「強さ」によって階級が定められ分類されている（表5.3）．また，「大きさ」による分類も行われており，風速15 m/s 以上の強風域の大きさによって分類する（表5.4）．これらを組み合わせて，かつては「大型で並の強さの台風」というような言い方をしていたが，組み合わせによっては「ごく小さく弱い台風」となる場合もあった．1999年8月14日の玄倉川水難事故を契機に，このような表現では危険性を過小評価した人が被害に遭うおそれがあるという防災の観点から，2000年6月1日から，「弱い」や「並の」といった表現をやめている．したがって，「小型で（中型で・ごく小さく）弱い（並の強さの）台風」と呼ばれていたものは単に「台風」，「大型で並の強さの台風」は「大型の台風」と表現されるようになった．

台風が日本本土を襲う経路は様々であり，台風の中心が日本の海岸線から300 km 以内に入った場合を「日本に接近した台風」としている．台風の中心が北海道，本州，四国，九州の海岸線に達した場合を「日本に上陸した台風」としている．ただし，沖縄本島などの離島や小さい半島を横切り短時間で再び海に出る場合は「通過」としている．

台風の平年値としては，1981〜2010年のデータをもとにした平均値によると，年間発生数が25.6個，年間日本接近数が11.4個，年間日本上陸数が2.7個である．このように日本には，平均して毎年11個前後の台風が接近し，そのうち3個くらいが日本本土に上陸する．2004年には10個の台風が上陸し，上陸数の記録を更新した．その一方で1984年，1986年，2000年，2008年のように台風が全く上陸しなかった年もある．

台風が日本本土に上陸するのは多くが7〜9月である．このうち，9月に来襲した台風が大きな被害をもたらすことが多い．これは，9月は8月に次いで上陸

数，接近数が多いうえに，この頃には日本列島付近に秋雨前線があり，台風の東側をまわって前線に流れ込む湿った空気が前線の活動を活発化させて大雨を降らせる場合があることも関係している（2000年9月11日の愛知県を中心に記録的な豪雨を観測した東海豪雨など）．梅雨前線が停滞している際に台風が近づく際も同様である．このように前線が停滞して大雨となっているところに，さらに台風が近付いてくると「台風が前線を刺激して大雨になる」ことに注意する必要がある．台風から遠く離れていても大雨になる場合があり，台風中心から1000 km以上離れていても，台風の影響で大雨になることがある．

わが国における台風の被害は，記録が明確な20世紀中盤以降，確実に減少してきている．これには，学術面では台風研究の進展，行政側では予報の充実や既往の知見などをもとにした防災体制の構築，住民側では災害記録の伝承や自主防災活動などによる効果と考えられる．しかし，洪水や高潮と比べ土砂災害は突発的に発生するため，依然としてその被害は減っておらず，今後もハード・ソフト両面にわたる対策が望まれる．

5.3.2 誘因別の土砂災害発生件数

わが国における土砂災害発生件数を誘因別にみてみよう．2001～2016年の土砂災害発生件数は全部で1万7274件である（砂防・地すべり技術センター，2002～2017）．発生原因別にみると，最も多いのは梅雨によるもので，全体の38％を示している（図5.25）．ついで台風によるものは33％で，それ以外では，梅雨・台風以外の降雨によるものが17％，融雪によるものが3％である．気象以外の原因（ほとんどが地震）によるものも9％を示している．

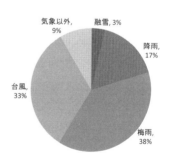

図5.25 2001～2016年の誘因別の土砂災害発生件数（砂防・地すべり技術センター，2002～2017）

このように，土砂災害が発生する一番多い原因は梅雨や台風であり，わが国の土砂災害発生件数はこの2つで71％を占めている．日本では，季節の変わり目に前線が停滞し，しばしば大雨を降らせる．梅雨時期は6～8月にかけて雨が多くなる．また，7～10月にかけては日本に接近・上陸する台風が多くなり，大雨，洪水などをもたらす．険しい山や急流が多い日本では，台風や前線による大雨によって，川の氾濫や土石流，がけ崩れ，地すべりなどが発生しやすくなる．

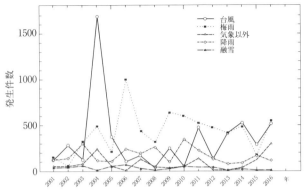

図 5.26 誘因別の土砂災害発生件数の年ごとの推移グラフ（2001〜2016 年）

　以上まとめると，梅雨や台風などの短時間に狭い範囲で非常に激しく降る集中豪雨などの影響（5.4 節参照）により，土砂災害の多くが発生していることになる．
　2001〜2016 年の土砂災害発生件数は，全体的に増加している傾向がみられる（図 5.26）．梅雨と台風以外の降雨は増減が少なく毎年あまり変わっていないのに対して，梅雨と台風によるものは変動が激しく，年によってかなり違う．気象以外の地震もそうである．とりわけ 2004 年は，観測史上最多となる 10 個の台風の日本列島への上陸，また 10 月に発生した新潟県中越地震の影響も相まって，過去最も多い 2537 件もの土砂災害が発生した．2011 年は東日本大震災の発生と 9 月に台風 12 号による土砂災害の発生などで件数が多く，2014 年も台風 8 号や台風 11 号，台風 19 号などが日本各地に大きな被害をもたらした．また，2016 年は 4 月の熊本地震および 6 月の梅雨前線豪雨に加え，8 月の台風 10 号は観測史上初めて東北地方の太平洋側に上陸し，北日本に大きな豪雨被害をもたらしたことにより，2004 年の次に多くの土砂災害が発生している．このように台風は年ごとの変動が大きいものの，梅雨と並んで土砂災害が発生する一番多い原因となっている．

5.3.3　台風によってもたらされる被害

　台風は豪雨だけなく，強風による風倒木災害ももたらす．近年，台風などによる風倒木災害が特に造林地を中心に全国各地で発生している．最近では，北九州地方で発生した 1991 年台風 19 号（宮本他，1992；松村・高浜，1999）や 1993

5.3 台風と土砂災害

図5.27 1991年台風19号により発生した風倒木の状況（大分県筑後川上流）（提供：大分県砂防課）

図5.28 1991年台風19号により風倒木とともに発生した斜面崩壊（大分県耶馬溪町）（提供：大分県砂防課）

年の台風13号による風倒木災害（谷口他，1998）が特に有名であり，甚大な被害をもたらした．近畿地方では1998年の台風7号によって奈良県を中心に風倒木災害が発生し，2579 haにも及ぶ森林被害が発生した（谷口他，1999）（図5.27）．同災害ではその翌年1999年6月の降雨により風倒木の斜面に，従来より少ない降雨で多くの崩壊が発生し，土砂や流木を流出させた（谷口他，2001）（図5.28）．こうした風倒木被害やその後の降雨による二次災害の防止対策の検討が求められている．

これらの台風によって風倒木の発生した近傍の観測所での最大瞬間風速は，

1991年台風19号：44.4 m/s（大分県日田観測所）
1993年台風13号：37.9 m/s（宮崎県延岡観測所）
1998年台風7号：42 m/s（建設省猿谷ダム）

であった．なお，わが国における気象庁の観測値による最大瞬間風速は，1966年9月5日に第2宮古島台風により宮古島で観測された最大瞬間風速85.3 m/sである．風速に関する観測の上位の記録はほとんど台風である．

風倒木の区分は立木の被害の形状によって，根返り，幹折れ，幹曲がりの3つのパターンに区分され，実際の風倒木被害発生地ではこれらのパターンが混在する．これらの風倒木の発生地の多くはスギの人工林（一部ヒノキの人工林）であり，また樹齢は20～50年がほとんどで，幼齢林ではほぼ倒木を生じない．発生した風倒木の形態は根返りが多く，風が加速されるような地形的に特徴をもった斜面で発生していることが多い．

風倒木発生斜面で，従来より少ない降雨で多くの崩壊が発生し，土砂や流木を

流出させた要因として，以下のようなことが考えられる（谷口他，2001）．

①風倒木斜面におけるせん断抵抗力の低下：強風で樹木が揺すられることにより表層土が攪乱され，強度が低下する．風倒木斜面は，根返りや幹折れ・幹曲がりをもたらした外力が根系を通して斜面に及び，風倒木発生以前よりもせん断抵抗力が低下する．

②風倒木斜面の雨水浸透特性の変化：表層土の攪乱により透水性が大きくなる．攪乱された層とその下層部では，雨水に対する浸透能が異なると推定されるので，その境界で地下水面を作りやすい．特に表土が薄く（根系深と同程度かそれ以下）下層部が岩盤のところでは，風倒木によって根系層と下層部の岩盤表面との間に剝離が生じ，浸透した雨水が地下水斜面を形成しやすくなっている．

③風倒木斜面の植生の破壊による変化：風倒木斜面は，立木が倒木や折れ曲がることによって樹冠を失っているため，直接斜面に達するようになった雨によって侵食されやすい状態にある．

以上のように，風倒木の発生は山腹表層土を攪乱し，その強度を低下させ，崩壊の発生ポテンシャルをあげ，小さな降雨でも崩壊が発生するようになる．このような崩壊の発生により，土石流などの土砂災害をもたらしたり，倒木が流木化して流出し，流木災害の原因となる危険性がある（3.4節，3.6節参照）．また，風倒木の発生していない斜面でも根が揺すられて表層が不安定になっている可能性もあるので注意する必要がある．

台風は広域の範囲に降雨だけでなく強風をもたらす．山地斜面は森林で覆われているため，ここで述べたような風倒木の発生について備える必要がある．

5.3.4 近年の台風による災害の発生事例

ここでは2016年8月30日の台風10号により岩手県で発生した土砂災害を取り上げる．

2016年8月30日，岩手県の北上山地東側の岩泉町，宮古市，久慈市などでは，台風10号に伴う集中豪雨による渓床部の侵食などに起因し，土砂・流木が発生・流下した．本台風は岩泉町，宮古市，久慈市など北上山地東側の多くの市町村で河川の氾濫，道路の途絶による集落の孤立，土砂災害の発生など甚大な被害をもたらした．岩手県内で21人の死亡が確認され，2人が行方不明となっている（2017年1月19日現在；国土地理院，2016）．とりわけ岩泉町では，グルー

表 5.5 2016 年台風 10 号による土砂災害発生箇所数
（2016 年 10 月 31 日現在）

市町村名	土石流など	がけ崩れ	合計
久慈市	6	1	7
洋野町	0	1	1
軽米町	0	2	2
宮古市	18	0	18
岩泉町	116	4	120
釜石市	1	0	1
遠野市	5	0	5
大槌町	0	1	1
合計	146	9	155

図 5.29 2016 年台風第 10 号の経路（気象庁ホームページより）

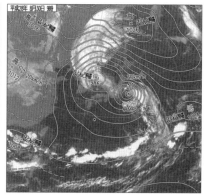

図 5.30 地上天気図（2016 年 8 月 30 日 9 時）（気象庁ホームページより）

プホームが被災し，入所者 9 名が全員犠牲になるなど，高齢者の被災が顕著であった．岩手県内では土砂災害の発生件数は 155 件（国土交通省砂防部, 2016）にも及んでいる（2016 年 10 月 31 日現在）（表 5.5）．また，9 月 1 日時点で，岩泉町の 900 人を含む少なくとも 1100 人の住民が災害により孤立した．9 月 19 日に同町では道路の復旧が進み，約 3 週間ぶりにすべての集落で孤立が解消した．

　災害をもたらした 2016 年台風 10 号は，日本の南の太平洋上で複雑な動きをした台風である．数日間，南寄りの進路を通った後，再び東寄りに進路を変え，北上し，2016 年 8 月 30 日 18 時前に岩手県大船渡市付近に上陸した（図 5.29, 5.30）．そして東北地方を北西に抜けたのち，温帯低気圧に変わった．1951 年に気象庁が統計を取り始めて以来，初めて東北地方の太平洋側に上陸した台風とな

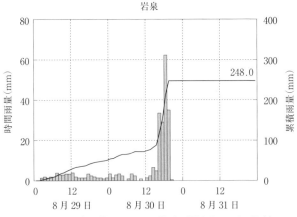

図 5.31 2016 年 8 月 29 日からの降雨の状況（アメダス岩泉）

った.

　本台風により，岩手県東部を中心に累積雨量 200 mm を越える強雨域が広がった（口絵 7）．アメダス岩泉（岩手県岩泉町）の降雨は，8 月 29 日から時間雨量 5 mm/h 以下の降雨が断続的に発生している（図 5.31）．最大日雨量は台風 10 号が上陸した 8 月 30 日の 194.5 mm/ 日であった．図に示すように，最大時間雨量 62.5 mm（8/30 18 時：1/200 年確率相当），最大日雨量 194.5 mm（8/30：1/30 年確率相当）であった．最大時間雨量はアメダス岩泉の観測史上最大である．このうち，時間雨量 28.5 mm（1/3 年確率）以上の豪雨が生じていたのは 4 時間（8/30 15～19 時）であり，この間に降った雨は 160 mm に達した．今回の土砂災害の素因となる降雨は，おおよそ 4 時間の間に集中的に発生したのが特徴的である．

　台風 10 号による代表的な土砂災害による被災箇所として岩泉町袰綿田畑（ほろわたたはたけ）地区を取り上げる．本地区には，二級河川小本川（流域面積 731 km^2，幹川流路延長 65 km）へ南側から流入する流域面積 1.5 km^2，比高約 540 m（標高 210～750 m）の沢があり，小本川合流点から上流側約 350 m の区間では沢沿いに 10 軒程の家屋がある．この沢では 8 月 30 日の豪雨によって下流域で氾濫が生じ，流出した土砂が最上部の家屋の 1 階部分をほぼ埋没させるなど，沢沿いの家屋や道路に被害を及ぼした．また沢沿いの旧流路が埋没したことにより，あふれた流水が周囲へ流れ込んで農地を湛水させる二次的な被害も生じた（図 5.32）．

　小本川中流域で，顕著な河床上昇が認められた岩泉袰綿田畑地区において，災

害後に計測されたLPデータ（H28.9/17）と災害前の河川測量データ（H21）より，河床は最大3m程度上昇していることがわかった（図5.33）．

本節で述べた2016年の台風10号による土砂災害の特徴は以下の通りである．

図5.32 岩泉町𦚰綿田畑地区における集落の被災状況（2016年9月9日撮影）
右側は小本川である．写真左の支川からの上流域の土砂流出状況．

① 岩手県内での土砂災害発生箇所は155箇所と報告されている．大規模な崩壊による土砂流出は発生しておらず，河床堆積物の再移動や渓岸崩壊による土砂流出が主体である．

② 2016年9月1日時点で，岩泉町の900人を含む少なくとも1100人の住民が災害により孤立した．孤立が解消したのは約3週間後であった．

③ 本台風は気象庁の統計開始後，初めて東北地方の太平洋側から上陸した．これまで東北地方はこのような豪雨が生じにくい傾向にあったと考えられる．いわゆる雨慣れしていない斜面や渓流域となっており，今回のような渓流の流量の増大時に土砂流出が生じやすい一因となったと推定される．

④ 二級河川の小本川，閉伊川，安家川など本川の河床上昇が顕著な場所が多くあり（3m程度上昇している箇所もある），これらの河床上昇により流域の治水安全度が低下している．また大量の流木が流出し，橋梁などに閉塞することで災害を助長した．

本災害により，洪水や土砂災害の危険性のある全国の高齢者施設に避難計画の作成などを義務付ける土砂災害防止法や水防法などの法律が改正され，土砂災害

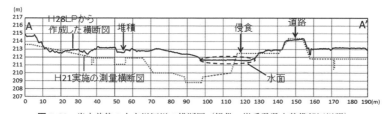

図5.33 出水前後の小本川河川の横断図（提供：岩手県県土整備部河川課）

や洪水の危険性の高い場所にある全国の高齢者施設や障害者施設などに対し，避難計画の作成や定期的な避難訓練の実施が義務付けられた．　　　〔井良沢道也〕

5.4　豪雨と土砂災害

　土砂災害の誘因としての豪雨には，台風に伴うものと前線性のものとがある．本節では両者を含めて豪雨によって起きる土砂災害の特徴について述べていくことにする．

5.4.1　雨の少ない地域と多い地域の土砂災害の違い

　たとえば，瀬戸内海周辺の地域はふだんから雨が多くない．このような地域では豪雨による土砂災害などの起きる頻度も小さく，大雨をあまり経験していない斜面には不安定ながら崩れずに，また，流されずに残されている土砂や土塊が多い．また，そのような危険が残されていても，大雨の頻度が小さければ，住民が災害の起きないところであるという感覚にとらわれがちで，危険度の高い崖のすぐ下や谷の出口付近であっても生活場として住居を建ててしまうことも多い．このようなことが社会的素因の1つともなっており，小規模な土砂移動によっても簡単に人の命が奪われるような深刻な災害の発生につながりやすくなるのである．

　それに対し，ふだんから雨の多い地域では大雨の頻度も高く，谷出口すぐのところなどは出水も多く，生活場としての利用は好ましくないことは明らかである．また，雨の多い地域では，崩れやすく，流れやすい不安定な土砂や土塊はそれまでの度重なる大雨などによってすでになくなってしまっていて，抵抗力のあるものだけが残されているようなところが多いだろう．結局，相当な大雨になるまで深刻な土砂災害になる可能性も少ないといえる．

　雨の少ない地域の事例としては，岡山県玉野市宇野地区で2004年10月20日に起きた土砂災害をあげることができる．現地はコアストーンの目立つ風化した花崗岩類の分布地域であった．この年10番目の上陸台風となった台風23号がもたらした雨は各地で相当な量になって被害を出していたが，玉野市宇野地区でも19日4時前後の降り始めからの雨量が20日14時までに約175 mmとなっていた．そこにさらに15時までの時間雨量27 mmが加わった（図5.34）．この雨により，宇野地区の数箇所で崩壊・土石流などが発生し，そのうちの1つが7軒の人家を襲い，5人の命を奪う大きな災害となってしまったのである（図5.35）．

5.4 豪雨と土砂災害

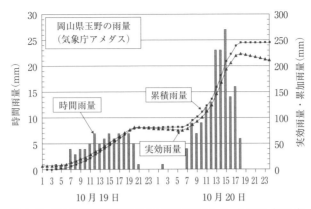

図 5.34 岡山県玉野市宇野地区の土砂災害につながった降雨（2004 年 10 月 19〜20 日にかけての気象庁アメダス玉野での降雨記録より作成）

これに対し，ふだんから雨の多い地域の事例としては，2004 年 7 月末から 8 月はじめにかけて四国を襲った台風 10 号により，特に徳島県那賀川上流域に豪雨をもたらした事例（日浦他，2004），また，2011 年 9 月初旬の台風 12 号により紀伊半島周辺にもたらされた豪雨の事例（松村他，2012）などがあげられる．どちらの場合も，いわゆる深層崩壊を引き起こしたことが最大の特徴である．

2004 年の台風 10 号がもたらした雨は，台風の中心が四国へ接近中の段階からすでに雨が続いていた．最大の雨量を観測したところは四国電力の海川観測所で，8 月 1 日だけで 1317 mm，7 月 31 日 1 時から 8 月 2 日 18 時までで 2000 mm 超という記録的な降り方だった（図 5.36）．

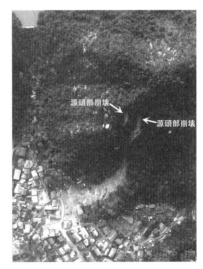

図 5.35 岡山県玉野市宇野地区での土砂災害の状況（2004 年 10 月 20 日発生）（提供：玉野市）

同様な大雨は四国電力の小見野々観測所（徳島県木頭村，現：那賀町）でも 8 月 1 日だけで 1195 mm，また，国土交通省那賀川水系管轄の沢谷観測所（徳島県木沢村，現：那賀町）でも同日だけで 1006 mm，また，徳島県管轄の名古ノ

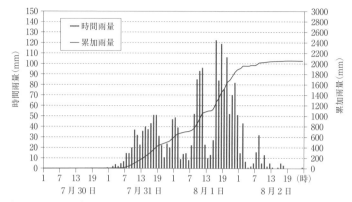

図 5.36 四国電力海川観測所で記録された時間雨量の推移（2004 年 7 月 30 日〜8 月 2 日の観測データより作成）

瀬観測所（徳島県木沢村，現：那賀町）でも同日だけで 911 mm が観測されていることから，那賀川上流域で大量の雨が集中して降っていたことがわかる（図 5.37）．

その結果，規模の大きな崩壊や土石流などがあちらこちらで発生した（図 5.38，5.39）．大用知地区では避難中の 2 人が行方不明となり，規模の大きな土砂移動に巻き込まれたものと思われる．対岸から大用知の崩壊の進行をみていた人がおり，この大崩壊が一気に起きたものではなく，パッチ状に少しずつ拡大するように崩れていき，最終的に大崩壊の

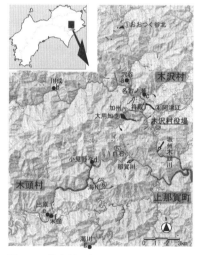

図 5.37 徳島県那賀川上流地域で発生した代表的な深層崩壊の位置と地区名

形になったことを証言している．阿津江地区では崩壊地上部周辺に民家があったが，泥水の噴き出すのをみてかろうじて避難して助かっている．崩土は流動性をもって坂州木頭川に流れ込み，対岸に数十 m 高さまでせり上がった痕跡を残している．この崩壊地では背後の緩斜面部にもたくさんの亀裂や陥没が認められ，その後の地すべり的な挙動が懸念された．

なお，白石地区（徳島県上那賀町，現：那賀町）では，8 月 1 日 19 時 30 分過

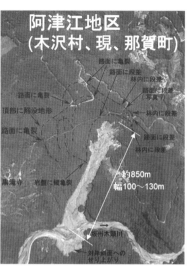

図 5.38　徳島県大用知地区および加州地区で発生した深層崩壊の状況（2004 年 8 月 1 日発生）（中日本航空（株）8 月 11 日撮影分に加筆）

図 5.39　徳島県阿津江地区で発生した深層崩壊の状況（2004 年 8 月 1 日発生）（中日本航空（株）8 月 11 日撮影分に加筆）

図 5.40　徳島県白石地区で発生した土石流災害の状況（2004 年 8 月 1 日発生）（撮影：海堀正博，2004 年 8 月 21 日）

ぎに土石流によって集落が襲われた（図 5.40）が，住民らは 15 時頃から斜面の石垣にみられた泥水の浸み出しや石積み部のはらみ出しなどの異常現象に気がついて，地域ぐるみで避難をしていたため，全員無事だった．

いずれの大崩壊や土石流などもすでに 500〜600 mm 以上の雨が降ってから起きているものであり，ふだんから雨の多い地域の斜面地盤には雨に対する耐性がかなり大きいことを示唆している．

図 5.41 広島県庄原市で集中的に発生した表層崩壊の状況（2010年7月16日発生）（撮影：海堀正博，2010年7月18日）

図 5.42 広島県庄原市で集中的に発生した表層崩壊の判読図（海堀他，2010）

5.4.2 表層崩壊の多発につながる豪雨

表層崩壊は樹木の根の深さ程度で起きる斜面崩壊である．山地斜面の植生が貧弱な時代にはちょっとした雨ですぐに表層崩壊の発生につながったが，樹林が成長して鬱蒼とした状態になると簡単に崩壊が起きてしまう状況は少なくなったといわれている．しかし，今でもある程度以上の強雨がもたらされると表層崩壊の集中発生する場合がある．

たとえば，2009年7月21日の山口県防府市周辺の土砂災害の際に剣川流域斜面でみられた状況（古川他，2009），2010年7月16日に発生した広島県庄原市の土砂災害での状況（海堀他，2010），2012年7月中旬の九州北部豪雨災害の際の熊本県阿蘇山斜面での状況（久保田他，2012），2013年10月16日に発生した伊豆大島の土砂災害での状況（石川他，2014），2017年7月5～6日の九州北部豪雨の際に福岡県朝倉市東部でみられた状況（丸谷他，2017）などは典型的な表層崩壊集中発生の事例である．

特に，2010年の庄原での表層崩壊の集中発生（図5.41）は，わずか数km四方の小さなエリアで起きたものである（図5.42）．前日の7月15日，および，当日の16日15時までは無降雨であり24時間以上の無降雨期間を有することから，当日15時過ぎの降り始めからの累加雨量が170mm程度で起きたとされている（図5.43）．しかし，実際には7月11～14日の間に約270mmの雨が降っており，実効雨量（時間経過による減衰を半減期72時間として）を計算すると，7月16日15時の段階で約135mmであったことがわかる（図5.44）．誘因としての豪雨の継続時間が短い場合には降り始めからの累加雨量だけでは土砂移動現

5.4 豪雨と土砂災害

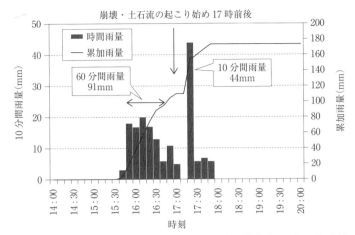

図 5.43 庄原災害につながった豪雨の 10 分間雨量の推移（2010 年 7 月 16 日 14：00〜20：00）（海堀他，2010）

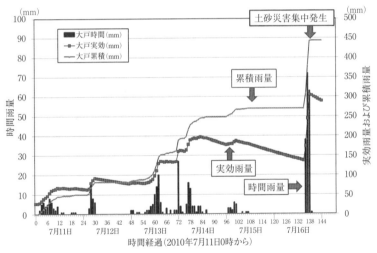

図 5.44 庄原災害に至る 6 日間の時間雨量の推移（2010 年 7 月 11 日〜16 日にかけての広島県管轄大戸観測所のデータより作成）

象の発生の解釈には不十分な場合があるので，過去の雨の影響も考慮できる実効雨量などを使った見方も重要であることを示唆している．

なお，庄原の斜面は風化した流紋岩類や安山岩類の分布する地域であったが，黒ボクと呼ばれる黒色土壌層が薄く表層を覆っており，強雨が深い層までは浸透

図 5.45 土石流の流下した黒ボクで覆われた斜面の状況（2010 年 7 月 16 日発生）（撮影：海堀正博，2011 年 2 月 28 日，広島県庄原市）

図 5.46 2012 年の九州北部豪雨で発生した熊本県阿蘇山の表層崩壊の状況（撮影：海堀正博，2012 年 9 月 15 日）

しにくい状況が形成されていたことも表層崩壊の多発につながった要因であろう（図 5.45）．同様な状況は阿蘇山周辺の斜面（図 5.46）にも，また，伊豆大島の斜面にも存在していた．しかし，山口県防府市の場合は風化花崗岩類の分布地域であったし，福岡県朝倉市東部の場合は風化した片岩類や花崗閃緑岩類の分布地域の双方で表層崩壊の集中発生が起きていた（図 5.47）ことから，素因としての地質などの違い以上に，誘因としての強雨の集中による影響が非常に大きかったと思われる（丸谷他，2017）．

図 5.47 2017 年の九州北部豪雨により集中的に発生した表層崩壊・土石流の状況（撮影：海堀正博，2017 年 7 月 9 日）
写真の左から右に奈良ヶ谷川（中央），北川右支川（上側）が流れている．

5.4.3 深層崩壊の発生につながる豪雨

近年の雨は降る時には同じところに集中し，数時間から 10 数時間以上，中には数日間にわたり大雨が続き，累加雨量が数百〜1000 mm 超になることも増えてきた．

5.4 豪雨と土砂災害

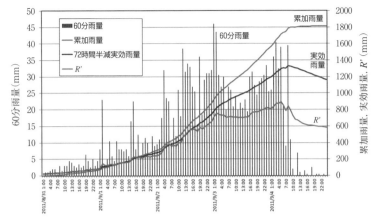

図 5.48 累加雨量が極めて大きかった降雨記録の一例（2011 年 8 月 31 日〜 9 月 4 日，アメダス上北山（奈良県）での観測記録から作成）

たとえば，2004 年 8 月初旬の台風 10 号に伴う豪雨などもその典型例だったが，ここで取り上げる 2011 年 9 月初旬に台風 12 号が紀伊半島にもたらした豪雨もその典型例の 1 つである．

この豪雨を記録した気象庁アメダス観測所の上北山（奈良県）でのデータをみてみると，8 月 31 日に 67.5 mm，9 月 1 日に 231.0 mm，2 日に 582.0 mm，3 日に

図 5.49 奈良県十津川沿いの斜面で起きたいくつかの深層崩壊と河川閉塞（2011 年 9 月 4 日発生）（2011 年 9 月 8 日の GoogleEarth 画像より）

661.0 mm，4 日に 270.5 mm と，この 5 日間だけで 1800 mm 超の降雨があったことがわかる（図 5.48）．しかし，この間の時間雨量（10 分雨量で整理したもの）の最大値は 54.0 mm（9 月 3 日 1 時 20 分までの 60 分間と 1 時 30 分までの 60 分間の 2 回），半減期を 1.5 時間とした実効雨量の最大値も 88.7 mm（9 月 3 日 1 時 20 分と 1 時 40 分の 2 回）と強い降雨ではあるが驚くような大きな数値ではない．結局，累加雨量が大きかったことによって，大規模な崩壊（深層崩壊）や土石流が発生し，少なくとも 17 箇所ではその崩土による河川閉塞が起き，天然ダム（土砂ダム）を形成している（図 5.49）．すなわち，60 分雨量が 100 mm

以上になるような極端に強い降雨でなくても，深層崩壊などの規模の大きな土砂移動現象が起き得ることがわかる．

2004年8月初旬に徳島県那賀川上流域で発生した深層崩壊の場合と同様，この2011年9月初旬に紀伊半島周辺で発生した深層崩壊の場合も，ふだんから雨の多い地域での事例である．そのため，どちらの場合もかなりの雨量になるまで深刻な災害につながるような土砂移動現象は起きておらず，結果的には表層崩壊の集中発生という状況も認められないのが特徴である．前者の場合には，時間雨量が120 mmを超えるような極めて強い雨も降っていたし，8月1日16時の観測記録から20時までの連続5時間の観測値の合計は507.0 mm，さらに3時間後の23時までの連続8時間の観測雨量値の合計は711.0 mmであり，この間の平均1時間雨量は88.9 mmにもなる．このような強雨にもかかわらず，結果的には表層崩壊の集中発生が認められなかったのである．

5.4.4 極端気象の典型としての豪雨―空梅雨傾向と梅雨末期の豪雨による土砂災害―

近年の気象は，暑さや寒さについてもそうだが，降雨に関しても極端なものになることが増えてきた．また，空梅雨傾向で水不足の状態が続いた後，梅雨の末期に突然雨が降り出し，災害の発生につながってしまうような大雨になっているケースも増えてきた．その典型的な事例の1つが1982年7月23日に長崎市周辺で起きた豪雨災害である（長崎県土木部，1983）．

この災害ではたった一晩で299人もの犠牲者が出てしまった．長崎ではこの年の梅雨入り後の雨が少なく水不足が懸念される状況が続いていた．長崎海洋気象台の記録をみると，6月中の累加雨量は66 mmである．しかし，7月5日以降は雨模様の日が続き，7月11日の日雨量は131.5 mm，20日の日雨量は243 mm，20日までの7月の累加雨量がすでに約600 mmとなるなど，たびたび大雨警報が出されるような降り方が続いていた．21日，22日は無降雨だったが，23日は8時頃から再び雨となり，18時頃からは大雨となっている（図5.50）．長与町（当時）役場の雨量計が時間雨量187 mm（23日19～20時）を記録したことでも知られているが，この豪雨により長崎市域では斜面崩壊や土石流が多発，低所では洪水となり，多数の犠牲者の出る大災害になっている（長崎県土木部，1983）．

また，この災害の発生時に被災した住民が必死に119番や110番通報を試み，

5.4 豪雨と土砂災害

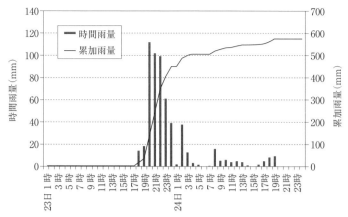

図 5.50 1982 年 7 月の長崎豪雨災害の誘因となった降雨（1982 年 7 月 23 日〜24 日）（長崎海洋気象台の観測記録から作成）

助けを呼ぼうとしているが，同時多発の状況下では緊急電話がつながりにくく，仮につながったとしてもほとんどの場合，助けの手がただちにその住民のもとに届くような状況にはならなかった．この状況は，当時 NHK のラジオ番組にもなったが，長崎県の報告（長崎県土木部，1983）にも掲載されている．

大きな災害になるほど同時多発の状況となるので，防災を成功させるためには「自分の命は自分で守る」気持ちが基本として必要であることが非常によくわかる．この災害の翌年から，土砂災害防止月間の取り組みが始められ今も毎年続けられている．

近年の極端気象は梅雨期に限らず起きていて，雨の降らないときには水不足になるほどだが，ひとたび雨が降り始めると，すぐに水災害や土砂災害などの発生につながる傾向がみられる．このように近年は，降雨の振れ幅が大きくなってきている．あらためて注意が必要である．　　　　　　　　　　〔海堀正博〕

第6章
砂防技術

6.1 予　測

　予測とは，将来の出来事や状態を前もっておしはかること，およびその内容である．予測には，例えば「土砂災害予測」などのように，科学的な根拠が重んじられる．これに対して，予知とは物事が起こる前にそれを知ることであり，「火山噴火予知」「地震予知」など，現在の科学では予測不能な未来の出来事を正しく知る能力まで含まれている．

　砂防学で扱う「予測」とは土砂災害を引き起こすような現象を時間的空間的に予測することであり，モニタリング，シミュレーション，ハザードゾーニングからなる．

6.1.1　モニタリング

　モニタリングとは，状態を把握するために継続的に観察や測定を行って記録することであり，砂防学的には国土を常時監視することである（小川，2012）．そのためには，3次元でリアルタイムなデータが求められる．これまで，わが国では空から，地上から，様々なセンサを駆使して国土監視を行ってきた．最も代表的な事例はリモートセンシングである．

　リモートセンシングとは，離れた場所からの探査をいい，対象物に触れずに調査する技術である．狭義的には人工衛星から地表面を観測する衛星リモートセンシングが主体，その特徴としては，周期性，同時性，広域性があり，センサには受動型のものと能動型のものがあって，どちらも重要かつ有用なものである．

　受動型として最も一般的なものが光学センサである．現在では，最も分解能が高いもので33 cmである．さらに，可視光に加えて近赤外などの様々な電磁波を計測できるハイパースペクトルセンサも活用されている．

　一方，能動型のものの代表が合成開口レーダ（SAR）である．SARにはその波長の種類により，大きなものからL波（波長30 cm），C波（波長5 cm），X

波（波長 3 cm）があるが，現在では分解能が最高で 1 m（L 波, X 波とも）である．SAR は雲を透過して地表面を観測できるとともに，夜間でも観測が可能であるという特徴をもっていることと，微小な地盤変動についても干渉解析により把握可能なので，緊急時に被災地の天候が不順な場合や，火山の噴煙の中で火山活動の状況をいち早く把握したい場合などには，非常に有用なセンサである（南・小山内, 2014）（図 6.1）．

さらに，能動型の 1 つとして GPS (Global Positioning System) がある．なお，GPS とはアメリカの測位衛星の総称であり，現在ではロシアの GLONAS, EU の GALILEO など，多

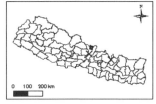

図 6.1 合成開口レーダによる大規模崩壊地の状況 (JAXA)

くの国が GPS 衛星を打ち上げて運用されているので，それらを総合して GNSS (Global Navigation Satellite System) と呼ばれている．わが国でも準天頂衛星「みちびき」が 4 機体制になり，常時最低 1 機がわが国のほぼ天頂に位置して，測位観測されている．これにより，単独測位での位置精度が最高で 6 cm の誤差で求めることができる．

次に，航空機によるリモートセンシングとして，空中写真計測と航空レーザ計測がある．最近ではドローンを含む無人航空機（Unmanned Aerial Vehicle：UAV）による計測も盛んになってきた．このうち，空中写真には垂直写真と斜め写真があり，垂直写真は土砂災害の発生状況や地すべり・深層崩壊などの発生危険度判定に使われることが多い．また，垂直写真を正規化したオルソフォトで表現する場合も多い．一方，斜め写真も土砂災害の発生状況を把握すると同時に，二次災害予測を行って応急復旧対応によく用いられる．最近では，斜め写真から SfM (Structure from Motion) の技術により 3 次元データができるようになった．SfM とは，カメラの視点を変えながら撮影した複数枚の画像から，そのシーンの 3 次元形状とカメラの位置を同時に復元する手法である．この技術によって i-

Construction が進展し,砂防構造物の長寿命化調査にも活用されている(川嶋他,2017)(図 6.2).

一方,航空レーザ計測は空から効率的に高精度な 3 次元データを取得する上で極めて有用である.これは,航空機に搭載したレーザ測距システム(Airborne Laser System:ALS)を活用して,レーザ光を測定対象物に照射してその反射光を受信することにより対象物を測定し,地表面の 3 次元情報を取得する技術である.レーザ光の照射パルスは 1 秒間に 10 万回から 100 万回程度あり,高さ方向の計測精度は機械精度で 15 cm 程度である.山地流域斜面でも

施工現場の状況(施工前)

ドローンによる起工測量　　MMS による出来形測量
図 6.2　UAV(ドローン)と MMS による測量の様子

30 cm 程度の精度は確保されていることがわかっている(中村他,2006)(口絵 8).

航空レーザ計測は,通常は近赤外のレーザ光を地表に当てて高精密な地形計測を行うが,緑色のレーザ光を水中に当てると,最大で海では 20 m 程度,川では 10 m 程度の深さまで水底の地形を計測することができる.これが航空レーザ測深(Airborne Laser Bathymetry:ALB)であり,その高さ方向の精度は,地表で 15 cm,水底で 25 cm 程度である.さらに,レーザ計測装置を車両に積むことにより,道路空間を 3 次元で高精密に計測できるようにもなってきた.これを MMS(Mobile Mapping System)と呼ぶ.

以上が,近年最も技術の進展が著しい IT センサであるが,もちろん地上でのモニタリングシステムも様々な場面で活用されている.山地斜面の水文観測には,雨量計,土壌水分計,流量計などが活用され,斜面地盤の変動状況を観測するためには,傾斜計,伸縮計,振動計,斜面計などが使われる.そして,それらのデ

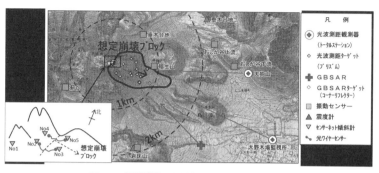

図 6.3 観測機器の設置位置図（平川他，2017）

ータを解析するためには各種土質試験（土質基本量，土質強度，土壌保水容量など）が必要である．一方，火山活動状況をモニタリングするためには，監視カメラ，地震計，GPS などが設置され，火山活動が沈静化しても火山山体の崩壊などを監視するために多くの機材によるモニタリングが行われている（平川他，2017）（図 6.3）．また，天然ダムが形成されて，その決壊により土石流の発生する危険性が高い場合にも数々のモニタリングが行われている．

以上のように，山地流域における土砂移動状況を把握するために，空中ならびに地上において多くのモニタリングが行われているのである．

6.1.2 シミュレーション

シミュレーションとは，ある現象を模擬的に現出することであり，現実に想定される条件を取り入れて，実際に近い状況を作り出すことをいう．一般的には，コンピュータを用いた数値模擬実験のことであり，モニタリングデータなどをもとに土砂移動現象をコンピュータ上で予測することができる．物理的なシミュレーションモデルを活用すると，土砂移動現象の挙動を時間的・空間的に予測することができる．

シミュレーションを行う上で，崩壊・地すべりなどの土砂生産現象を表現するモデルには，浸透流解析，安定解析が使われる．シミュレータは 1980 年代から作成され，2 次元（沖村他，1985），準 3 次元（平松他，1990），3 次元（小川，1997）のモデルが構築されたが，表層土層厚の計測や各種土質試験が煩雑なため，現地での表層崩壊の実態解析調査をもとに標準化されるようになっている（土木研究所，2009）．

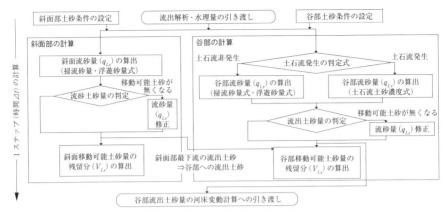

図 6.4 流域管理システム計算モデルの構成（冨田他，2014）

　そして，荒廃渓流に生産された不安定土砂が下流に流送する現象を表現するモデルについては，土石流・掃流砂・浮遊砂の流砂量解析に関する研究が進展し，各種流砂量式が提案されたと同時に，それらを組み合わせた河床変動解析が提案されてきた（中谷他，2008；冨田他，2014）（図6.4）．その後，研究が進むにつれて渓流河道への土砂供給の量とタイミングの重要性が指摘され，土砂生産モデルも組み入れたシミュレーションモデルが開発された（栃木他，2007）．また，深層崩壊や天然ダム決壊による土砂流送モデルが開発提案されている（土木研究所，2012；西口他，2012；里深他，2007）．

　さらに，保全対象のある下流域に到達した土砂が氾濫・堆積する現象を表現するモデルには，土石流・洪水流の氾濫解析がある．

　以上の山地流域における土砂移動現象を，コンピュータ上でシミュレーションするための統合シミュレータが開発されてきた．1980年代から数値シミュレーションを駆使した新しい砂防計画の立案手法が提案され（小川他，1989），近年の情報処理技術の目覚ましい進展もあって，砂防事業評価などの各種解析のために山地流域における土砂移動状況を管理するためのシミュレータが開発されてきた（たとえば Hyper KANAKO 研究会）．

　また，国土交通省を中心に土砂移動に関する様々な調査法が開発され，そのいくつかがマニュアルとしてとりまとめられている（蒲原，2015）．その中でも多くのシミュレーションが提案されており，それらを上手に活用してより精緻な土砂移動状況の把握が進められている．

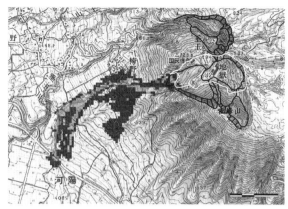

図 6.5 阿蘇山における火山性崩壊によるシミュレーション結果
（田中他，2011）

なお，活動を続けているあるいは活発化が予想される活火山地域では，降下火砕物の分布解析，溶岩流，火砕流，火山泥流の氾濫解析などのシミュレーションシステムが開発されている（田中他，2011）（図 6.5）．

以上，各モニタリング・センサから得られたデータや，シミュレーション成果を，効果的かつ効率的に処理，蓄積，活用するためには GIS を用いて表現するのが望ましい．

6.1.3 ハザードゾーニング

モニタリングデータをもとにシミュレーションを行い，その結果を地図上に展開させ，主に空間的に土砂移動を予測した上で，危険区域区分することがハザードゾーニングである．その結果に対して，一般の住民にとってどこが危ないか，自宅などの位置関係が認識しやすいかなどが理解・認識できるように編集し，かつ様々な警戒避難などに関する事項を書き加えたものがハザードマップである．特に，火山活動などに伴う土砂移動を予測するためにはリアルタイム性が要求され，高度なシミュレータを活用したハザードゾーニングが求められる．

2001 年に施行された「土砂災害警戒区域等における土砂災害防止対策の推進に関する法律（土砂法）」により，急傾斜地の崩壊，地すべり，土石流についての土砂災害特別警戒区域（建築物に損壊が生じ，住民等の生命又は身体に著しい危害が生じるおそれがある区域）ならびに土砂災害警戒区域（土砂災害のおそれがある区域）が設定された（各都道府県の土砂災害警戒区域等の区域マップを参

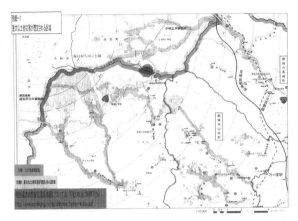

図 6.6 土砂災害緊急情報（霧島山（新燃岳））第 1 号（土砂災害緊急情報，2013）

照）．この法律に基づき，砂防基盤図の作成ならびに基礎調査を行うことによって，全国すべての都道府県において，2019 年度までに区域の設定が終了する予定になっている．その時点で全国における土砂災害警戒区域はおよそ 66 万区域になるものと想定されている（2017 年 3 月現在）．

また，2011 年に改正された土砂法では，大規模な土砂災害が急迫している状況において，市町村が適切に住民の避難指示の判断などを行えるよう，特に高度な技術を要する土砂災害については国土交通省が，そのほかの土砂災害については都道府県が緊急調査を行い，被害の想定される区域・時期の情報（土砂災害緊急情報）を提供することになった．対象となる現象は火山噴火に起因する土石流，天然ダムに起因する土石流および湛水，ならびに地すべりである．

このうち，火山噴火に起因するものについては，2011 年に活発な噴火活動により降灰が生じている宮崎県の霧島山（新燃岳）および鹿児島県の桜島において，国土交通省が全国初の火山噴火に起因する土石流に関する緊急調査に着手し，火山氾濫シミュレーションから緊急にハザードマップを作成する QUAD-V (QUick Analysis system of Debris flow induced by Volcanic ash fall) が活用された（土砂災害緊急情報，2013）（図 6.6）．

また，深層崩壊などによって形成された天然ダムに起因するものについては，2011 年に奈良県および和歌山県の平成 23 年台風第 12 号（2011 年）に伴う豪雨により発生した河道閉塞箇所において，国土交通省が全国初の河道閉塞による湛

6.1 予 測

水を発生原因とする土石流に関する緊急調査に着手し，天然ダム決壊シミュレーションから緊急にハザードマップを作成する QUAD-L (QUick Analysis system of Debris flow induced by Landslide dam) が活用された（土砂災害緊急情報，2011）（図 6.7）．

なお，2017 年の土砂法改正により，土砂災害警戒区域内の要配慮者利用施設（土砂災害防止法に基づき，市町村地域防災計画にその名称および所在地が定められた要配慮者利用施設が対象）の所有者または管理者に対し，避難確保

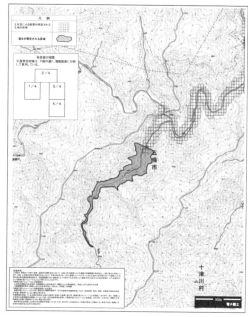

図 6.7 土砂災害緊急情報（奈良県十津川流域）第 1 号
（土砂災害緊急情報，2011）

計画の作成および避難訓練の実施を義務付け，施設利用者の円滑かつ迅速な避難の確保を図ることとなっている．

一方，深層崩壊については深層崩壊推定頻度マップが公表されているが，これは全国の深層崩壊の事例を収集し，過去に深層崩壊が多く起こっている地質および地形（隆起量）の範囲を図化したものである．ここで，深層崩壊とは，表土層だけでなく，深層の風化した岩盤も崩れ落ちる現象で，発生頻度は表層崩壊によるがけ崩れなどより低いものの，一度発生すると大きな被害を及ぼすことがある．

その後，深層崩壊に関する調査の第 2 段階として空中写真判読などによる深層崩壊の渓流（小流域）レベルの調査を進め，深層崩壊の推定頻度が特に高い地域の発表が始まっている．これは，深層崩壊推定頻度マップの中で深層崩壊の発生する危険性の高い地域を対象に，空中写真判読と降雨ならびに地形解析により作成されたものである．

さらに，火山噴火緊急減災対策砂防計画の策定・推進成果として噴火シナリオを明確にした上で，それに対応したリアルタイム火山砂防ハザードマップが作成され，一部の火山では公表され始めている．これは，火山噴火に伴う土砂災害に

よる被害を軽減するため，国および都道府県の砂防部局において，火山ごとにハード・ソフト対策からなる砂防計画を策定するものである． 〔小川紀一朗〕

6.2 ハード対策

6.2.1 ハード対策の目的

ハード対策は，第5章で述べたいろいろな土砂災害から，主として構造物を活用して，国民の人命，財産を守ることである．財産には，個人に限らず道路，橋梁，公民館など公共物が含まれる．つまり，これらが相まって成り立っている経済圏ひいては地域社会を守ることにある．

6.2.2 ハード対策の分類

河川やその周辺地形の形状を変更したり，河道内外に構造物を建設したりして，流水による土，砂，礫，巨礫の移動を制御する方法をハード対策と称する．一方，警戒避難などはソフト対策と呼ばれる．

巨視的にハード対策を対象視点から大別すると，図6.8のようになる．まず，河道への土砂もしくは砂礫の流入（侵入）を制御するために行われるものと，流入した砂礫の流下をハード対策の目的に沿うように制御するものに区分される．衆目を集める流入制御の対象事象として，天然ダムの形成がある．この防止策と

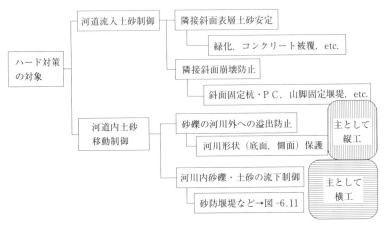

図6.8 ハード対策の対象分類

図 6.9 崩落地源頭部斜面の杭打ち安定工法
鋼製杭頭部をワイヤ連結強化した事例

図 6.10 山脚固定砂防堰堤
水はけのよい堰堤を活用した例

しては，斜面深層部を含めた安定化を図る必要がある．このため，杭打ちなどの各種斜面安定技術が用いられる．図 6.9 には，崩壊斜面の緑化を図った上でその源頭部を杭打ちで安定化させた例を示す．ところで，隣接地は必ずしも公有地でないと，ハード対策を実施できない場合が多い．このような場合，河道内において斜面ののり尻を安定させるために河川境界に沿って山脚固定堰堤を設けることがある（図 6.10）．

また，隣接地が裸地のまま放置されると，表層が雨雪で侵食されて，継続的な流入土砂量が増すことになる．これを抑制するために，斜面の緑化やコンクリート被覆などのハード対策が行われる場合もある．

一方，河道内の砂礫の移動を制御する目的は，洪水時に河川の外へ砂礫が溢れ出ることを防止することと，河道内における砂礫の移動が不必要に特定の地点へ集約化したりして，洪水時の災害発生リスクを高めないように制御するものに分けられる．

図 6.11 には，河道内に作られるハード対策の工法分類を示す．工法は，河道形状を変更して，被害が予測される地域への有害な土砂移動を避ける工夫をするものと，河道形状は変更せずに，河道内に堰堤などを設置して，流水および砂礫の移動や砂礫移動による河床や堤防への影響を制御する方法に大別される．

河道形状の変更は大掛かりな工事となり，自然環境への影響が大きいため軽易に採用できるものではないが，大規模な地すべり，火山爆発，特に天然ダムの二次災害対策において，実施する場合がある．

図 6.12 に流路工の一例を示すが，河道の底面および側面が床固工と護岸工で

第6章 砂防技術

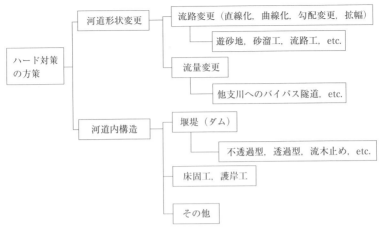

図 6.11 ハード対策の工法分類

覆われており，流路工を流れる流水や土石による洗掘を防止している．天然ダムのように自然に形成されたままでは，豪雨時に災害を発生させる危険がある場合に，発生した土石流を低抵抗状態で流下させることにより流体深を下げて越流を防ぎ，下流に存在する地域社会の保全を図ることができる．

図 6.12 流路工（床固めと護岸工で河川の洗掘を防ぐ河川）

第5章で述べたように，土砂災害をもたらす原因は，過大な流水と大量の砂礫が同時に混合されて流下することにある．よって，この混合状態を崩して，水と砂礫を分離する工夫をすると，砂礫が停止する．

例えば，防護すべき地域の上流部で，隣接河川に開削や隧道で河川を連接して一部，もしくは増水時の流量を減ずることにより，土砂の運搬力をなくすことができる（塚本・小橋，2001）．

また，河道を拡幅すれば水深や流速が小さくなり，運搬されていた砂礫が残置されて下流に流される砂礫量を減ずることができる．図 6.13 には，拡幅場所を河道屈曲部の外側に浅水部を設けて，上流から運搬された砂礫や流木が残置されて下流部への流下を軽減するイメージを示している．

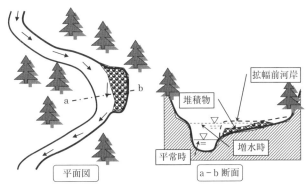

図 6.13 河川曲線部拡幅による砂礫等の堆積

河道形状の変更以外の方法としては，河道内（堤内地）に堰堤を設けて，砂礫の流下を制御することや，床固工や護岸工を設けて，河道の断面形状を保護することにより破堤を防止して堤外地への砂礫流出を防ぐ方法がある．

6.2.3 各種構造物の役割区分と呼称
a. 設置目的による区分
砂防堰堤（砂防ダム）という呼称は広く知られているが，設置目的によって，次のような種類に分けられる（土木学会，2013）．
①山脚固定堰堤

砂防堰堤上流部の堆砂によって，上流側山脚部の侵食を防止すると同時に，堆砂による山脚部への抑え盛土機能を発揮する．
②縦侵食防止堰堤

砂防堰堤によって侵食基準面を与えることにより，堰堤上流部における河床が流水によって縦侵食されることを防止する．
③河床堆積物流出防止堰堤

砂防堰堤上流部に存在する河床の不安定土砂が，流水によって堰堤下流部に流下することを防止する．
④土石流対策堰堤

砂防堰堤上流部で発生した土石流を堰堤で捕捉して，下流域での災害を防止する．
⑤流木捕捉工

砂防堰堤上流部で発生した流木を捕捉して，下流域の災害を防止する．
　また，砂防堰堤に分類されないが，関連する河川構造物として次のようなものがある．
　⑥床固工
　　構造物自体の耐侵食性を利用して，当該構造物の設置点および上流部の河床侵食を防止する．また，河床勾配を緩和して流水による河床侵食能力を減ずる．
　⑦護岸工
　　河岸に沿って設置され，流水による河岸侵食を防止する．
　⑧渓流保全工
　　小渓流の保全に寄与する．
　砂防事業の目的は，これらの構造物単独で達成されることは稀であり，複数を適切に組み合わせて達成されるものである．

b. 砂防堰堤の土砂の流下機能による区分

　砂防堰堤は，上流から流れ着いた土砂について，堰堤を通過させて下流に流れることを許す構造形状と，それを許さない構造形状とに分けられる．
　①不透過型砂防堰堤
　　土砂（ウォッシュロード，浮遊砂を除く）を下流に流さない堰堤であり，有害な土砂流出の抑制・捕捉機能の確実性が高い．また，満砂後にであっても，堆砂面の勾配変化により土砂の流出が期待できる．
　②透過型砂防堰堤
　　堰堤に開口部を有するので，中小の砂礫が流される程度の出水時では開口部によって土砂を流下させる．一方，巨礫を含む大出水（概して石礫型土石流状態）では，巨礫が開口部に詰まることによって，不透過型と同様に土砂を捕捉して下流への流下を防ぐことができる．
　　形状は異なるものの，透過型砂防堰堤と同様な機能を発揮するものとして，ゲートの制御によって，土砂を止める場合と流す場合を制御する堰堤もある．

c. 堤体材料による区分

　砂防堰堤の多くは，コンクリートで作られている不透過型砂防堰堤である．しかし，不透過型であっても，堤体材料を粗石で作るものもある．この堰堤は，かつては，コンクリートが高価であったので，材料費軽減のため作られたが，近年では，土石流などで貯まった巨石を河川外に持ち出すと産業廃棄物としての処理が必要となり環境上好ましくないのでリユースの観点から採用される．同様な，

材料のリユースとしては，礫や土砂をセメント材料で固化させる砂防ソイルセメントによって作る堰堤もある．

透過型砂防堰堤では，開口部を確保しつつ堤体全体の強度を維持するために，鋼管などによる骨組構造とする場合が多い．この構造は，鋼製砂防堰堤と呼ばれる．

そのほかには，砂防ソイルセメントの主部の表面を鋼板で保護する構造など，異種材料の利点を活用するハイブリッド堰堤と呼ばれるものもある．

d. 流路の横断性に関する区分

河道内に設けられる構造は，河道の流路に沿った方向に作られるものを縦工，河道を横断する方向に作られるものを横工と呼ぶ（武居，2000）．

6.2.4　不透過型砂防堰堤の性能

a. 基本形状

歴史的に砂防堰堤に求められていた性能は，その名のごとく，「砂（の流出もしくは過剰な流下）」を防ぐことである．この視点で，長い経験から作り上げられたものが図6.14に示すコンクリート製不透過型砂防堰堤である．日本の各地に数多く建設されているので，人々が砂防ダム（堰堤）と呼ぶときには，この形をイメージしていることが多い．また，この堰堤の形状と性能を理解することが，後述する透過型砂防堰堤の性能を理解するための基本となる．

図6.15に，不透過型砂防堰堤の形状と各部の名称を示す．通常，この構造は，

図 6.14　典型的砂防ダム（コンクリート製不透過型砂防堰堤）

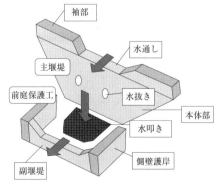

図 6.15　コンクリート砂防堰堤（不透過型の形状と名称）

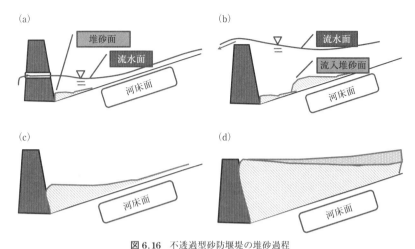

図 6.16 不透過型砂防堰堤の堆砂過程
(a) 建設後通常水, (b) 洪水時, (c) 通常流水時堆砂状態, (d) 満砂状態＋堆砂

主堰堤と前庭保護工の組み合わせによって構成される．主堰堤は本体部の上部に袖部が取り付けられている．この両端の袖部の間の空間を水通しと呼ぶ．洪水時には，この水通し部を大量の水が越流する．つまり，水通しによって水流を河道の中心に沿うように整えている．水通しを通過した越流水は，滝の流れのように前庭保護工の水叩きにむかって落水する．仮に何も施さないと，洗掘が進み，足下の安定性を喪失するので水叩きを設ける．また，落下した流水はいろいろな方向に流れるので，側壁護岸と副堰堤を設けることによって，減勢させた水を下流に流すことができる．

b. 貯　砂

不透過型砂防堰堤の建設後の堆砂過程を，図 6.16 に示す．建設後の通常流水は，理論上は水抜き以上に水面が上がらないとされるが，実際には，水抜きより低い水面となる．その間にも小さな砂や泥が上流から流入すると，徐々に堆砂する．降雨によって，洪水になると流水は越流するが，このとき上流からの流れは，流水幅が拡がるため，流速が急激に弱められる．すると，含まれていた砂や小礫が沈砂して，前面が水中安息角をもつ堆砂盛土形状の堆砂が堰堤より離れたところに形成される．洪水の間は，上流から砂が供給されるために，この水中盛土が徐々に堰堤に近づくように大きく成長する．その後，平常時の流水に戻るので，水中の盛土状態の堆砂が，通常水で洗掘され均されて，常時の堆砂面が上昇する．

このような堆砂を繰り返すと，やがて堆砂面が，主堰堤の天端に達した満砂状態となる．多くの人々は，これで貯砂を完了すると考えるようであるが，実際にはこの満砂状態から，さらに緩勾配ではあるが上流に向かって新たな堆砂面が形成されて堆砂は続けられる．

c. 土石流および流木捕捉

不透過型堰堤の主目的は，平時に流下する土砂を貯留することにあるが，第5章で述べたように，近年では土石流による災害が重要視されるようになってきた．軌を一にするように，土石流を捕捉した砂防堰堤の事例（図6.17）も見受けられるようになり，砂防堰堤による土石流防災機能が求められるようになってきた．

図6.17 土石流を捕捉した不透過型砂防堰堤（南大隅町舟石川，2010年撮影）

また，戦後植林された山地から，土石流に混じって，もしくは流木だけが大量に流出して災害を起こすことも頻発するようになってきた．流木は，下流域の中小橋梁を閉塞することが多く，いったん閉塞すると，洪水が堤外地に溢れ出し災害が拡散する．図6.18には，2010年に広島県庄原地区を襲った豪雨時に発生した流木による橋梁閉塞の一例を示す．この閉塞により流木が隣接地に溢れ出し広域な水田が被害を受けた．

図6.19には，不透過型砂防堰堤による，流木捕捉例を示す．流木が多いと，水通しを超えて流下することがわかる．

図6.18 流木で閉塞した橋梁（広島県庄原市，2010年撮影）

図6.19 不透過型堰堤の流木捕捉

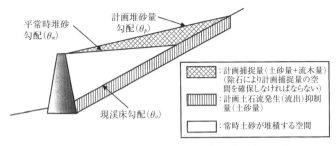

図 6.20 不透過型砂防堰堤の施設効果量（国土交通省，2005）

d. 計画量（期待性能）

以上の貯砂，土石流捕捉，流木捕捉機能をどの程度期待性能として考えるか，については，基準（国土交通省，2005）に，図 6.20 に示す施設効果量として定義されている．

つまり，土石流が来襲する時点での貯砂が満砂状態であるものとして，土石流（流木含む）がそれより急勾配で上載されて捕捉されるものと考える（図中の計画捕捉量）としている．また，堰堤より下流地域への土石流減災効果の見積もりとして，堰堤が存在しない場合に，河道が洗掘されて土石流への供給土砂となりうるものが抑制されるので，これを計画土石流発生（流出）抑制量として見込むことを認めている．

6.2.5 透過型砂防堰堤の性能

長年にわたって培われた不透過型砂防堰堤による砂防技術であるが，日本社会が経済優先の高度成長期を終えて，豊かな暮らしを重視する成熟期を迎えると，砂防構造物についても環境的配慮を求められるようになってきた．また，広域な観測データに基づく科学的な管理という視点も重視され，砂防については，河川のある一点における管理から，上流から下流に至る全域における土砂の移動について管理する流砂系という概念も社会的に求められるようになってきた．

このような背景から，透過型砂防堰堤は，「常時の河川流では，流下する砂礫を下流に流す．また，水系生態の上下流間の連接を妨げない」という性能を有し，近隣地域に災害をもたらす「土石流発生時には，これを捕捉して下流の安全を守る」機能を有するものとして開発されたものである．あわせて，生態系に関する典型的な課題には，鮭，鱒やイトウといった遡上する魚類の移動が不透過型砂防

堰堤では阻害されるといったものがある.

a. コンクリート製スリット砂防堰堤

前述の目的を達成するために，図6.21に示すようなコンクリート製不透過型砂防堰堤の一部にスリットを設けて，平時の砂礫流下と洪水時の土砂貯留という2つの要求性能を同時に満足する構造物が建設されるようになってきた．このメカニズムは，以下に示すようなものである（図6.22）．

図6.21 コンクリートスリット堰堤

①平常時の砂礫はスリットを抜ける．また，スリットによって生態系の上下流連接を維持できる．
②洪水発生時には，水流が堰き上げられて堰堤が満水状態になることによって，不透過型砂防堰堤と同様に水中安息角を前面とする堆砂を形成させる．よって，この間土石流の砂礫を下流に流出させない．
③土石流の流量が減少し始めると，水面の低下に伴って，堆砂した石礫や土砂をスリットから吸い出すように下流に流して，堆砂を減少させる．よって，大がかりな除石作業を伴わずに，次の出水時に対する空間を維持できる．

というものである.

この方策は，既存の不透過型砂防堰堤を活用できる，除石作業が必要ない，などの利点があるが，スリットの大きさと堰堤上流空間とが適切に調和しない場合には，土石流の減勢時にスリットの下流前面に大量の砂礫が堆積する場合がある

図6.22 コンクリートスリット堰堤の土砂流下の調節機能
中小洪水時：スリット部で流れが堰き上げられない規模の小さい（中小洪水時）流量の時は，下流へ土砂を流す．大洪水時：流量が大きくなって流れが堰き上げられると土砂を一時的に堆積させる．減水時：出水の後半，水位が下がってくると，堆積していた土砂が再び，スリットから下流へ流れ出す．

図6.23　鋼製透過型砂防堰堤

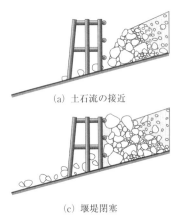

(a) 土石流の接近　　(b) 巨礫の目詰まり

(c) 堰堤閉塞

図6.24　透過型砂防堰堤の土石流捕捉メカニズム

ことがわかってきた．言い換えると，上述の性能③を適切に行うためには，堰堤ごとの特性に応じて，設計時に高度な水流と砂礫のシミュレーションが求められることになる．

b. 鋼製透過型砂防堰堤

鋼製透過型砂防堰堤は，図6.23に示すような市販の鋼管または形鋼を組み合わせて作られる堰堤である．この堰堤の期待性能は，以下に示すようなものであ

図 6.25 透過型砂防堰堤による巨礫捕捉（南大隅町舟石川, 2010 年撮影）　図 6.26 透過型砂防堰堤による流木・土砂の捕捉（大島豪雨災害, 2013 年）

る（図 6.24）.
　①石礫型の土石流では，先頭部に巨礫が集積する分級現象を起こすので，近接する土石流の前面に巨礫や中礫が集まっていることを前提とできる場所に設置する．
　②巨礫は，透過型砂防堰堤の部材間にある空隙に，アーチアクションによって目詰まりを起こす．ここで，アーチアクションとは，粒状体特有の現象で，数個の礫が同一の空隙に同時に抜けようとすると，隣接する粒状体との間に発生する圧縮力がアーチ形状によって後方から押し出そうとする圧力と釣り合う現象のことである．人間の行動では，満員に近い電車の出口で起こる．また，牧場にある飼料を保管するサイロの飼料出口で稀に発生すると，飼料の流出速度が速いので，サイロ内に軽い爆発のような現象が起こることでも知られている．
　③巨礫と中礫によって，堰堤の空隙が埋められると，後続の砂礫も捕捉される．なお，捕捉された巨礫や砂礫は，そのまま残置されるので，後続の土石流に対する効果を維持するには，除石作業が必要である．
　図 6.25 に，期待性能どおりに巨礫を捕捉した事例を示す．開発当初には期待されてなかったが，鋼製透過型砂防堰堤は，流木を捕捉するだけでなく，巨礫や中礫を含まない流木と砂礫の混合土石流についても捕捉効果を発揮する事例も散見されている．図 6.26 には，2013 年に発生した大島の豪雨災害において流木を捕捉し，後続する大量の土砂の流下を防止した事例を示す．

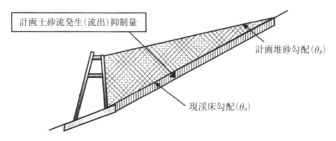

図 6.27 透過型砂防堰堤の施設効果量（国土交通省，2005）

c. 計画量（期待性能）

鋼製透過型砂防堰堤の施設効果量は，図 6.27 に示すように定義されている．不透過型砂防堰堤との違いは，常時に堰堤上流部に空き容量が確保されているため，計画捕捉量を大きく見積もることができる点にある．

6.2.6 砂防堰堤の安定性照査

砂防堰堤の構造設計は，構造物形状が多様化し，想定状況が複雑になっているので，詳しくは基準など（国土交通省，2005；砂防地すべり技術センター，2001）の示すところに従う必要がある．ここでは，基本概念を示しておくものとする．

図 6.28 に，不透過型砂防堰堤の越流部（水通しの下部本体）の堤体安定性照査に用いる設計外力を示す．まず，想定事象区分として，平常時，土石流時，洪水時の 3 つの状態に分けられている．また，構造物の重要性から，堰堤高が 15 m 未満と以上に分けられており，設計に用いる荷重が示されている．安定性照査の全体像を掴みやすくするために，土石流時の堰堤高 15 m 未満の土石流時には，堰堤を不安定にする作用として，次のものが指定されている．

①静水圧：土石流の流水および洪水時の越流水深より下にある水による水平圧力を静水圧分布モデルとして与える荷重
②堆砂圧：土石流の流水および洪水時の越流水深より下には，堆砂が存在するものと仮定した土圧荷重．通常，主働土圧係数を用いて算定される．
③土石流流体力：流域面積の設定や想定雨量（流量）から，土石流の設計速度と流動深を別途算定しておき，その流動深が堰堤頂部に達するように作用させる荷重

その荷重は，次式で与える．

不透過型砂防堰堤の設計外力

	平常時	土石流時	洪水時
堰堤高 15m 未満		①静水圧、②堆砂圧 ③土石流流体力、④本体自重、⑤土石流の重さ	①静水圧、④本体自重
堰堤高 15m 以上	静水圧、堆砂圧、本体自重、揚圧力、地震時慣性力、地震時動水圧	静水圧、堆砂圧、土石流流体力、本体自重、土石流の重さ、揚圧力	静水圧、堆砂圧、本体自重、揚圧力

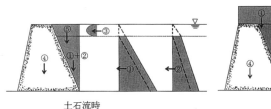
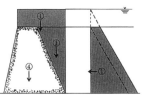

土石流時　　　　　　　　洪水時

設計外力の作用位置

図 6.28　不透過型砂防堰堤の設計外力と抵抗作用（国土交通省，2005）

$$F_d = K_h \frac{\gamma_d}{g} D_d U^2 \tag{6.1}$$

ここで，F_d：堰堤の単位幅当たりの土石流流体力，K_h：荷重係数（= 1.0），γ_d：土石流の単位体積重量，g：重力加速度，D_d：土石流の流動深，U：土石流の流速．

一方，沈下安定性については，不安定にする要因であるが，滑動や転倒については，本体の抵抗力側に作用する荷重として，次のものが指定されている．

①本体自重：堰堤の自重
②堰堤に上載荷重として働く土石流の重さ
③上記①および②の土砂自重および水の自重

以上の荷重を用いて，安定性照査は「沈まない（沈下安定性），すべらない（滑動安定性），転ばない（転倒安定性）」について行われる．

なお，透過型砂防堰堤では，流水が堰堤の空隙を使って流れ出るので，①の静水圧荷重を省略することができる．

6.2.7 期待性能の多様化と性能設計

以上，砂防堰堤を中心として砂防構造物について，オーソドックスな技術を中心に述べてきた．しかし，砂防は公共事業であるので，社会の変化や発展に追随する必要がある．この観点から，補完すべきことについて述べる．

a. 想定外状況

公共構造物は，国税によって賄われるものなので，社会通念上の妥当性ある想定状況を設けて，設計荷重などを設定している．しかし，社会の要求レベルは，時代とともに変化するものである．

すなわち，それまでは，十分とされた荷重レベルの設定も，「想定外とするには，事前予測可能であり不十分」とか，「社会的に調達可能な技術で合理的な対応策を講ずることが可能な状況」などとみなされるようになる．

よって，設計から省かれた大きく稀な荷重状況や，そもそも考慮外とされた種類の作用を漫然と「想定外」とせず，その中から新しく「想定内に組み込むべき状況」について配慮する必要がある（小杉，2016）など．

b. 環境との調和

社会の成熟は，環境への配慮のレベルを高める方向に変化するので，環境との調和について努力が求められる．砂防堰堤の建設場所は，豊かな自然環境に囲まれていることが多く，かつ河川の土砂移動は，遠く海岸にまで届くものである．

c. 文化価値

砂防事業の歴史は長く，その間における先人の努力の爪痕は，文化価値の高いものが少なくない．例えば，宮島紅葉谷の庭園砂防は，戦後の経済的にどん底にある日本において，日本人の有する文化価値への配慮を示した好例である（広島県土木建築部砂防課，1988）．これらの構造物は，現状の設計規準に対して必ずしも適合するとは限らない．その場合，安易に現状の設計規準に適合するように形状変更をするのではなく，文化価値を損なわないように，現状の設計基準で仮定していることと，長年にわたり存在し続けられたこととの整合性ある見解を踏まえて，維持管理を行うことが必要である．

d. 期待性能の設計（カスタマイズ），新技術の導入，性能設計の評価法と国際化

日本の国土は大きくはないが，東西南北に広域にわたっており，河川ごとの自然環境，降雨・流出特性，土質特性，流域の地域社会の特徴といったものは，相当個性豊かなものと考えられる．よって，稀ではあろうがそのような個性を活か

した砂防構造の建設が好ましいこともありうる．

　一方では，科学技術の発展は，弛みなく続き，降雨状況の把握や予測，流水状況の観測・把握などの技術は高度でかつ廉価になっている．したがって，構造物の設計における要求性能を多様化して，新技術を導入する努力が重要である（香月，2000）．その結果，労働集約型の古典的なものから，高度な科学技術を前提にするものまでの多様な技術を取りそろえた洗練された技術体系を築きあげることが，これからの国際化にむけて重要である（香月，1999）．　　　〔香月　智〕

6.3　警戒避難

　警戒避難とは，一時的に危険な地域から退避することよって，災害から生命・身体を保護する行為のことをいう．

　わが国における警戒避難に関する取り組みは，1966年の建設省（現国土交通省）河川局長通達「山津波等に対する警戒体制の確立について」の発出をもって開始された．その後，「急傾斜地の崩壊による災害の防止に関する法律」（昭和44年法律第57号）の制定により，ほかの自然災害に先んじてがけ崩れに関する警戒避難に関する取り組みが法令によって規定されることになり，「土砂災害警戒区域等における土砂災害防止対策の推進に関する法律」（平成12年法律第57号，以下「土砂災害防止法」）の制定によって，がけ崩れ・土石流・地すべりのすべてに対する警戒避難が，1つの法律で統合的に扱われることになった．

　現在では，「津波防災地域づくりに関する法律」（平成23年法律第123号）や「活動火山対策特別措置法」（昭和48年法律第61号）においても警戒避難に関する事項が規定され，広く防災用語として定着してきている．

　本節では，警戒避難に関する技術について説明する．

6.3.1　警戒避難の防災上の位置付け

　防災とは，災害の未然防止に努めるとともに，被害の拡大を防ぎ，復旧を図ることをいう．とりわけ，災害の未然防止に関しては，あらゆる事象を想定し，総合的かつ計画的な取り組みを行う必要があることから，防災は「災害リスクマネジメント」と呼ばれることがある．

　Riskについては，学問分野や実務分野によって定義が異なるが，自然災害にかかわるRiskは一般に式（6.2）のような多変数関数で評価できる（Birkmann,

2013).

$$\text{Risk} = f(\text{Hazard, Exposure, Vulnerability, Resilience}) \quad (6.2)$$

ここで，Hazard は地震や洪水，マスムーブメントなどといった災害を引き起こす恐れのある潜在的な事象，Exposure は Hazard に曝されている人々や建築物，社会インフラといった保全対象，Vulnerability は Hazard に曝されている保全対象の抵抗力の弱さ，Resilience は防災活動を行う主体の対応力をそれぞれ表している．

式（6.2）に照らし合わせて考えると，防災，つまり自然災害による Risk の軽減とは，Hazard，Exposure および Vulnerability を最小化し，Resilience を強化することといえる．

対象を洪水やマスムーブメントとした場合，Hazard と Exposure は，施設整備や建築物などの移転によって一定程度低減することができる．しかしながら，Hazard も Exposure も施設整備などによって完全に 0 にすることは難しい上，その実施には費用と時間を要する．これらの取り組みについては，長期的視点に立ち，計画的かつ着実に進めていくことが重要となる．

次に，Vulnerability の最小化と Resilience の強化を考える．Vulnerability は，概念が複雑で定義も様々（例えば，Villagrán, 2006；Birkmann, 2013）であるため，汎用的な説明が難しい．しかしながら，実務的には Susceptibility, Coping capacity および Adapting capacity によって評価（UNU-EHS and Bündnis Entwicklung Hilft, 2016）がなされている．したがって，ここでは式（6.3）のような多変数関数で表すこととする．

$$\text{Vulnerability} = g(\text{Susceptibility, Coping capacity, Adapting capacity}) \quad (6.3)$$

ここで，Susceptibility とは建築物の構造耐力の不足といった保全対象の被害の受けやすさ，Coping capacity とは直接的行動によって直ちに被害を最小限に抑える能力，Adapting capacity とは防災に対する意識や長期的な視点での防災戦略の見直しを行い続ける能力のことをいう．

Resilience についても定義は様々である．しかし，Coping capacity および Adapting capacity が，どちらも Resilience を構成する要素（Birkmann, 2013）であることからすると，これらの強化は Resilience の強化につながる．したがって，ここでは Resilience は式（6.4）で表すこととする．

$$\text{Resilience} = h(\text{Coping capacity, Adapting capacity}) \tag{6.4}$$

式 (6.3), 式 (6.4) および各変数の定義によれば, Vulnerability の低減ならびに Resilience の強化には, Susceptibility を小さくするとともに, Coping capacity および Adapting capacity をそれぞれ強化すればよい. この意味において式 (6.3) は式 (6.5) のように表現したほうが直感的に理解しやすい.

Vulnerability
$$= g(\text{Susceptibility, lack of Coping capacity, lack of Adapting capacity}) \tag{6.5}$$

建築物の構造耐力の強化は Susceptibility を小さくするための 1 つの対策である. しかし, その実行には個人の支出が伴い, 一朝一夕に達成できるものではない. このため, 短期間に地域一帯の Vulnerability を一斉に低減するには, 地域社会全体の Coping capacity と Adapting capacity を強化することによって, Hazard に曝されている人々を危機に際して一時的に退避させること, すなわち警戒避難によって生命・身体の保護を図ることが必要となる.

さらに, わが国の災害対策基本法では, 「自助」「共助」「公助」の考え方が基本理念として位置付けられている. このため, 警戒避難体制の整備についても, 行政のみならず住民も含め, 関係者が一体となって取り組むことが想定されている.

まとめると, 警戒避難体制の整備とは, 災害発生に先立って, 「自助」「共助」「公助」の基本理念のもと, 社会全体の Coping capacity と Adapting capacity を強化することで Vulnerability の最小化と Resilience の強化を図り, もって自然災害の Risk を軽減する防災上の取り組みといえる.

6.3.2 警戒避難体制の整備のために必要な技術

Hazard に曝されている人々が, 危機に際して一時的に危険な地域から退避できるようにするためには, 誰がいつ避難すればよいのかを明らかにし, 避難行動を促すことができなければならない. このためには, ①土砂災害の Risk がある区域を明らかにした上で, ②土砂災害の発生を予測し, ③これら情報を行政と住民などが共有するための仕組みが必要であり, 避難の実効性を高めるため, 日頃より継続的に避難訓練や防災教育を行うことが必要となる.

土砂災害に対する警戒避難体制の整備に関する事項は, 土砂災害防止法と災害対策基本法によって規定されている. 具体的には, 土砂災害の Risk のある区域を明らかにすること, 土砂災害予測の周知に関することは土砂災害防止法に基づ

き実施され，避難勧告などの発令や伝達，避難場所の指定等に関することは災害対策基本法に基づく市町村地域防災計画に位置付けて実施される．

　土砂災害防止法では，土砂災害の警戒避難の対象とする自然現象を，「急傾斜地の崩壊（以下「がけ崩れ」）」「土石流」「地すべり」「河道閉塞による湛水」と定めている．なお，河道閉塞（以下「天然ダム」）による湛水が警戒避難の対象とされたのは，天然ダムの決壊に伴う土石流が土砂災害防止法の対象とする自然現象に位置付けられた際に，天然ダム形成に伴う湛水による被害も土砂災害とされたためである．

　土砂災害の Risk がある区域については，土砂災害警戒区域として都道府県知事の権限において指定，公表される（土砂災害防止法第7条）．当該区域が指定された場合は，土砂災害警戒区域のほか，避難施設や避難路，情報の伝達方法などを記載した，いわゆるハザードマップを作成し提供することが，市町村に対し義務付けられている（土砂災害防止法第8条第3項）．また，社会福祉施設，学校，医療施設などの要配慮者利用施設には，円滑かつ迅速な避難の確保のために必要な訓練などを実施すべく，避難確保計画の策定が義務付けられている（土砂災害防止法第8条の2）．なお，土砂災害防止法第9条で規定されている土砂災害特別警戒区域は，要配慮者利用施設等にかかわる開発行為の制限等を行う区域を定めるものであり，その指定は一義的には Susceptibility を小さくするための取り組みに位置付けられる．

　一方，避難の判断のために欠くことのできない土砂災害予測に関しては，都道府県と地方気象台とが共同で土砂災害警戒情報として発表し，市町村に対し通知されるとともに一般にも周知される（土砂災害防止法第27条および気象業務法第11条）．また，天然ダムの形成や火山灰の堆積など，素因が著しく変化することによって新たな Risk が生じたと認められる場合には，特別に国などが緊急に調査を実施し（土砂災害防止法第28条および第29条），土石流などが「いつ」「どこで」発生し，どの地域に被害が及ぶ恐れがあるのかといった，市町村長の避難勧告などの判断に必要となる情報（土砂災害緊急情報；土砂災害防止法第31条）を提供することとされている．

a. 土砂災害の Risk がある区域を明らかにする技術（土砂災害警戒区域）

　土砂災害の Risk がある区域は，地域の人的・物理的・社会経済的ストックの空間的分布と Hazard の空間的広がりの関係より，Exposure の存在の有無を判断し範囲を特定する必要がある．このため，都道府県単位などのある程度の広さ

をもった地域を対象として作業を行う場合，効率性の観点から，まず対象となる箇所の一次抽出を行い，抽出した箇所ごとに Hazard の空間的広がりと Exposure の関係を探る手順を採るのが合理的である．

　この一次抽出作業については，地形図や空中写真の判読と，現地踏査とにより行われるのが一般的である．土砂災害防止法では，がけ崩れや土石流，地すべりの発生源となる急傾斜や渓流，地すべり区域を，それぞれ $30°$ 以上で高さが $5\,\mathrm{m}$ 以上の斜面，扇頂部より上流域の流域面積が $5\,\mathrm{km}^2$ 以下の渓流，地すべり地形を呈する区域などと，政令で地形条件を明示しており，これらの条件をもとに地形図や空中写真を用いた対象箇所の抽出が行われている．個別箇所における Hazard の空間的広がりを求めるのには，数値シミュレーションなど様々な手法が提案されているが，土砂災害警戒区域の指定にあたっては，経験的に知られている地形要素と土砂移動による影響範囲との関係をもとに，地形解析によって求める手法が用いられている．具体的には，過去から蓄積された災害データより，土砂移動による影響範囲が，がけ崩れについては，斜面そのものに加え，急傾斜地の上端に隣接する区域では上端から $10\,\mathrm{m}$，下端に隣接する区域では下端から急傾斜地の高さの2倍（最大 $50\,\mathrm{m}$）の範囲，土石流については扇頂部から扇状地下方に向かって土地の勾配が $2°$ となるまでの範囲，地すべりについては地すべり区域およびその末端から，同区域の水平投影面の移動方向の長さと同じ長さ（最大 $250\,\mathrm{m}$）の範囲に概ね収まるものとして，この条件を基本に地形解析を行い，区域指定が行われている（土砂災害防止法施行令第2条）（図6.29）．

　土砂災害警戒区域などの情報は，避難場所・避難経路などとともにハザードマップに掲載され，インターネットなどを通じて一般に周知される（図6.30）．

　一方，天然ダムの決壊による土石流や湛水，火山噴火に伴う土石流のように，発生頻度が小さい現象を対象とする場合は，数値計算を行い Hazard の空間的な広がりを求める手法が用いられている．

b. 土砂災害の予測に関する技術（土砂災害警戒情報）

　「いつ」「どこで」「どのくらいの」が「地震予測に必要な三要素」といわれるように，自然災害に対し有効な対策をとるには，擾乱が発生する「場所」「時刻」「規模」の三要素をあらかじめ特定することが重要となる．

　土砂災害は，降雨や融雪，地震など，様々な自然現象が誘因となって発生するが，土砂災害予測については，現時点では降雨を誘因とするもののみ実運用されている．

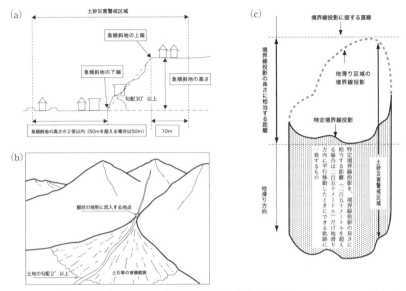

図 6.29 土砂災害防止法に基づく土砂災害警戒区域の指定に用いられている Hazard の空間的広がりを求めるための基準（全国治水砂防協会，2016）
(a) がけ崩れ，(b) 土石流，(c) 地すべり

　土砂災害予測には様々な手法が提案されているが，代表的なものとして，指標を設定し斜面崩壊・土石流などの発生・非発生の境界を求め，その境界を基準に土砂災害予測を行う手法がある（寺田・中谷，2001）．この手法は，発生・非発生の境界の求め方の違いによって経験的手法と物理的手法とに分類できる．どちらの手法も，予測降雨量を用いることにより土砂災害を予測する．

図 6.30 土砂災害ハザードマップの例（新潟県阿賀町）

　現在，土砂災害防止法に基づき全都道府県で運用されている土砂災害警戒情報は，経験的手法の1つである降雨出現確率法（小山内他，2009）が用いられている．この手法では，長期降雨指標として土壌雨量指数を，短期降雨指標として60分積算雨量を用い，実績をもとに土砂災害の発生・非発生を判別するクリテ

ィカルライン（CL）と呼ばれる境界を経験的に定め，指標値がCLを超えれば土砂災害発生の蓋然性が高いと判断する（図6.31）．この手法では，予測に用いる指標値と過去の斜面崩壊や土石流などの発生時の指標値との相対評価により発生・非発生を判定するため，地形・地質などの素因にかかわる環境要素も一定程度評価がなされている．CLの設定の仕方にも様々な手法が提案されているが，降雨出現確率法の特徴は，60分積算雨量値とそれに対応した土壌

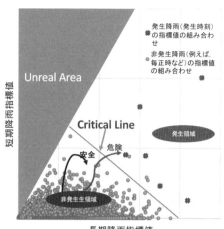

図 6.31 経験的手法による土砂災害危険度評価の原理

雨量指数値の組み合わせの出現確率をRadial Basis Function Network（RBFN）応答曲面で表現し，その出現確率の等値線を活用することによって客観的にCLを設定できることにある（図6.32）．ただし，出現確率が等しければ，どのような土壌雨量指数値と60分積算雨量値の組み合わせであっても同等に土砂災害発生の蓋然性が高まるとはいえないため，CLの設定にあたっては土壌雨量指数の下限値を設けるなどの工夫がなされるのが一般的である．また，土砂災害の実績が全くない場合は，地形・地質，降雨特性が類似する地域における実績や，指標値の履歴順位によりCLを設定するなど工夫が必要となる．

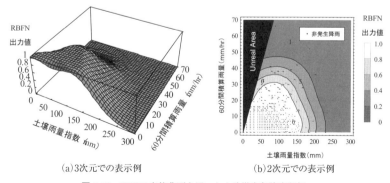

図 6.32 RBFN応答曲面を用いた土砂災害危険度評価

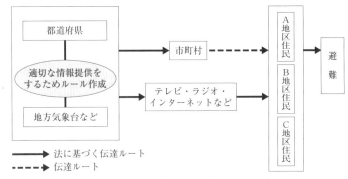

図 6.33　土砂災害警戒情報の伝達・周知経路

土砂災害予測は 1 km メッシュ単位，10 分更新で行われているが，土砂災害警戒情報は原則として市町村単位で発表され，区域全体の危険度が低減した後に解除される．なお，大雨警報（土砂災害）や大雨注意報（土砂災害）については，当該地域の土砂災害警戒情報と連動する形で土壌雨量指数値を基準として発表されている．

なお，土砂災害予測に使用される降雨量については，実況・予測とも気象庁の解析雨量・降水短時間予報などの面的な雨量情報が活用されている．

現在実運用されている土砂災害予測は，予測の必要な三要素のうち「場所」「時刻」には対応しているが，「規模」の即時予測は社会実装には至っておらず，その実現は今後の課題であるといえる．

c. 情報を共有するための技術

豪雨時に市町村長が避難勧告などの発令の判断を行う上で重要となる土砂災害警戒情報は，都道府県と地方気象台からインターネットやテレビ，ラジオを通じて一般に周知されるとともに，市町村から防災行政無線などを通じて土砂災害警戒区域内の住民などに伝達される（図 6.33）．

土砂災害警戒情報は原則市町村単位で発表されているが，市町村の面積が大きい場合や，同一市町村内で気象条件が大きく異なる地域が存在する場合などには，旧市町村単位などに分割して発表させる場合もある．当該市町村などの中でどこの区域が危険であるのかは，気象庁や都道府県がホームページ上で提供している土砂災害警戒判定メッシュ情報などで確認することになる．

土砂災害警戒判定メッシュ情報では，危険度は 2 時間先までの予測雨量を用いて 5 km メッシュ単位で，「今後の情報に注意」「注意」「警戒」「非常に危険」

「極めて危険」の5段階で判定され，情報は10分間隔で更新される．

どの程度の大きさの区域（メッシュサイズなど）に，どの程度の時間間隔で情報提供をするかは，降雨予測や土砂災害予測のモデルの解像度，情報の精度・確度，伝達手段，受け手の情報処理の能力によって変わる．提供される情報の量は，基本的に土砂災害予測モデルの時空間分解能に規定されるが，受け手の立場からは，細分化された区域に対し高頻度で情報提供があると情報処理が追いつかなくなり，かえって避難勧告などの発令などに支障をきたす恐れがある．また，仮に細分化された区域に対しそれぞれ避難勧告などを発令できたとしても，対象となる区域の住民などに対しきめ細やかに情報伝達する通信手段がなければ，むしろ混乱を引き起こす恐れがある．土砂災害の危険度を評価するメッシュなどのサイズや情報の更新頻度については，地域の実情によって異なることに注意すべきである．また，情報表示の仕様については，防災情報の提供方法の見直しと連動して適宜修正される．

現在，多くの市町村は，土砂災害警戒区域などの分布やコミュニティのつながり，避難場所の配置状況などから，同じタイミングで避難勧告などを発令する対象区域をあらかじめ定めている．このため，避難勧告などの発令の判断のしやすさの観点から，避難勧告などの発令対象区域単位で土砂災害の予測情報を提供している都道府県もある（口絵9）．

避難勧告などについては，一般に防災行政無線やテレビ，ラジオを通じて周知・伝達される．また，市町村内にいる携帯電話ユーザーに対して一斉に情報を送信する「緊急速報メール」を活用する自治体もある．テレビやラジオ，緊急速報メールについては，地域を限定して送信することが困難であるのに対し，最新のデジタル式防災行政無線は，送信先を細かく設定することが可能になっており，対象者を絞り込んで情報を伝達することができるようになってきている．

ただし，防災行政無線の屋外拡声子局を通じた情報の伝達は，豪雨の中では十分な効果が期待できない恐れがあり，またショッピングセンターや旅館などには戸別受信機が設置されていない場合もある．それぞれの機器にメリット・デメリットはあるので，不測の事態に備えるためには，一斉配信が可能な複数の情報伝達システムを構築し，運用できるようにしておくことが望ましい．

d. 避難支援のための技術

警戒避難を実効性のあるものにしていくためには，土砂災害に対する行政，住民の双方の意識を高く保つことが重要となる．行政としては危機に臨んで躊躇な

く対象となる住民に対し的確な避難勧告などを発令・伝達できるよう，また住民などにおいては，行政からの情報だけに頼ることなく，異常な音や臭いなど，土砂災害の前兆現象などを把握すれば，自らの判断によって適切に避難行動をとることができるようにしておくことが重要である．

そのためには，実効性のある防災計画を策定するとともに，専門家などの知見も活用し，多数の住民の参画のもと地域の実情にあった防災訓練や防災教育など，Adapting capacity の強化につながる取り組みを継続的に実施することが重要である．

防災計画の実効性を上げるための取り組みの1つに，タイムラインの策定がある．タイムラインとは，災害は必ず発生することを前提に，非常時に発生する状況をあらかじめ想定し，防災関係機関が共通認識のもと取り決めた採るべき防災行動とその実施主体を，「いつ」「誰が」「何をするか」に着目して時系列で整理した防災計画のことをいう．多数の組織が協働して防災活動にあたる場合や，自助・共助に関する取り組みを進めるのに有効であるといわれている．ただし，自然現象はあらかじめ想定したとおりに進行するとは限らないことから，タイムラインの策定にあたっては，計画に十分柔軟性を確保しておくことが必要である．また，地区居住者などが自発的に地区の特性に応じて作成した防災計画のうち市町村防災会議にはかった上で市町村地域防災計画に盛り込まれたものを地区防災計画といい，この作成は「自助」「共助」「公助」を総合的に進めるうえで非常に重要な取り組みとされている．

防災訓練には，知識の習得を目的とした「講義（座学）」，行政の避難所運営，住民などの消火や救急救命，避難など，実技能力向上を目的とした「実働訓練」，計画やマニュアルなどの有効性の評価・検証を目的とした「演習」，実働と演習を組み合わせた「総合訓練・演習」がある（秦，2008）．また，演習には，災害対応について考えたり議論したりすることを通じて，参加機関がそれぞれの計画やポリシーについての相互理解を深めることを目的とした「討論型卓上演習（Discussion-based Exercises）」と，コントローラとプレーヤに分かれて，疑似的な災害状況下において実践的な演習を行うことを通じて，計画やマニュアルの有効性を検証することを目的とした「対応型図上演習（Operation-based Exercises）」がある．防災活動の実効性を上げる観点から，避難訓練は土砂災害の Risk が高まる出水期前に実施しておくことが望ましい．

あらかじめ実効性のある防災計画を策定し，訓練・演習を積んだとしても，専

門技術者などを内部に有してない（Coping capacityが不足している）市町村においては，緊急時に情報分析などを行うことができず，状況に即した的確な判断を行うことが困難な状況に陥る場合がある．このような状況を回避するため，土砂災害に対する専門的な知見と経験を有する国土交通省の砂防事務所などから情報提供などが期待されており，土砂災害の発生の危険性が高まった場合などに技術的な助言が行えるよう，日頃より市町村長などとのホットラインの構築が推奨されている．

　土石流などにより万が一要救助者が発生した場合には，一義的には消防機関が救助にあたる．ただし，規模の大きな土砂災害が発生した場合などには，警察，自衛隊，国土交通省（緊急災害対策派遣隊；TEC-FORCEなど），医療機関，都道府県などの土木事務所，専門家などの関係機関と緊密に連携して救助作業が実施される（消防庁，2014）．TEC-FORCEや土砂災害の専門家は，被害状況の把握の支援のほか，二次災害を防止するための安全確認・安全監視，安全確保対策の支援などの役割を担う．

　避難勧告の解除は，大雨警報や土砂災害警戒情報の解除を目安として，気象情報や現地状況を確認した上で行われる．特に，大規模な土砂災害が発生したような場合などは，専門家の助言を活用して判断することが重要となる．

〔國友　優〕

6.4　被　災　と　修　復

ここでは，主に崩壊地や砂防施設および工事用道路などの災害時被災状況と修復について取り上げる（表6.1）．

6.4.1　崩壊地の修復

一般的な崩壊地の修復には，侵食と土砂流出・崩壊地拡大を防ぐ目的で，山腹

表6.1　各種修復工法

修復対象	工法
崩壊地	山腹工，斜面緑化，のり枠工，擁壁工，地下水排除工などによる修復
砂防施設	堰堤の腹付け，堰堤の嵩上げ，流路工の拡幅・復旧など
林道・工事用道路	擁壁工，のり枠工，排水工の拡充，切土斜面の緑化，盛土の耐震工事など

図 6.34 山腹工による森林斜面の修復例
上から3例は熊本県阿蘇市,一番下は福岡県八女市.左が修復前,右が修復後

工を施し緑化や再森林化を試みる.その際,崩壊地を安定化させたり緑化を促進させたりするために,種子吹き付け工などの緑化工とともに擁壁,のり枠工,アースアンカーなどの構造物が用いられる(図 6.34 に 2012 年の豪雨災害の修復例を示す).図のように,種々の山腹工(のり枠工などの構造物と緑化の組み合わせ)により修復される.これらのほか,従来からの積苗工を使用した方法も多く施工される.

6.4.2 砂防堰堤など砂防施設の被災と修復

豪雨や地震により発生する崩壊・土石流によって砂防施設も損傷被害を受ける

6.4 被災と修復

図 6.35 2016 年熊本地震時に発生した土石流による袖部および本体の損傷
熊本県南阿蘇村，山王谷川砂防堰堤，高さ 9 m，1982 年竣工．

図 6.36 2012 年九州北部豪雨時に発生した左岸側崩壊による袖部および本体の損傷（熊本県阿蘇市）

袖部越流による基礎部洗掘

崩壊による水叩き側壁の損傷

袖部越流による水叩き側壁の損傷

越流による流路工損傷と周辺後背地の侵食

図 6.37 2017 年九州北部豪雨時における袖部越流による基礎部洗掘・崩壊による水叩き側壁の損傷と越流による流路工損傷事例（福岡県朝倉市）

第6章 砂防技術

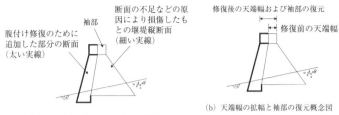

(a) 腹付けによる損傷堰堤の修復概念図　　(b) 天端幅の拡幅と袖部の復元概念図

図6.38　砂防堰堤の修理の方法

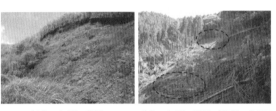

切土のり面の崩壊　　　　盛土のり面の崩壊（○印の上下2か所）

盛土のり面の崩壊（上部）　　盛土のり面の崩壊（他の盛土部分）

 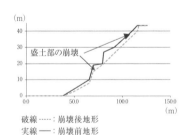

盛土のり面の崩壊
（上部から下部を撮影）

図6.39　工事用道路・林道の被害（熊本県南阿蘇村）

ことがあるが，地震そのものの外力で破壊される事例はほとんどない．また，損傷する事例でも，ほとんどの場合は，20年以上前の基準で建設されたものとなる．

被災損傷形態としては，次のようなものがある．
① 土石流により堰堤袖部が破壊される（図6.35）．堰堤袖部とは図の右上破線部で示した部分で，堰堤の水通し部の両側にある袖状の構造であり，洪水と土砂の越流を防ぎ，かつ両岸からの崩落土砂の下流への流出を防ぐ機能がある．
② 堰堤近傍の崩壊により袖部・本体が損傷を受ける（図6.36）．
③ 袖部の越流水により本体下流部や水叩き側壁などが損傷を受けたり，本体の基礎が露出してしまう（図6.37）．
④ また，流路工も越流により損傷を受ける．

修復は堰堤天端幅を増すための下流への腹付け修理（図6.38a），袖部の復元と天端幅の拡幅（図6.38b），側壁の復旧・補強，流路工の設計流量見直しによる拡張，護岸の補強などが行われる．堰堤については，スリット化（6.2節参照）が試みられる場合もある．

6.4.3 工事用道路被害と修復

工事用道路・林道も，地震時あるいは豪雨の際の災害時には盛土崩壊やのり面崩落などの被害を受けているが（図6.39），崩壊土砂が土石流化すると被害が拡大する．

修復は原型復旧と盛土部の擁壁や補強度工法あるいは切り株の積み上げによる補強，切土のり面部ののり枠工などによる補強，横断側溝間隔の適正化（密にする），排水溝の大型化や分散排水の導入などが行われる． 〔久保田哲也〕

文　　献

第1章
大野　晃（2010）：山・川・海の流域社会学，文理閣.
小出　博（1973）：日本の国土，東京大学出版会.

第2章
ウェゲナー，アルフレッド（1981）：大陸と海洋の起源（上）（下），岩波文庫.

第3章
3.1
津口裕茂（2016）：天気，**63**（9），11-13.
3.2
太田猛彦（1993）：砂防学講座2　土砂の生成・水の流出と森林の影響（砂防学会監修），pp.254-282，山海堂.
沖村　孝他（1985）：砂防学会誌（新砂防），**37**（5），4-13.
石川芳治他（2016）：砂防学会誌（新砂防），**69**（4），25-36.
塚本良則（1987）：東京農工大学農学部演習林報告，**23**，65-124.
塚本良則（1998）：森林・水・土の保全，朝倉書店.
土志田正二他（2016）：日本地すべり学会誌，**53**（3），26-30.
平松晋也他（1990）：砂防学会誌（新砂防），**43**（1），5-15.
平松晋也他（1991）：砂防学会誌（新砂防），**43**（5），11-18.
平松晋也他（2014）：砂防学会誌（新砂防），**67**（4），38-48.
丸谷知己他（2017）：砂防学会誌（新砂防），**70**（4），31-42.
3.3
Cruden, D. M. and Varnes, D. J.（1996）：*Landslides：Investigation and mitigation, Transportation Research Board, National Research Council*（Turner, K. A. and Schuster, R.L. eds.），Special Report 247, pp.36-75.
駒村富士弥（1992）：砂防学講座3　斜面の土砂移動現象（砂防学会監修），山海堂，pp.194-197，204-208.
中村朝日・檜垣大助（2009）：第48回日本地すべり学会研究発表会講演集，110-111.
日本地すべり学会（2004）：地すべり―地形・地質的認識と用語―（日本地すべり学会地すべりに関する地形地質用語委員会編），日本地すべり学会.
檜垣大助他（1993）：地すべり学会シンポジウム「地すべりの地形・地質用語に関する諸問題」論文集，11-22.
檜垣大助他（2011）：平成23年度砂防学会研究発表会概要集，14-15.
古谷尊彦（1980）：地すべり・崩壊・土石流（武居有恒監修），鹿島出版会，pp.192-230.
古谷尊彦（1996）：ランドスライド，古今書院，pp.11-26.
宮城豊彦他（1996）：地すべり研究の発展と未来（中村三郎編著），大明堂，pp.26-41.
脇水鉄五郎（1912）：地学雑誌，**282**，379-390.
渡　正亮・小橋澄治（1987）：地すべり・斜面崩壊の予知と対策，山海堂.

3.4
小山内信智他（2011）：砂防学会誌（新砂防）**63**（5），22-32．
国土交通省国土技術政策総合研究所（2016）：砂防基本計画策定指針（土石流・流木対策編）解説，国総研資料第 904 号．
高橋　保（2004）：土石流の機構と対策，pp.115-122，近未来社．
塚本良則（1998）：森林・水・土の保全，pp.89-102，朝倉書店．

3.5
Ishikawa, Y. *et al.* (1994)：Mechanism of the Hot Ash Clouds of Pyroclastic Flows and its Numerical Simulation Methods, 砂防学会誌（新砂防）**47**（1），14-20．
Yamashita, S. and Miyamoto, K. (1991)：NUMERICAL SIMULATION METHOD OF DEBRIS MOVEMENTS WISH A VOLCANIC ERUPTION, Japan-U. S. Workshop on Snow Avalanche, Landslide, Debris Flow Prediction and Control, pp.433-442．
新井宗之・高橋　保（1986）：土木学会論文集，第 375 号／Ⅱ-6，p.69-77．
安養寺信夫他（1996）：雲仙火山砂防研究報告第 2 号，砂防学会・雲仙火山砂防特別委員会，59-64．
池谷　浩（1994）：砂防学会誌（新砂防），**47**（2），23-29．
石川芳治他（1992）：砂防学会誌（新砂防），**45**（3），50-51．
石川芳治他（1993）：砂防学会誌（新砂防）**46**（4），16-22．
石川芳治他（1994）：雲仙火山砂防研究報告第 1 号，砂防学会・雲仙火山砂防特別委員会，10-16．
石川芳治・山田　孝（1996）：雲仙火山砂防研究報告第 2 号，砂防学会・雲仙火山砂防特別委員会，65-70．
巖倉啓子（2000）：砂防学会誌（新砂防），**52**（6），81-84．
古賀省三・村上　博（2002）：砂防学会誌（新砂防），**55**（1），63-70．
小橋澄治他（1992）：砂防学会誌（新砂防），**45**（2），28-31．
消防科学総合センター（1985）：地域防災データ総覧，地震災害・火山災害編，pp.246-247．
谷口義信（1993）：砂防学会誌（新砂防）**46**（3），28-34．
南里智之他（2016）：砂防学会誌（新砂防），**69**（1），12-19．
松林正義編著（1991）：火山と砂防，第 3 章火山の災害（水山高久著），第 4 章火山地域の砂防（松下忠洋・中野泰雄著），第 5 章火山災害と防災対策の実例（渡辺正幸・水山高久・池谷浩著）鹿島出版，pp.72-133．
丸谷知己他（2007）：砂防学会誌（新砂防），**60**（2），59-65．
水山高久（1988）：第 20 回砂防学会シンポジウム講演概要集，火山砂防を考える，pp.61-72
水山高久（1997）：火山噴火と災害（宇井忠英編著），pp.166-181，東京大学出版会．
水山高久・下田義文（1992）：砂防学会誌（新砂防），**44**（5），14-18．
水山高久・山田　孝（1990）：砂防学会誌（新砂防），**43**（1），30-37．
水山高久他（1988）：土木研究所資料，（2601），p.3．
水山高久他（1990）：砂防学会誌（新砂防），**43**（3），13-19．
宮本邦明（1993）：砂防学会誌（新砂防），**45**（6），42-49．
山田　孝（2007）：砂防学会誌（新砂防），**60**（1），29-36．
山田　孝他（1991）：砂防学会誌（新砂防），**44**（4），41-45．
山田　孝他（2009）：砂防学会誌（新砂防），**62**（1），3-10．

3.6
石川芳治他（1989a）：土木技術資料，**31**（1），23-29．
石川芳治他（1989b）：砂防学会誌（新砂防），**42**（3），4-10．
石川芳治他（1991）：土木技術資料，**33**（5），38-44．
荻原貞夫（1962）：水利科学，**25**，25-37．
国土交通省（2014）：長野県木曽郡南木曽町読書で発生した土石流災害．http://www.mlit.go.jp/river/sabo/jirei/h26dosha/140805_nasizawa_dosekiryuu.pdf

国土交通省（2017）：平成 29 年 7 月九州北部豪雨は過去最大級の流木災害．http://www.mlit.go.jp/common/001198670.pdf
清水　収（2009）：砂防学会誌（新砂防），**62**（3），3-13．
3.7
土木学会（1999）：水理公式集（平成 11 年版），丸善，p.158.
清水　収・前田幸恵（2016）：砂防学会誌（新砂防），**69**（2），36-40．
3.8
Chigira, M.（2000）：*Journal of Nepal Geological Society*, **22**, 497-504.
内田太郎・岡本　敦（2012）：土木技術資料，**54**（11），32-35．
小川内良人他（2015）：砂防学会研究発表会概要集 B，102-103．
土木研究所（2010）：深層崩壊推定頻度マップ．
桜井　亘（2015）：京都大学学位論文，p.118.
桜井　亘他（2014）：砂防学会誌 **66**（6），31-39．
桜井　亘他（2016）：砂防学会誌（新砂防）**68**（6），4-13．
里深好文他（2007）：水工学論文集，**51**，901-906．
砂防学会（2012）：深層崩壊に関する基本事項に係わる検討委員会報告・提言，p.15.
鈴木隆司他（2007）：土木技術資料，**49**（5），58-63．
田畑茂清他（2002）：天然ダムと災害，pp.56-57，190-191，古今書院．
千木良雅弘（2013）：深層崩壊，口絵④，pp.45-46，54-56，67-69，131-133，139-143，176-184，近未来社．
土木研究所土砂管理研究グループ火山・土石流チーム（2008）：土木研究所資料　深層崩壊の発生の恐れのある渓流抽出マニュアル（案），土木研究所資料第 4115 号．
奈良県深層崩壊研究会（2013）：平成 23 年紀伊半島大水害 深層崩壊のメカニズム解明に関する現状報告，pp.17-20，22-23．
横山　修他（2016）：砂防学会誌（新砂防）**68**（6），14-23．
3.9
池谷　浩他（2001）：雪崩防止工事ポケットブック，pp.265-308，山海堂．
小山内信智他（2009）：国総研資料，（530），66-168，国土交通省国土技術政策総合研究所．
国土交通省河川局水政課・砂防部砂防計画課（2003）：土砂災害防止法令の解説，pp.55-56，社団法人全国治水砂防協会．
国土交通省河川局砂防部，気象庁予報部，国土交通省国土技術政策総合研究所（2005）：国土交通省河川局砂防部と気象庁予報部の連携による土砂災害警戒避難基準雨量の設定手法，pp.5-6.
砂防・地すべり技術センター（2015）：土砂災害の実態，3-5．
下川悦郎（1991）：新 砂防工学，pp.51-56，朝倉書店．
3.10
McClung, D. M. and Schaerer, P. A.（2006）：*Avalanche Handbook*（3rd edition），pp. 321-323, The Mountaineers.
Pitman, E. B. and Nichita, C. C.（2003）：*Physics Fluids*, **15**, 3638-3646.
Voellmy, A.（1955）：*Über die Zerstörungskraft von Lawinen*, Schweizerische Bauzeitung, Jahrg.73. In English: Alta Avalanche Study Center Wasatch National Forest（1964）：*On the Destructive Force of Avalanches*, Translation No.2, pp.1-41, U.S. Department of Agriculture Forest Service.
秋山一弥他（2012）：日本雪工学会誌，**28**（1），3-15．
池田慎二他（2012）：土木技術資料，**54**（5），26-29．
遠藤八十一（1993）：雪氷，**55**（2），13-120．
高橋喜平（1966）：雪氷，**22**（1），7-9．
張　馳他（2004）：数値解析による崩壊土塊の到達範囲予測．地すべり，**41**（1），9-17．

西村浩一（2015）：ながれ，**34**，333-338．
西村浩一・竹内由香里（2009）：雪氷研究大会（2009・札幌）講演要旨集，65．
日本建設機械化協会・雪センター（2005）：除雪・防雪ハンドブック（防雪編），p.64，日本建設機械化協会・雪センター．
日本建設機械化協会編（1988）：新編 防雪工学ハンドブック，p.134，森北出版．
日本雪氷学会編（2014）：新版 雪氷辞典，p.146，古今書院．

第4章
4.1
Beven, K. J., and Kirkby, M. J.（1979）：*Hydrological Science Bulletin*, **24**, 43-69.
大石道夫（1985）：目でみる山地防災のための微地形判読，p.267，鹿島出版会．
町田　貞（1984）：地形学，大明堂．

4.2
Kosugi, K., *et al.*（2009）：*Vadose Zone Journal*, **8**, 52-63.
Masaoka, N., *et al.*（2016）：*Journal of Hydrology*, **535**, 160-172.
井上光弘（2004）：不飽和地盤の挙動と評価（地盤工学会編），pp.20-44，丸善．
逢坂興宏（1996）：水文地形学（恩田裕一他編），pp.16-17，古今書院．
大久保　駿・上坂利幸（1971）：土木技術資料，**13**（2），83-87．
太田猛彦（1992）：森林水文学（塚本良則編），p.134，文永堂出版．
熊谷朝臣（2007）：森林水文学（森林水文学編集委員会編），pp.110-130，森北出版．
西村　拓他（2004）：不飽和地盤の挙動と評価（地盤工学会編），pp.56-61，丸善．
日野幹雄・長谷部正彦（1985）：FORTRAN と BASIC による水文流出解析，pp.28-30，森北出版．
福嶌義宏（1992）：森林水文学（塚本良則編），pp.175-176，文永堂出版．
毎熊輝記他（2004）：地盤調査の方法と解説（地盤調査法改訂編集委員会），pp.79-138，丸善．

4.3
Bagnold, R. A.（1957）：*Philosophical Transactions Royal Society of London*, **249**．
Egiazzaroff, I. V.（1965）：Proc. ASCE, HY4, 225-246.
Itakura, T. and Kishi, T.（1980）：*Proc. ASCE*, Hy8, 1325-1343.
Lane, E. W. and Kalinske, A. A.（1939）：Trans., A.G.U., 637-640.
Rouse, H.（1938）：Proc. 5th Int. Congress of Applied Mech., 62-66.
芦田和男・道上正規（1970）：京都大学防災研究所年報，第13号B-2，233-242．
芦田和男・道上正規（1972）：土木学会論文報告集，（206），59-69．
芦田和男・藤田正治（1986）：土木学会論文集，第375号／Ⅱ-6，pp.107-116．
芦田和男他（1978）：砂防学会誌（新砂防），**30**（4），9-17．
黒木幹男他（1980）：第17回自然災害科学総合シンポジウム講演論文集，175-178．
砂防学会編（2000）：山地河川における河床変動の数値計算法，山海堂．
平野宗男（1971）：土木学会論文報告集，（195），55-65．
藤田正治他（2008）：河川技術論文集，**14**，13-18．
藤田正治・水山高久（2005）：砂防学会誌（新砂防），**57**（6），3-12．

4.4
木下篤彦他（2012）：砂防学会誌（新砂防），**65**（2），23-27．
國友　優他（2016）：平成28年度砂防学会研究発表会概要集B，184-185．
坂井紀之他（2013）：砂防学会誌（新砂防），**66**（3），45-50．
辻本浩史他（2016）：平成28年度砂防学会研究発表会概要集B，146-147．
辻本浩史他（2017）：砂防学会誌（新砂防），**69**（6），49-55．

4.5
急傾斜地崩壊防止工事技術指針作成委員会（2009）：新・斜面崩壊防止工事の設計と実例―急傾斜地崩壊防止工事技術指針―（本編），pp.109-296，全国治水砂防協会．
笹原克夫・酒井直樹（2014）：地盤工学ジャーナル，**9**（4），671-685．
地盤工学会（2004）：地盤技術者のためのFEMシリーズ1 はじめて学ぶ有限要素法，地盤工学会．
山口柏樹（1984）：土質力学 第3版，pp.204-211，技報堂出版．

第5章
5.1
Chigira, M.（2014）：*Episodes*, **37**（4）, 284-294.
Hsu, K. J.（1975）：*Geological Society of American Bulletin*, **86**, 129-140.
Keefer, D. K.（1984）：*Geological Society of American Bulletin*, **95**, 406-421.
阿部真郎・林 一成（2011）：日本地すべり学会誌，**48**（1），52-61．
井良沢道也他（2008）：砂防学会誌（新砂防），**61**（3），37-46．
石川芳治（1999）：砂防学会誌（新砂防），**51**（5），35-42．
石川芳治他（2016）：砂防学会誌（新砂防），**69**（3），55-66．
沖村 孝他（1995）：土地造成工学研究施設報告，**13**，147-167．
奥田節夫（1984）：京大防災研究所年報，第27号B-1，353-368．
落合博貴他（1994）：第33回地すべり学会研究発表会講演集，337-340．
川邊 洋（1985）：砂防学会誌（新砂防），**38**（1），27-29．
川邉 洋他（2005）：砂防学会誌（新砂防），**57**（5），39-46．
建設省土木研究所（1995）：平成6年度地震時の土砂災害防止技術に関する調査業務報告書（その3）―．地震による土砂生産，災害及び対策の検討，第2編大規模土砂移動編，p.108．
鈴木隆介（2000）：建設技術者のための地形図読図入門 第3巻，古今書院，p.388．
瀬尾克美他（1984）：砂防学会誌（新砂防），**37**（4），19-22．
田畑茂清他（1999）：砂防学会誌（新砂防），**52**（3），24-33．
冨田陽子他（1996）：砂防学会誌（新砂防），**48**（6），15-21．
鳥居宣之他（2007）：土木学会論文集C，**63**（1），140-149．
千木良雅弘他（2012）：応用地質，**52**（6），222-230．
中村浩之他（2000）：地震砂防（砂防学会地震砂防研究会），古今書院，pp.116-117．
野村康裕・岡本 敦（2013）：土木技術資料，**55**（4），22-25．
ハスバートル他（2011）：日本地すべり学会誌，**48**（1），23-38．
林 一成他（2010）：第49回日本地すべり学会研究発表会講演集，35-36．
山口伊佐夫・川邊 洋（1982）：砂防学会誌（新砂防），**35**（2），3-15．
山越隆雄他（2010）：土木技術資料，**52**（2），18-23．

5.2
Jitousono T. *et al.*（1996）：*Journal of the Japan Society of Erosion Control Engineering*, **48**（Special Issue）, 109-116.
国土交通省雲仙復興工事事務所（2001）：雲仙・普賢岳火山砂防計画，p.4．
国土交通省大隅河川国道事務所（2017）：平成29年土石流調査情報（桜島地域）第1報，資料-7．
国土交通省砂防部（2007）：火山噴火緊急減災対策砂防計画策定ガイドライン，pp.1-42．
砂防学会（1990）：平成元年度科学技術振興調整費「火山地域における土砂災害予測手法の開発に関する調査」調査成果報告書，pp.8-16．
地頭薗隆（2017）：地形，**38**（1）：41-53．
地頭薗隆他（1996）：砂防学会誌（新砂防），**49**（3），33-36．
清水 収他（2011）：砂防学会誌（新砂防），**64**（3），46-56．

下川悦郎（1995）：自然災害と地域社会の防災，火砕流および土石流による災害，クバプロ，pp.140-148.
下川悦郎・地頭薗隆（1987）：砂防学会誌（新砂防），**39**（6），11-17.
下川悦郎・地頭薗隆（1991）：自然災害西部地区部会報・論文集，**12**，73-80.
水山高久（1991）：火山と砂防（松林正義編著），鹿島出版会，pp.85-88.

5.3

気象庁ホームページ：気圧配置 台風に関する用語 http://www.jma.go.jp/jma/kishou/know/yougo_hp/haichi2.html
国土地理院（2016）：平成28年台風第10号に関する情報（土砂崩壊・堆積地等分布図）http://www.gsi.go.jp/BOUSAI/H28.taihuu10gou.html
国土交通省砂防部（2016）：台風第10号による土砂災害発生状況（10月3日9:00現在），http://www.mlit.go.jp/river/sabo/jirei/h28dosha/161003%20900_taifuu10gouniyorudosyasaigai.pdf
砂防学会東北支部（2016）：砂防学会誌（新砂防），**69**（5），口絵写真．
砂防・地すべり技術センター（2002～2017）：土砂災害の実態．
滝澤雅之他（2017）：2016年台風10号による土砂災害における土砂流出の実態─岩手県岩泉町宇津野沢の事例─．平成29年度砂防学会研究発表会奈良大会ポスター発表 Pb-49．
谷口房一他（1999）：砂防学会誌（新砂防），**52**（2），27-30．
谷口房一他（2001）：砂防学会誌，**54**（1），77-80．
谷口義信他（1998）：砂防学会誌，**50**（5），34-42．
松村和樹・高浜淳一郎（1999）：砂防学会誌（新砂防），**52**（2），11-17．
宮本邦明他（1992）：砂防学会誌（新砂防），**45**（3），18-23．

5.4

石川芳治他（2014）：砂防学会誌（新砂防），**66**（5），61-72．
海堀正博他（2010）：砂防学会誌（新砂防），**63**（4），30-37．
久保田哲也他（2012）：砂防学会誌（新砂防），**65**（4），50-61．
長崎県土木部（1983）：7.23長崎大水害志，長崎県土木部河川砂防課．
日浦啓全他（2004）：砂防学会誌，**57**（4），39-47．
古川浩平他（2009）：砂防学会誌（新砂防），**62**（3），62-73．
松村和樹他（2012）：砂防学会誌（新砂防），**64**（4），43-53．
丸谷知己他（2017）：砂防学会誌（新砂防），**70**（4），31-42．

第6章

6.1

小川紀一朗（1997）：北海道大学農学部演習林報告，**54**（1），87-141．
小川紀一朗（2012）：砂防学会誌，**64**（6），1-3．
小川紀一朗他（1989）：砂防学会誌（新砂防），**41**（6），4-13．
沖村　孝他（1985）：砂防学会誌（新砂防），**37**（5），4-13．
蒲原潤一他（2015）：国土技術政策総合研究所資料，（874），42．
川嶋浩一他（2017）：平成29年度砂防学会研究発表会概要集，754-755．
里深好文他（2007）：砂防学会誌（新砂防），**59**（6），55-59．
田中　信他（2011）：平成23年度砂防学会研究発表会概要集，474-475．
土砂災害緊急情報（奈良県十津川流域）第1号，2011．
土砂災害緊急情報（霧島山（新燃岳））第1号，2013．
土木研究所土砂管理研究グループ火山・土石流チーム（2009）：土木研究所資料，（4129），34．
土木研究所土砂管理研究グループ火山・土石流チーム（2012）：土木研究所資料，（4240），29．
冨田陽子他（2014）：砂防学会誌（新砂防），**66**（5），3-12．
中谷加奈他（2008）：砂防学会誌（新砂防），**61**（2），41-46．

中村良光他（2006）：砂防学会誌（新砂防），**59**（4），54-57．
西口幸希他（2012）：砂防学会誌（新砂防），**64**（3），11-20．
枦木敏人他（2007）：砂防学会誌（新砂防），**59**，（5），15-22．
平川泰之他（2017）：平成29年度砂防学会研究発表会概要集，598-599．
平松晋也他（1990）：砂防学会誌（新砂防），**43**（1），5-15．
南　哲行・小山内信智編著（2014）：現代砂防学概論，古今書院．
吉田桂治他（2015）：平成27年度砂防学会研究発表会概要集，286-287．

6.2

香月　智（1999）：砂防学会誌（新砂防），**52**（4），60-63．
香月　智（2000）：砂防学会誌（新砂防），**52**（5），57-64．
国土交通省（2005）：河川砂防技術基準 同解説 計画編（国土交通省河川局監修・日本河川協会編），山海堂．
小杉賢一朗（2016）：砂防学会誌（新砂防），**69**（3），1-3．
砂防地すべり技術センター（2001）：鋼製砂防構造物設計便覧，鋼製砂防構造物委員会編集．
武居有恒（2000）：砂防学，山海堂，p.126．
塚本良則・小橋澄治（1991）：新 砂防工学，朝倉書店，pp.114-118．
土木学会（2013）：防災・安全対策技術者のための衝撃作用を受ける土木構造物の性能設計―基準体系の指針―，pp.60-86，土木学会．
広島県土木建築部砂防課（1988）：日本三景宮島紅葉谷川の庭園砂防抄．

6.3

Birkmann, J. (2013)：*Measuring Vulnerability to Natural Hazards : Towards Disaster Resilient Society* (Second Edition), United Nations University Press.
Villagrán, J. C. (2006)：*Vulnerability - A Conceptual and Methodological Review*, UNU-EHS Publications.
UNU-EHS (The United Nation University, the Institute for Environment and Human Security) and Bündnis Entwicklung Hilft (2016)：World Risk Report 2016.
小山内信他（2009）：砂防学会誌（新砂防），**62**，56-60．
消防庁国民保護・防災部参事官付（2014）：平成26年度 救助技術の高度化等の検討会報告書土砂災害対策のあり方について http://www.fdma.gofile.jp/neuter/about/shingi_kento/h26/dosya_kyujyo/05/houkokusyo.pdf
全国治水砂防協会（2016）：改訂版 土砂災害防止法令の解説―土砂災害警戒区域等における土砂災害防止対策の推進に関する法律―．
寺田秀樹・中谷洋明（2001）：土砂災害警戒避難基準雨量の設定手法，国土技術政策研究所資料第5号，国土交通省国土技術政策研究所．
秦　康範（2008）：防災危機管理担当者のための基礎講座3 災害危機管理論入門（吉井博明・田中　淳編），pp.306-312，弘文堂．

6.4

陶山正憲（1998）：治山・砂防工法特論，pp.79-80, 199-214，地球社．

あとがき

　本書は，これまでに朝倉書店から発行された2冊の砂防の教科書（『砂防工学』野口陽一他，1969年，および『新 砂防工学』塚本良則・小橋澄治編，1991年）の後継版として位置づけられる．最初に述べたように，「砂防」という専門分野への導入編として書かれたものではあるが，それぞれの課題はわが国の砂防学研究で最先端を担う研究者が執筆した．内容は，砂防，特に土砂移動に関して極めて簡潔にかつ体系的に網羅したつもりであるが，編者の不勉強のせいで見落とした事項もあるかもしれない．また，緑化や海岸砂防など，これまでの教科書で取り扱ってきたいくつかの課題も紙幅の関係で省いた．これらについては，今後のご批判を得て，将来改訂する際にはぜひ生かしたい．

　砂防という分野は，研究にせよ，技術にせよ，事業にせよ，現場から問題を拾い上げ，再び現場に答えを返すことによって目的を達成することができる．したがって，スタートである現場で問題を見誤ると，当然誤った解決方法を採用し，目的を達成することはできない．このような現場の認識方法は重要な課題ではあるが，様々な見方があって一般化することができず，残念ながら本書に含めるには至らなかった．また，問題解決においても，砂防の対象が極めて多岐にわたるため，一貫した独自の武器（解決方法）をもたず，他の分野での方法を応用することによって問題解決することが多い．そのため，ともすれば解決方法自体に執着して，砂防本来の視点を見失う危険もある．このようなことを防ぐためにも，研究や学習の途上で疑問を感じたり，解決方法に自信がもてない時には，勇気をもってもう一度現場に立ち返り，自ら発見した問題に見誤りはないかを確かめねばならない．

　砂防に携わる研究者や技術者は，人の命と公共財と人類の未来を背負っていることを忘れてはならない．ここで学んだことを仕事に生かす際には，自らの考え方だけに拘泥し満足することなく，本当に人間社会のためになっているのかという面から，常に自分の仕事を見直すことが必要である．本書が，このような考え方を，後からくる人々に少しでも伝えられれば幸いである．

　本書の企画から編集に至るまで，朝倉書店編集部には多くのご支援をいただい

た．また，本書で紹介した内容は一朝一夕になった成果ではなく，砂防をはじめとする多く研究分野の先人の長年にわたる研究業績の賜物である．ここに合わせて感謝と敬意を表する．

2019 年 3 月

編　者

用 語 解 説

i-Construction（アイ・コンストラクション）
　国交省で進めている「ICT の全面的な活用（ICT 土工）」などの施策を建設現場に導入することによって，建設生産システム全体を三次元データ化させて生産性の向上を図り，もって魅力ある建設現場を目指す取組．

Radial Basis Function Network (RBFN) 応答曲面
　3 層から構成されるニューラルネットワークである RBF ネットワークを用いて，長期間にわたる 60 分積算雨量とそれに対応する土壌雨量指数の関係を機械学習させることで得られる 3 次元の曲面．この曲面において X，Y 軸はそれぞれ土壌雨量指数，60 分積算雨量を，Z 軸は両者を組み合わせた状態の出現確率を表している．

RAMMS
　SLF（WSL Institute for Snow and Avalanche Research：スイス連邦雪・雪崩研究所）の雪崩シミュレーションプログラムである Rapid Mass Movements の略称．詳細はウェブサイト（https://www.slf.ch/en/services-and-products/ramms-rapid-mass-movement-simulation.html）を参照．

TVA（テネシー川流域開発公社）事業
　アメリカのテネシー川流域開発公社が，テネシー川の洪水対策・農業用水・水力発電のために 30 基余りのダム群を建設したほか，治水や植林など行った総合的開発事業である．フランクリン・D・ルーズベルト大統領がニューディール政策（1933 年）として掲げた景気浮揚・失業者対策の 1 つでもある．

圧縮応力場
　地すべりの運動によって地すべり移動体内は圧縮や引っ張りの応力がはたらく．その中で圧縮応力の卓越する範囲をいう．

圧力ポテンシャル
　静水圧によるポテンシャル．不飽和土壌中の水の負のポテンシャルは，マトリックポテンシャルとして区別されることもある．

渦動粘性係数
　乱流の場合，乱れによる運動量の輸送により，分子運動による粘性より見かけ上の粘性が大きくなる．そこで，分子運動の粘性係数と同様の形で粘性の大きさを表したものを渦動粘性係数と呼ぶ．

エネルギー勾配
　流れのもつ全水頭（速度水頭，位置水頭，圧力水頭の和）の流れ方向への減少率．

エネルギー補正係数
　流水断面において流速は分布しているので，その断面の運動エネルギーの平均値は断面平均流速の運動エネルギーとは異なる．これを補正する係数をエネルギー補正係数と呼ぶ．

沿岸漂砂
　沿岸流によって海岸線と平行に海浜の土砂が移動する現象．

海洋底拡大説
　ロバート・S・ディーツらによって提唱され，アメリカ西海岸沖にある中央海嶺がわき出し口となって，地球内部からマントルが湧出し，これから生成された新しい地殻が北太平洋および太平洋の西方向へ拡大しているという学説（1960 年代）．プレートの移動が地球内部の熱対流に起因するとする，アーサー・ホームズのマントル対流説（1929 年）とともに，プレートテクトニク

階段状床固工群
　荒廃渓流において，縦・横侵食が著しい区域または渓流荒廃地の区域が長い場合に，階段状に床固工を複数設置したもの．（参考：治山技術基準（総則・山地治山編）の解説）

河床擾乱
　河床形状の小さな乱れ．

カルバート
　渓流や水路を道路や鉄道が横断するときに橋梁の代わりに用いる水を流すための暗渠で，鉄筋コンクリートなどで造られる．暗渠の断面が四角形のものはボックスカルバート，円形のものはパイプカルバートと呼ばれる．

カルマン定数
　ルートヴィヒ・プラントルは速度の異なる周辺の流体が乱れによって混合する距離は壁面からの距離に比例する仮定した．この比例係数をカルマン定数と呼び，普遍的におよそ 0.4 である．

間隙水圧
　土は水，土粒子，空気から構成されるが，その土粒子の間隙に存在する水の圧力．

緩勾配水路
　ある流量に対して，等流水深が限界水深より大きい水路．

期待性能
　本著を記す時点で，要求性能に基づく設計および調達の体系は採用されていない．よって，既存構造物に明確な要求性能はないため，暗黙知として求められていた性能を期待性能として記した．

急傾斜地法
　急傾斜地の崩壊による災害の防止に関する法律（1969 年制定）の略称．傾斜 30°以上で高さ 5 m 以上を有する土地を急傾斜地と定め，崩壊するおそれがある急傾斜地は隣接地を含め一定の行為が制限されている．

急勾配水路
　ある流量に対して，等流水深が限界水深より小さい水路．

クーロン土圧
　壁面の後背斜面内に直線すべり面で地山と分離した土くさびを仮定し，土くさび自重と壁面および直線すべり面に作用する力のつりあいから壁面に作用する土圧を求める理論のこと．

径深
　流水断面積を潤辺（水が接している壁面の長さ）で除したもの．

限界勾配水路
　ある流量に対して，等流水深と限界水深が等しい水路．

国際河川
　複数国を貫いて流れる大河川で，河川沿いあるいはその周辺の国の船舶が通行できるように条約を結んだ河川．現在は「国際的利害関係ある可航水路に関する条約」（バルセロナ条約，1921 年）によって通行ルールが定められている．

「自助」「共助」「公助」
　災害対策基本法上の基本理念に位置づけられている災害対策の実施主体．国，地方公共団体およびその他の公共機関による防災活動である「公助」，住民 1 人 1 人が自ら行う防災活動である「自助」，自主防災組織など，地区内の居住者などが連携して行う防災活動である「共助」からなる．

地すべり
　マスムーブメントの一種．広義には，滑動現象だけでなく，落石などの落下現象，泥流などの流動現象も含む．しかし，わが国では，狭義に，地中に連続的なすべり面をもち，その上を地塊がすべる現象を指して使われることが多い．

重力変形（岩盤クリープ）
　山体が重力により，徐々に変形する現象を重力変形，あるいは重力斜面変形という．特に山腹斜面において，山体を構成する岩盤の一部が連続的なすべり面を持たずに，重力の作用によって徐々に変形する現象を岩盤クリープという．緩慢な斜面の移動現象であるが，長期間，岩盤の変状が進行し，

崩壊や地すべりに至ることも多い（参考：千木良雅弘，2018『災害地質学ノート』近未来社，pp.155-157）．

重力ポテンシャル
重力場における，基準面との高さの差によるポテンシャル．

重力流動
紛体の流動現象の1つで，斜面上で物体のもつ位置エネルギーが運動エネルギーに変わることによって速度をもつような流体の運動．火砕流は，噴火時にできた噴煙柱が大きな位置エネルギーをもつため，これが崩れて運動エネルギーに変わると，非常に大きな流動速度をもつことになる．

水中安息角
砂礫を静かに上方から落として堆積させた時に出来る，平面と斜面の間の角度を安息角と呼ぶが，水中においても同様の現象があり，これを水中安息角と呼ぶ．

堰上げ
河川・渓流などの通水断面が縮小することで洪水流などの流下が阻害され，その地点に流入する流量と流下する流量が等しくなる条件まで，上流側の水位が上昇する状態．

堰上げ背水
堰上げによって上流側に伝播していく水位の上昇．

積雪の粘性圧縮
積雪は降り積もった後，時間経過に伴い圧縮され，密度が増加する．この密度の増加は，積雪自重により，雪の結晶構造が塑性変形し，雪粒の隙間が詰まることによって生じる．積雪層の粘性圧縮とも呼ばれる（参考：小島賢治，1955『低温科学：物理編』，14，77-93を参照）．

先行降雨
斜面崩壊の発生時より前の降雨のこと．どこまで時間を遡って斜面崩壊に与える先行降雨の影響を評価するかが重要であるが，時間的に厳密な定義は存在しない．すべり面が深くなるほど，斜面崩壊に影響を与える先行降雨の遡及時間は長くなる傾向にある．

線状凹地
山体の稜線頂部や山腹斜面において，横断面が凹地状を呈し線状に長く連なるように形成された地形．多くの場合は，重力変形や地すべりによって形成される．

せん断抵抗力
山地斜面の地中に働くせん断力に対し，斜面物質が発揮するせん断抵抗の力をいう．その大きさは，斜面安定に重要となる．

相当粗度高さ
砂礫の大きさや配置によって決まる河床の粗度（あらさ）を表す特性量．

塑性力学
物質に力を加えると変形する．加えた力を取り除いた時に，土の変形が回復してもとに戻る性質を弾性というが，ある大きさ（降伏点）以上の力を加えると，その力を取り除いても変形が完全にもとに戻らずに残留する．この性質を塑性といい，塑性状態における力と変形の関係を取り扱うのが塑性力学である．

塑性流動層
外力が取り去られた後も永久ひずみが残留する状態を塑性変形といい，塑性域に達し変形を続けている層を指す．

堆砂敷
砂防堰堤等の貯砂を目的とする構造物の上流側の土砂が堆積しうる範囲，または堆砂することによって形成される平坦面．

堆積遡上
上流から流下してきた土砂や流木が流路内や扇状地上で停止・堆積することにより直上流の河床勾配や地盤勾配が緩くなる．このため後から流下してきた土砂や流木が最初の堆積の上流側に停止・堆積し，このような現象が次々と起こることで土砂や流木の堆積が上流に及ぶ現象．

ダイラタント流体
流体に作用するせん断応力τが，$\tau = k(du/dz)n$で示される非ニュートン流体の一種．$n>1$の時，加えられるせん断応力が大きいほど流動性が小さくなる．

用 語 解 説

谷止工
治山ダムの一種で，ダム上流側に貯砂機能があり，ダム設置後において上流側の縦断形に変化があるもの．ダム上流側の堆積土砂により水の勢いを弱めて谷底の浸食を防止し，それによって両岸の浸食・崩壊を防ぐことを目的としている．（参考：治山技術基準（総則・山地治山編）の解説）

地質的不連続面
破砕帯，断層，層理，片理，節理などの総称．地質的不連続面において斜面崩壊の原因となるすべり面が形成されることが多い．

デルタ地帯
河川によって運搬された土砂が河口周辺で氾濫してできた三角形の堆積地形（別名：三角州）．河川上流から運搬される土砂量が多く，また海岸付近の沿岸流で持ち去られる土砂量が少ないほど発達しやすい．

透過型砂防堰堤
河道を横断方向に閉塞させる砂防堰堤の，水通し下部の堤体の一部を切り欠いて，平常時の堆砂を抑制する型式．掃流砂に対する堰上げ型や土石流に対する閉塞型などがある．

等価摩擦係数
斜面を移動した土塊の崩壊頂部から堆積先端部までの高低差 (H) と水平距離 (L) の比 (H/L)．

土砂災害警戒判定メッシュ情報
気象庁がホームページで提供する，大雨による土砂災害発生の危険度の高まりを地図上で 5 km 四方の領域ごとに 5 段階に色分けして示した防災情報．

土砂災害防止法
土砂災害警戒区域等における土砂災害防止対策の推進に関する法律（2000 年制定）の略称．土砂災害のおそれがある区域を「警戒区域」，著しく警戒が必要な区域を「特別警戒区域」に指定し，警戒避難体制の整備，住宅等の新規立地抑制，既存住宅移転促進などの推進を目的としている．

土石流導流工
流路工形態の水路で，土石流を安全な場所まで流下させる工法．断面は土石流のピーク流量の疎通に対して安全な面積を確保し，一般的には途中に土砂が堆積しない構造とすることが必要．

土石流流向制御工
土石流が集落等の保全対象に向かわないように，導流堤などにより流向を制御する工法．流向を変えることで土砂が堆積したり，導流堤を越流したりすることがない構造が必要．

流れ盤構造
斜面の傾斜方向と層理面や節理，断層など地質構造の不連続面の傾斜方向が同じ場合の構造．さらに，不連続面の傾斜の方が斜面傾斜よりも緩い場合を狭義の流れ盤構造という場合もある．

ニュートン流体
流体に作用するせん断応力 τ が，$\tau = \mu(du/dz)$ で示される（速度勾配に比例する），清水に代表される粘性流体．

ビンガム流体
流体に作用するせん断応力 τ が，$\tau = \tau_y + \mu(du/dz)$ で示される非ニュートン流体の一種．溶岩流などの粘性流体のモデルに用いられる（τ_y は降伏応力）．

不透過型砂防堰堤
主に中小洪水によって流出してくる小粒径の土砂礫を流下させる透過構造をもった堰堤を透過型堰堤と呼び，そうした透過構造をもたない堰堤を不透過型堰堤という．

フランス式階段工
松本市近郊の牛伏川において 1918 年に人力で建設された階段状の流路工．フランスプロヴァンス地方の急勾配渓流で用いられた工法で，延長 141 m，落差 23 m の急勾配区間の侵食防止のために，礫を張った 19 段の階段が構築されている．2012 年に国の重要文化財に指定された．

フルード数
流体の運動方程式中の加速度項と重力項の比を表す無次元量．

プレートテクトニクス理論
地球内部は，流動性の高いアセノスフェア

用語解説

（岩流圏）があり，その上部に地殻とマントル上部を含む固いリソスフェア（岩石圏）が十数枚のプレートを形成している．このプレートたちがアセノスフェアの上を移動するという，テュゾー・ウィルソンによる現在最も有力な学説である（1968年）．プレート同士の衝突や潜り込みにより，造山運動，火山，断層，地震などのさまざまな現象が起きる．

分級現象
流れ始めた状態の土石流の流体中には，土砂，砂礫，巨礫が混在している．時には流木も混じっていることが多い．しかし，流下に伴って，巨礫が土石流の先頭部に集まることが実験や現地映像で確認されている．これを分級現象（または逆級化現象）と呼ぶ．なお，流木はさらに先頭に集中し，また分離先行すると考えられている．

宝暦治水
濃尾平野を流れる木曽川，長良川，揖斐川は木曽三川（きそさんせん）と呼ばれ，これら3つの大河が合流して洪水氾濫が発生するため，集落を土堤で囲んだ輪中地帯を形成している．そのために，江戸幕府は宝暦3（1753）年，当時経済力の強かった薩摩藩にこれらの三川を分流する工事を命じた．薩摩藩は，難工事ながらも，水害に遭う農民を救うという大義により治水工事を完成した．

保有性能
構造物の設計は，使用される部材から算定される保有性能が，要求性能（性能規定）を上回っていることを照査して完了する．よって，保有性能は要求性能よりも大きなものとなっている．

本質岩塊
火山噴火により火口から噴出する，角張った大きい岩塊．一般にはそれぞれの火山の山体を構成するマグマ物質からなり，噴火時に火道を削剥して地上に放出される．

摩擦速度
河床の単位面積に働く摩擦抵抗力を速度の次元で表したもの．

摩擦損失係数
河床せん断力（摩擦抵抗）が流速の2乗に比例するとしたときの比例定数．

マスムーブメント
運動する水・氷・空気などの運搬作用を伴わず，重力の作用のみによる斜面物質の移動．地すべり（狭義）・崩壊・土石流・匍行などさまざまな現象が含まれる．

マニングの粗度係数
平均流速は，径深，エネルギー勾配，粗度係数の関数となるが，その関係をマニングの式で表した時の粗度係数．

マニングの抵抗則
平均流速は，径深，エネルギー勾配，粗度係数の関数となるが，その関係を表す1つの式．

有効応力
土は，土粒子の作る構造骨格とその間を満たす水・空気などの間隙流体からなる．外力が加わった際，構造骨格に伝えられる応力を有効応力という．

要求性能
構造物がその目的を達成するために保有する必要のある性能で，ここでは，構造物を建設する理由を一般的な言葉で表現したものである．要求性能は，国民への説明を目的としたものであり，設計技術者を意識した表現を用いる．さらに，要求性能を定量的に規定した性能規定がある．性能規定は，構造物の作用（荷重その他）と限界状態および時間（供用期間）の組み合わせで定義される．

索　引

欧　文

ALB（Airborne Laser Bathymetry）　190
Cバンドレーダ　135
DEM（Digital Elevation Model）　108
GIS（Geographical Information System）　107
GNSS（Global Navigation Satellite System）　189
GPS（Global Positioning System）　189
i-Construction　189
MMS（Mobile Mapping System）　190
QUAD-V（QUick Analysis system of Debris flow induced by Volcanic ash fall）　194
SAR（Synthetic Aperture Rader）　106, 188
SfM（Structure from Motion）　189
TWI（Topographic Wetness Index）　107
UAV（Unmanned Aerial Vehicle）　189
XバンドMPレーダ　135
Xバンドレーダ　135

ア　行

赤木正雄　8
アーチアクション　207
圧力　142
圧力水頭　116
アーマーコート　71
アンカー工　93
暗渠排水管　84
（斜面の）安全率　24, 29, 141
安定解析　141
安定同位体比　119

移動杭　36
移動体　35
移動地塊　31

ウェゲナー　18
ウォッシュロード　67, 131
受け盤　153
雨水　110
雨水流法　120
雨量計　190
雨量データ　133
運搬制限　4

液状化　158
エコール・ポリテクニーク　7
越流侵食　80
エネルギー勾配　122
堰堤　169

応力　142
オルソフォト　189

カ　行

海岸侵食　72
海溝型地震　19, 151
各個運搬　66
がけ崩れ　85
がけ崩れ防止工　93
火口湖溢水型泥流　46
火砕物　160
火砕流　51
火砕流対策工　53
火山活動　160
火山災害　14
火山災害警戒地域　20
火山砂防　14
火山泥流　46, 160
可住面積　5
河床上昇　69, 72
河床堆積物流出防止堰堤　199
河床低下　69, 72
河床変動　69
河床変動解析　125
河川プロセス　3
活火山　56
滑落崖　35
河道形状変更　197
ガリ侵食　161
河村瑞賢　8
簡易貫入試験機　117
間隙水圧　142
緩勾配水路　123
幹材積　59
間接見通し角　95
環太平洋火山帯　20
環太平洋造山帯　20
岩盤クリープ　74
岩盤地下水　112

気圏　1
気候変動　21
疑似定常　126
基準点濃度　130
基底流出　113
キネマティックウェーブ法　120
逆断層　152
急傾斜地法　89
急勾配水路　123
供給制限　4
極限平衡法　141
極端気象　186
杭工　147
空気侵入値　118

索　引

空中写真　104, 189
首振り　44
グラウンドアンカー工　147
クリティカルライン　91
黒ボク　183
クーロンの破壊規準　143

警戒避難　211
渓床不安定土砂再移動型土石流　40
渓流保存工　200
決壊　79
煙型雪崩　97
限界勾配水路　123
限界水深　123
限界掃流力　68

降雨　113, 133
豪雨　178
豪雨災害　15
降雨出現確率法　217
光学センサ　188
航空レーザ測深　190
航空レーザ測量　104
合成開口レーダ　106, 188
鋼製透過型砂防堰堤　206
豪雪害　17
後退差分　132
合理式　113
護岸工　200
コンクリート製スリット砂防堰堤　205
混合型雪崩　97

サ　行

再活動性　33
逆目盤　153
座屈　74
砂防堰堤　82, 199
砂防学　10, 13
砂防技術　13
砂防ソイルセメント　201
砂防ダム　199
砂粒レイノルズ数　127
山脚固定堰堤　197, 199
散水型浸透能試験　168

山体地下水　112, 121
山体崩壊型泥流　46
山地防災　104
山頂緩斜面　76
暫定値　154, 155
山腹工　222

ジェット気流　20
地震　78, 149
地震区分　150
地震災害　14
地震断層　152
地震動　149
地すべり　31
　――の素因　34
　――の誘因　34
地すべり地形　35
地すべり地形分布図　36
地すべりブロック　36
地すべり変位速度　38
施設効果量　204
自然災害　1
実効雨量　182
質量保存則　122, 126
シミュレーション　191
遮断蒸発　110
遮断蒸発量　115
斜面安全率　24, 29, 141
斜面安定　26
斜面計　190
斜面プロセス　3
斜面崩壊　22
斜面崩壊型土石流　40
斜面要素集合モデル　120
射流　123
集合運搬　66
重力水頭　116
重力変形　74
樹冠通過雨　110
樹幹流　110
樹木根系　27
　――の崩壊防止機能　30
床固工　200
蒸散量　115
蒸発散量　115
蒸発量　115

常流　123
植生工　146
諸国山川掟　8
シールズ曲線　127
震央　151
震源　151
侵食地域　105
深層崩壊　22, 73, 121, 184, 195
深層崩壊推定頻度マップ　74, 195
振動計　190
浸透斜面ブロック集合モデル　120
浸透能　118, 168
森林　27
　――の土砂流出抑制効果　43

水圏　1
垂直応力　143
水分特性曲線　117
水分フラックス　119
水面形方程式　122
水文学的基盤面　111, 119
水文モデル　120
水理水頭　116
水理ポテンシャル　116
数値標高モデル　108
スクリーン　117
ストレーナ　117
スネークライン　91
すべり面　33
すべり力　23
スラッシュ雪崩　97

静水圧　208
正断層　152
静的平衡　70
性能設計　210
生物圏　1
設計外力　208
雪泥流　98
全応力　143
遷急点　152
先行降雨　149
線状凹地　75
線状降水帯　21, 137, 139

索　引

前進差分　132
せん断応力　143
せん断強度　23, 143

掃流　58, 66
掃流限界　127
掃流砂　67
掃流砂量　127
掃流状集合流動　38, 67
掃流堆積物　70
掃流力　67
ソフト対策　10, 196
粗粒化　71
損失雨量　113

タ行

堆砂圧　208
堆積域　33
体積含水率　116
堆積遡上　63
堆積地域　105
台風　87, 169
台風災害　16
台風分類　170
タイムライン　220
ダイラタント流体　39
縦侵食防止堰堤　199
単位地すべり地形　35
単位図法　113
タンクモデル　114
断層　150

地下水位　116
地下水供給　38
地下水排除工　147
地下水流出　112
地形解析　104
地形効果　152
地形単位　105
地形分布図　36
地圏　1
地質構造　34
地上雨量計　133
治水　7
治水三法　8
地層面　153

地表水排除工　147
地表変動　2
中間流出　111
　　遅い――　112
沖積平野　19
跳水　125
直接見通し角　95
直接流出　113
貯砂　202
直下型地震　19, 151
直角三角堰　114
貯留関数法　113
地理情報システム　107

抵抗則　123
堤体安定性照査　208
泥流　46
デモンゼー　7
デ・レーケ　8
電気伝導度　119
テンシオメータ　116
天然ダム　79, 156, 198
天然ダム決壊型土石流　41
透過型砂防堰堤　45, 200, 204
等価粗度法　120
等価摩擦係数　156, 159
東進転向　20
透水係数　118
　　――の不連続性　24
動的平衡　70
等流水深　123
土砂崩れ　22
土砂災害　1, 43
土砂災害緊急情報　85, 194
土砂災害警戒区域　90, 193, 214
土砂災害警戒情報　91, 214, 217
土砂災害警戒判定メッシュ情報　218
土砂災害対策　44, 168
土砂災害特別警戒区域　193, 214
土砂災害防止法　15
土砂災害予測　188

土砂流　66
土砂流出　65
土壌雨量指数　154, 217
土壌硬度　117
土壌水分　115
土壌水分計　190
土壌の透水性　118
土壌の保水性　117
土石流　38, 58, 66, 154
　　――の停止条件　44
　　――の発生形態　40
土石流移動形態　44
土石流対策堰堤　199
土石流流体力　208
土層厚　117
トップリング　79
ドローン　189

ナ行

流れ型雪崩　97
流れ盤　153
流れ盤構造　74
雪崩　95
雪崩堆積物　95
雪崩分類　96

日本列島　18

法面雪崩　95
のり面保護工　146
のり枠工　93, 146

ハ行

梅雨　87
ハイエトグラフ　112
排水路　83
排土工　147
ハイドログラフ　112
パイピング　80
パイプ流　112
刃形堰　114
ハザードゾーニング　193
ハザードマップ　193, 215
パーシャル・フリューム　115
バッキンガム・ダルシー則　118, 120

索　引

撥水性　121
発生域　33
ハード対策　10, 45, 196
腹付け修理　225

ピエゾメータ　117
飛砂　8
微地形　36
微地形判読要素　104, 105
避難確保計画　195
比誘電率　115
氷河雪崩　98
表層崩壊　22, 24, 121, 152, 182
表面侵食　161
表面流　161
表面流出　110
ビンガム流体　39

風倒木災害　172
復帰流　111
物理探査　119
不透過型砂防堰堤　200, 201
不飽和浸透過程　111
不飽和透水係数　119
浮遊　66
浮遊限界　129
浮遊砂　67
浮遊砂量　129
フルード数　123
プレート間地震　150
プレートテクトニクス理論　18
プレート内地震　151
ブロック区分　36
ブロック雪崩　98
噴火　19, 161
分割法　146
分級作用　70

偏西風　20
変動帯　19
変動流出域の概念　111

ホイーラー　9
貿易風　20

崩壊　32
崩壊危険度分布マップ　107
防災訓練　220
宝暦治水　8
飽和域　111
飽和側方流　111
飽和体積含水率　118
飽和地表流　111
飽和透水係数　119
ホートン型地表流　110, 121
ホフマン　9
ボーリング孔　116

マ　行

巻き上げ量　130
マグニチュード　149, 151
マコーマック法　132
柾目盤　153

見通し角　95

無限長斜面　144
無次元限界掃流力　127
無次元掃流力　127
無次元有効掃流力　128
無人航空機　189
村上惠二　9

面状侵食　161

毛管水縁　118
モニタリング　188
盛土工　147
諸戸北郎　9

ヤ　行

屋根雪崩　95
山崩れ　22

有効応力　142
有効降雨　113
有効摩擦速度　128
融雪型泥流　46, 50
ユニットハイドログラフ　113

擁壁工　93
抑止工　147
抑止力　148
抑制工　147
横ずれ断層　152
予測　188

ラ　行

ラウス分布　130
ランドスライド　31
リアルタイム火山砂防ハザード
　　マップ　195
リター層　111
リモートセンシング　188
粒径別掃流限界式　128
流砂の連続式　126
粒子間応力　142
流出解析　113
流体力　60
流動性　159
粒度分布　126
流木　57, 203
　　——の移動　60
　　——の流出率　62
流木災害　58
流木ダム　62
流木止め　64
流木捕捉　203
流木捕捉工　199
流木捕捉施設　58
流木捕捉率　61
流木流　57
流量計　190
流路工　197
リル侵食　161

累加雨量　182

レーザ光　104
レーダ雨量　133, 134, 136
レーン・カリンスキー分布　130

編者略歴

丸谷知己(まるたにともみ)

1951 年　大阪府に生まれる
1977 年　北海道大学大学院農学研究科博士課程中退
現　在　地方独立行政法人 北海道立総合研究機構理事
　　　　北海道大学名誉教授
　　　　博士（農学）

砂　防　学

定価はカバーに表示

2019 年 4 月 5 日　初版第 1 刷
2023 年 2 月 10 日　　第 5 刷

編者　丸　谷　知　己
発行者　朝　倉　誠　造
発行所　株式会社　朝　倉　書　店

東京都新宿区新小川町 6-29
郵便番号　162-8707
電　話　03(3260)0141
ＦＡＸ　03(3260)0180
https://www.asakura.co.jp

〈検印省略〉

© 2019 〈無断複写・転載を禁ず〉　　Printed in Korea

ISBN 978-4-254-47053-6　C 3061

JCOPY ＜出版者著作権管理機構 委託出版物＞

本書の無断複写は著作権法上での例外を除き禁じられています．複写される場合は，そのつど事前に，出版者著作権管理機構（電話 03-5244-5088, FAX 03-5244-5089, e-mail: info@jcopy.or.jp）の許諾を得てください．

檜垣大助・緒續英章・井良沢道也・今村隆正・
山田　孝・丸谷知己編

土砂災害と防災教育
―命を守る判断・行動・備え―

26167-7 C3051　　　Ｂ５判 160頁 本体3600円

土砂災害による被害軽減のための防災教育の必要性が高まっている。行政の取り組み、小・中学校での防災学習、地域住民によるハザードマップ作りや一般市民向けの防災講演、防災教材の開発事例等、土砂災害の専門家による様々な試みを紹介。

神戸大 田中丸治哉・九大 大槻恭一・岡山大 近森秀高・
岡山大 諸泉利嗣編著
シリーズ〈地域環境工学〉

地　域　環　境　水　文　学

44501-5 C3361　　　Ａ５判 224頁 本体3700円

水文学の基礎を学べるテキスト。実際に現場で用いる手法についても、原理と使い方を丁寧に解説した。〔内容〕水循環と水収支／降水（過程・分布・観測等）／蒸発散／地表水（流域・浸入・流量観測等）／土壌水と地下水／流出解析／付録

京大 渡邉紹裕・大阪府大 堀野治彦・京大 中村公人編著
シリーズ〈地域環境工学〉

地　域　環　境　水　利　学

44502-2 C3361　　　Ａ５判 216頁 本体3500円

灌漑排水技術の基礎や地域環境・生態系との関わりを解説した教科書。〔内容〕食料生産と水利／水資源計画／水田・畑地灌漑／農地排水／農業水利システムの基礎・多面的機能／水質環境の管理／水利生態系保全／農業水利と地球環境

東大 丹下　健・北大 小池孝良編

造　　林　　学（第四版）

47051-2 C3061　　　Ａ５判 192頁 本体3400円

好評テキスト「造林学（三訂版）」の後継本。〔内容〕樹木の成長特性／生態系機能／物質生産／植生分布／森林構造／森林土壌／物理的環境／生物的要因／環境変動と樹木成長／森林更新／林木育種・保育／造林技術／熱帯荒廃地／環境造林

前防災科学研 水谷武司著

自然災害の予測と対策
―地形・地盤条件を基軸として―

16061-1 C3044　　　Ａ５判 320頁 本体5800円

地震・火山噴火・気象・土砂災害など自然災害の全体を対象とし、地域土地環境に主として基づいた災害危険予測の方法ならびに対応の基本を、災害発生の機構に基づき、災害種類ごとに整理して詳説し、モデル地域を取り上げ防災具体例も明示

前東大 井田喜明著

自然災害のシミュレーション入門

16068-0 C3044　　　Ａ５判 256頁 本体4300円

自然現象を予測する上で、数値シミュレーションは今や必須の手段である。本書はシミュレーションの前提となる各種概念を述べたあと個別の基礎的解説を展開。〔内容〕自然災害シミュレーションの基礎／地震と津波／噴火／気象災害と地球環境

日本地形学連合編　前中大 鈴木隆介・
前阪大 砂村継夫・前筑波大 松倉公憲責任編集

地　形　の　辞　典

16063-5 C3544　　　Ｂ５判 1032頁 本体26000円

地形学の最新知識とその関連用語、またマスコミ等で使用される地形関連用語の正確な定義を小項目辞典の形で総括する。地形学はもとより関連する科学技術分野の研究者、技術者、教員、学生のみならず、国土・都市計画、防災事業、自然環境維持対策、観光開発などに携わる人々、さらには登山家など一般読者も広く対象とする。収録項目8600。分野：地形学、地質学、年代学、地球科学一般、河川工学、土壌学、海洋・海岸工学、火山学、土木工学、自然環境・災害、惑星科学等

日大 山川修治・ライフビジネスウェザー 常盤勝美・
立正大 渡来　靖編

気　候　変　動　の　事　典

16129-8 C3544　　　Ａ５判 472頁 本体8500円

気候変動による自然環境や社会活動への影響やその利用について幅広い話題を読切り形式で解説。〔内容〕気象気候災害／減災のためのリスク管理／地球温暖化／IPCC報告書／生物・植物への影響／農業・水資源への影響／健康・疾病への影響／交通・観光への影響／大気、海洋相互作用からさぐる気候変動／極域・雪氷圏からみた気候変動／太陽活動・宇宙規模の運動からさぐる気候変動／世界の気候区分／気候環境の時代変遷／古気候・古環境変遷／自然エネルギーの利活用／環境教育

上記価格（税別）は2020年 12月現在